大规模复杂系统认知分析与构建

张 发 于振华 编著

国防工业出版社

·北京·

内 容 简 介

本书将系统科学与系统工程的知识体系划分为认知、分析、构建三大部分。第一部分是对大规模复杂系统的认知,主要包括系统思想、系统概念、系统基础理论以及复杂系统前沿理论。第二部分是系统分析,主要包括系统方法论、系统分析框架等。通过这一部分的学习,掌握系统分析框架、方法和基本技能,能够对实际系统问题进行分析、诊断与解决。第三部分是系统构建,主要内容包括系统生命周期模型、概念开发、工程开发、基于模型的系统工程等。

本书可作为高等院校管理类和工程类本科生、硕士研究生"系统科学与系统工程"类课程的教材,也可供从事大规模复杂系统规划、分析、设计、开发、运行的相关人员作为参考用书。

图书在版编目(CIP)数据

大规模复杂系统认知分析与构建/张发,于振华编著.
—北京:国防工业出版社,2019.8
ISBN 978-7-118-11923-7

Ⅰ.①大… Ⅱ.①张… ②于… Ⅲ.①系统科学—研究 Ⅳ.①N94

中国版本图书馆 CIP 数据核字(2019)第 156438 号

※

*国防工业出版社*出版发行
(北京市海淀区紫竹院南路 23 号 邮政编码 100048)
涿州宏轩印刷服务有限公司
新华书店经售

*

开本 787×1092 1/16 印张 18 字数 407 千字
2019 年 8 月第 1 版第 1 次印刷 印数 1—3000 册 定价 65.00 元

(本书如有印装错误,我社负责调换)

国防书店:(010)88540777 发行邮购:(010)88540776
发行传真:(010)88540755 发行业务:(010)88540717

前　言

随着社会经济发展和科学技术进步,特别是进入万物互联时代以来,整个世界越来越紧密地联系在一起,形成了很多规模庞大、结构复杂、功能多样、演化前景难以预料的大规模复杂系统。这些大规模复杂系统如大型水利设施、交通运输系统、互联网/物联网、物流与供应链、军事装备体系等,对人类社会的成功有着举足轻重的作用。如何认识理解大规模复杂系统的本质、机制、功能、性能;如何诊断大规模复杂系统存在的问题,提出有效的解决方案;如何开发构建全新的系统或对现有系统进行改进与升级,是很多领域都会面临的问题。由于所面对的系统规模庞大、内外关联复杂,生存持续时间长,涉及人员众多,跨越多个专业领域,必须从全局的角度,采用整体观点,运用系统科学、系统工程的专业知识和技能,才能有效地认识问题、理解问题,只有遵循科学合理的系统开发流程,才能顺利实现系统,达成预期目标,满足利益相关者的需求。

采用系统观点认识问题、解决问题,是系统科学的基本特点。按照我国著名科学家钱学森的观点,系统科学学科体系分为系统观、系统学、技术科学和工程技术四个层次。要从事系统工程实践、解决复杂系统问题,这四个层次上的知识技能都应具备。但是在当前的系统科学、系统工程教学体系中,除了系统科学专业的学生外,大部分管理类、工程类学生只开设一门系统工程类课程。在目前国内大多数本科系统工程课程中,主要学习系统分析的知识,对于系统科学基础理论、复杂系统理论学习很少,学生很难把握系统特性、很难形成系统思维模式。因此,学过这样的课程后,仍然会按照思维惯性,倾向于采用还原论的观点看待事物。即使学习了系统分析的框架和方法,在实践中也很难做到采用系统观点分析问题、解决问题。因此,在系统工程类课程的教学中需要加强系统思想、系统科学、复杂性科学等理论基础的学习,才有助于真正形成系统思维模式。

随着系统工程实践的深入,目前国际上系统工程已经有了比较大的发展。在系统工程实践比较成功的美国,一些大学开设了系统工程研究生项目,培养系统工程专业人才,进行专业资格认证,在一些大型企业有专门的系统工程部门。国际标准化组织(ISO)、国际系统工程协会(INCOSE)、电气电子工程师协会(IEEE)、美国国防部(DoD)、美国航空航天局(NASA)等机构相继出版了一系列系统工程的标准、手册等,一些组织正在尝试建立系统工程知识体系(SEBoK)。在西方国家系统工程关注的主要是大型复杂工程系统的分析、设计、构建、运行,已发展成比较完备的知识体系,成为大型复杂系统开发的必备技术。在国内航空、航天、兵器、电子、军事等专业领域也在推进系统工程在复杂系统研制开发、制造建造、运行使用等方面的应用,都需要培养具备系统思想、能够运用系统方法从事复杂系统开发与运行的人才。目前,国内这方面的专业图书非常缺乏,一些教材虽也有涉及,但不够全面、深入。

基于以上情况,本书作者在多年从事系统工程、系统科学、复杂系统理论等课程教学的基础上,结合从事国家自然科学基金、装备论证、管理咨询、软件开发等科研项目的体会,吸收国内外系统科学、系统工程的最新进展,撰写本书,试图融系统思想、理论、方法论、系统分析、系统开发等有关知识于一体,为从事复杂系统分析、开发、运行的相关人员提供相对完整的知识体系。

本书分为系统认知、系统分析和系统构建三大部分。

第一部分是系统认知,介绍深入理解认识大规模复杂系统所需的知识和方法。第 1 章系统与系统工程,主要介绍现代大规模复杂系统的特点,厘清古今中外系统思想的发展脉络,给出系统的定义,以及系统的结构、功能、行为、环境、演化等概念,归纳系统工程的学科特点、应用领域,介绍最新发展等。第 2 章系统基础理论,介绍一般系统论、控制论、信息论、耗散结构理论、协同学、突变论的基本观点,获得对系统的一般认识。第 3 章复杂系统理论,介绍复杂系统的特点,学习正在蓬勃发展的复杂系统理论,包括非线性动态系统、混沌与分岔、复杂网络、元胞自动机、复杂适应系统、开放的复杂巨系统等。通过这一部分的学习,可以获得对复杂系统完整、深入的理解,树立系统观念,形成系统思维模式。

第二部分是系统分析,主要包括系统方法论、系统分析框架、常用系统分析技术。第 4 章系统方法论,介绍处理系统问题的常用方法论,包括硬系统方法论、软系统方法论、物理—事理—人理方法论、全面系统干预等。第 5 章系统分析,介绍系统分析的概念、过程、逻辑、原则,说明阐明问题、确定目标、谋划方案、撰写报告的基本方法。通过这一部分的学习,掌握系统分析的逻辑框架、学会常用的系统分析技术,为诊断系统问题、提供满意的解决方案打下基础。

第三部分是系统构建,主要内容包括系统开发框架、概念开发、工程开发、基于模型的系统工程等。第 6 章介绍系统开发构建的总体框架,包括系统生命周期模型、系统工程引擎、系统工程方法等。第 7 章概念开发,介绍要求分析、概念探索、概念定义的基本过程和主要活动。第 8 章工程开发,介绍新技术开发、工程设计、集成与评估等有关过程和主要活动。第 9 章基于模型的系统工程(MBSE),介绍 MBSE 的基本特点、系统建模语言 SysML、面向对象的系统工程方法论(OOSEM)等。通过这一部分的学习,掌握开发大规模复杂系统的过程、逻辑和方法,在新建或改造大规模复杂系统的过程中发挥系统工程人员的引领作用。

本书的写作和出版得到国家自然科学基金(71571190,61873277)的资助,部分研究成果得到陕西省重点研发计划(2018ZDXM-GY-036)的支持,在此表示衷心的感谢。

由于系统科学与系统工程涉及的知识非常广泛,既要求有高度概括的哲学思维,又要求有深入的理论研究,还要求有丰富的项目实践经验。鉴于作者水平有限,书中难免有错误和不妥之处,恳请广大读者批评指正。

作者
2018 年 11 月

目　　录

第1章

系统与系统工程

1.1 现代系统的特点

1.1.1 大规模复杂系统

为满足人类的需求,人们开发了各种各样的系统。有些系统规模较大,包含多个要素,这些要素之间有紧密联系,在这些系统中部分与整体的关系不是简单的。在开发或运行这样的系统时,不仅要考虑技术方面的问题,还要考虑社会、经济、政治、文化、环境、生态等很多方面,在全面考虑的基础上进行综合权衡做出决策。显然,要成功开发或运行这样的系统,不是任何一门传统的专业性学科能够胜任的,必须运用系统工程思想、原则和方法,采用整体观点,对系统进行规划、分析、设计、验证、制造/建造、运行、更新,才能更好地满足人类的需求。

进入信息互联时代以来,人们的需求发生了明显变化。除了基本的衣食住行外,人们越来越关注生活质量,如要求清洁空气和水、便利的交通、完善的卫生保健、便捷的信息获取等。满足这样的需求,需要的是规模很大、非常复杂的工程化系统。例如,要获得清洁的空气,解决方案要涉及多个国家和地区的协调、产业部门的调整、人们生活方式的改变、清洁技术的开发运用等。在当今社会,满足人们的需求往往需要依靠规模巨大、涉及因素众多、行为特性复杂的大规模复杂系统。

在面对大规模复杂系统时,往往涉及多个利益相关者。系统的用户可能有社会公众、系统操作人员、企事业单位等;系统的投资者可能是政府部门、企业、民间组织、个人等;政策制定者可能是政府部门、行业协会、国际组织等。这些利益相关者往往有不同的价值观,对系统有不同的期望和要求,有些要求甚至是冲突的。系统开发人员面对的是一个复杂的技术—社会系统,需要协调不同利益相关者的多种要求,要在多个指标之间进行综合权衡。利益相关者往往要求系统解决方案具备八个关键特性[1]:可持续(Sustainable)、可伸缩(Scalable)、灵活(Smart)、稳定(Stable)、简单(Simple)、安全(Safe)、保密(Secure)、社会接受(Socially acceptable)。利益相关者的各种需求带来了更高层次的复杂性。

除了人类需求的拉动作用外,技术革命推动了大规模复杂系统的广泛出现。自工业革命以来,科技进步的步伐越来越快。科技进步彻底改变了人们的生活方式和生产方式。随着计算技术、通信技术、传感器技术等的发展,人与人、人与物、物与物、人(物)与自然之间的联系越来越紧密,自然、社会、技术要素密切关联,构成了难以分割的大规模复杂系统。要解决某个局部问题,不能仅从局部着手,而是要从更大范围的系统着手,才可能有效地解决问题。

1.1.2 如何处理大规模复杂系统

系统工程发展的根本动力之一是处理不断增加的复杂性。传统系统工程面对的是需求明确、边界清晰、结构良好的系统,采用自顶向下迭代式开发,有清晰的阶段和流程。在大规模复杂系统时代,传统系统工程面临以下挑战:

(1) 使命任务复杂性快速增加,但不适宜的规格说明和不完全的验证导致使命任务风险增加。

(2) 从部件开始设计,而不是从架构开始设计,导致系统脆弱、难以测试、运行使用复杂昂贵。

(3) 知识和投资难以跨越项目阶段的边界,导致后面的开发成本增加,问题发现的成本增加。

(4) 知识和投资难以跨越不同项目,导致成本和风险增加,阻碍形成真正的产品线。

(5) 项目的技术方面和管理方面耦合不佳,导致基于风险的决策效率不高。

(6) 难以识别和处理风险,导致很多大灾难发生。

在大规模复杂系统时代,系统工程需要更加关注复杂性,发展处理复杂性的方法和工具,才能满足人们的新需求。系统工程需要在很多方面进行深入研究和实践,主要包括:

(1) 理解复杂系统。目前对系统复杂性理解还不够,这是导致系统开发成本增加甚至系统失败的根本原因。因此要深入研究复杂系统和复杂性,建立复杂系统相关理论,如提炼复杂性的测度指标、理解涌现的机理等。在深入理解复杂性机理的基础上,发展能够跟踪与处理复杂系统行为、减少非期望行为的方法。

(2) 发展系统架构(体系结构)方法。架构分析设计是开发大规模复杂系统的基础之一,要进一步发展架构方法,实现架构设计与分析的跨专业、跨领域、跨阶段集成,应对不同利益相关者的多种需求。

(3) 广泛采用组合式设计方法。通过从元件库中选择、调整、组装,实现产品家族的快速、敏捷、演进设计,便于进行分析、验证、集成、制造。

(4) 在体系背景下开发系统。体系是系统的系统,有很多时候并不是从基元开始设计系统,而是充分利用已有系统,对多个独立运行的系统进行协调,添加相关系统,进行综合集成,实现更高层次的目标。

(5) 充分利用信息进行决策。快速探索较完整的解空间,根据较全面的指标进行综合评估,支持决策,实现系统价值最大化。

(6) 发展虚拟工程环境。构建集建模、仿真、可视化为一体的工程开发环境,支持系统工程的各个方面,改进对复杂系统涌现行为的预测和分析。

1.1.3 处理大规模复杂系统所需知识

为了理解、认识、开发、运行大规模复杂系统,需要掌握坚实广泛的基础理论与系统工程的实用方法和工具。在理论基础方面,由于面对的系统是跨领域、跨学科的,系统工程不仅需要数学知识、自然科学知识、系统科学知识,还需要人文社会知识,才能对系统以及系统所处的环境有正确的认识。

在复杂系统工程化方面,应具备两个层面的知识:一是关于大规模复杂系统工程化过程管理方法(称为方法论),如系统生命周期阶段划分、系统工程引擎(流程)等,这些为有效处理复杂系统问题提供框架和流程;二是在系统工程的具体任务中所需要的实用方法和工具,如需求分析、系统建模、仿真、决策分析等。

国际系统工程协会(INCOSE)在《系统工程愿景2025》中给出了示意性的知识体系,如图1-1所示。

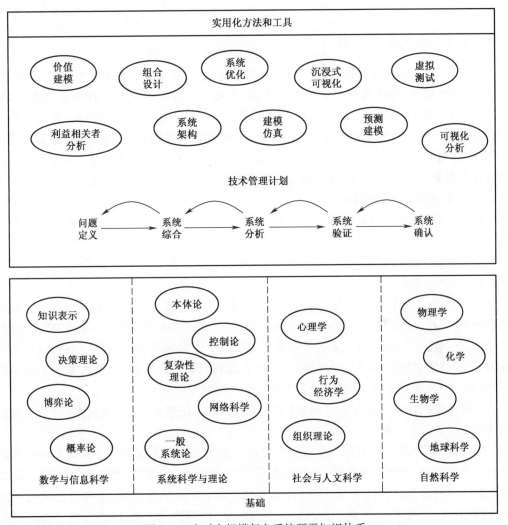

图1-1　应对大规模复杂系统所需知识体系

1.2　系统思想的源流

系统科学与系统工程的核心是系统思想。理解和掌握系统思想,形成系统观念,从系统的角度考察、认识、理解问题,用系统观念指导系统的开发、运行、更新,是从事大规模复杂系统开发运行的基本要求。系统思想不是人类生而具有的,也不是一成不变的,而是经过了漫长的发展过程,并且作为认识世界的一种根本性观念,还将继续演化发展。

自人类产生以来,在社会实践中必须不断地认识和改造世界,由于万事万物都处于普遍联系之中,人们逐渐发展出"整体"思想,这种整体观念就是系统思想的某种体现。这种思想随着人类文明的发展不断完善,对社会进步起到了基础性作用。这种从"整体"角度思考问题的方式普遍存在,无论是从古代到现代,还是从东方到西方,均广泛存在。回溯历史、展望未来,有助于我们更深刻地理解系统思想、学习系统理论、掌握系统工程方法。下面从时间发展的角度分别对古代、近代、现代系统思想的产生和发展做概略性介绍。

1.2.1 古代系统思想

在古代,当人们对世界的认识达到一定程度后,就可能发展出朴素的系统观。在四大文明古国中,均有"将现象看作系统加以考察"的系统思想。系统一词即来自古希腊语,是由部分形成整体的意思。中国古代普遍具有"天人合一"的整体宇宙观。古代文明中的朴素系统思想尽管科学性不足,但反映了古人对世界本质的高层思考,往往蕴含着丰富的内涵,对现代科学的发展具有启发意义,具有重要的价值。古代系统思想在东方以中国的哲学思想为代表,在西方以古希腊的自然哲学为代表。

1. 中国古代的系统思想

在古代中国,朴素的系统思想在天文、医学、农学、政治、军事中均有所体现。特别是在春秋战国时期,诸子百家争鸣,哲学思想繁盛,形成了儒、道、墨、法、名、阴阳、军事等多个思想流派。一些哲学流派不乏对世界本质的思考,其中蕴含着朴素的系统思想。

1)《周易》中的系统思想

《易经》是古代中国非常重要的著作,是中国传统思想文化中自然哲学与人文实践的理论根源,流传至今的是《周易》。自战国时代起,它就被儒家奉为经典,并进而跃居为群经之首,近三千年来对中国的文化和思维方式产生了重大的影响。《周易》最初是一本卜筮的书,经过儒家融汇不同的学术理论,进行了富有创造性的说解,建筑起来一座哲学殿堂,成为一个试图对自然、社会以及人生做出统一解释的体系。

从现代系统科学的角度看,《周易》包含着朴素的系统思想。《周易》朴素的系统观主要体现在以下几个方面[2]:

第一,《周易》把世界看作一个由基本要素组成的多层次系统整体。其基本构成是阴爻和阳爻,三个爻重叠形成八卦,八卦重叠形成六十四卦。《周易》产生于对天地之间事物的概括,"古者包牺氏之王天下也,仰则观象于天,俯则观法于地,观鸟兽之文与地之宜,近取诸身,远取诸物,于是始作八卦",其目的是"以通神明之德,以类万物之情"。《周易》以天地为准则,试图将天地间的道理普遍包容在内,从整体上把握宇宙及其万事万物。

第二,《周易》认为基本要素相互作用推动了世界的运动和变化。在这个世界系统中,八卦即乾、坤、震、巽、坎、离、艮、兑,分别代表天、地、雷、风、水、火、山、泽八种最基本的实体要素,这八种实体进一步联系起来,"八卦成列,象在其中矣;因而重之,爻在其中矣;刚柔相推,变在其中矣;系辞焉而命之,动在其中矣。"八卦排成序列,天地间的万种物象便尽在其中了;刚爻柔爻递相推移,变化之理便尽在其中了;撰系文辞告明吉凶,适时变动的规律也就在其中了。因此，从整体上把握这个由基本要素组织起来的系统世界，不仅包括把握它的组织结构，也包括把握它的运动变化。

第三，《周易》把世界看成一个动态的、循环演化的系统整体。在《周易》世界系统体系中，这个层次体系被看作某种演化的结果。《系辞上传》说："是故《易》有太极，是生两仪，两仪生四象，四象生八卦。"世界之初是混沌未分的太极，太极产生天地阴阳两仪，两仪产生象征四时的老阳、老阴、少阳、少阴四象，四象产生乾、坤、震、巽、坎、离、艮、兑八卦。因此，《周易》体系作为一种层次系统模式，实际上也是世界的生成演化的结果，同时也就是世界生成演化的模式，前者与后者是一致的，前者是从现存角度看问题，后者则是从演化角度看问题。

尽管《周易》中朴素的系统观和系统思维具有一定的积极意义，但它是相当原始的，有其局限性。如《周易》所刻画的系统基本构成是否科学、运动变化的基本机理是否与真实世界一致等，都存在很大问题。

2）道家的系统思想

"道"是中国哲学的最基本的范畴之一。道的原始意义为道路，后来其含义逐渐扩大。春秋时期，老子总结了古老的道家思想的精华，形成了"无为无不为"的道德理论，标志着道家思想正式形成。老子认为，道为万物的本体及本原。道不仅是对于天地万物的一种整体性的表述，而且是对于天地万物自发生成和发展的一种概括。

自老子从天道自然深入到本体论，在道为"万物之宗"的基础上开辟道家学说之先河以后，庄子继承和发扬了老子的道为产生万物的实在本体的思想。在庄子看来，道不仅是产生天地万物的实体，而且支配天地万物的运动变化，是天地万物生长、发展和变化所必须遵守的规律。

道家的系统思想，尤其是关于系统自发自组织的思想，受到当代系统思想家的高度重视。庄子在《天运》篇里的发问："天其运乎？地其处乎？日月其争于所乎？孰主张是？孰维纲是？孰居无事而推行是？意者其有机械而不得已邪？意者其运转而不能自止邪？"当代著名科学家普利高津（Ilya Prigogine）说："庄子在这段话中提出的这些问题对我们今天依然存在。"这也正是今天系统自组织理论所要解决的问题。

3）《孙子兵法》的系统思想

《孙子兵法》是中国现存最早的一部完整的兵法，为春秋时期孙武所作，《孙子兵法》一书在当代世界受到高度的重视，其中包含丰富的系统运筹思想。

第一，《孙子兵法》从全面战略高度来讨论战争。《孙子兵法》开章明义的第一条就是："兵者，国之大事，死生之地，存亡之道，不可不察也。"这里一开始就强调战争是国家大事，而决非军事家的事。决定战争胜负的不是单一的军事因素，而是多因素的综合："故经之以五事，校之而索其情：一曰道，二曰天，三曰地，四曰将，五曰法。"指出了要从道、天、地、将和法五个方面系统地分析研究战争，而不可就战争而论战争，因为战争系统只是社会大系统中的一个子系统，它只能是在整个社会诸因素的制约之中发挥作用。

第二，《孙子兵法》用动态系统运筹的观点对战争进行了淋漓尽致的分析，达到了很高的水平。动态运筹的观点在战略、战术层面上均有体现。在《孙子兵法》看来，系统运筹对于战争的成败至关重要，甚至可以预见战争的成败。《孙子兵法》中动态运筹优化的论述很多。开篇《计篇》中就多次有动态运筹的论述。在战争中进行系统运筹，从而实现在运动调整之中来优化作战方案。运筹优化,实际上是在动态之中实现的。

第三,强调了信息和控制对于战争的重要性。"知己知彼,百战不殆"是《孙子兵法》中的至理名言。要做到知己知彼,要对于对方有透彻的了解,就要重视信息的重要作用。信息与控制有紧密的联系,《孙子兵法》从多个角度阐述了如何获取信息、利用信息,如何建立组织制度、如何对军队实施指挥控制。

2. 西方传统系统思想

在古代西方哲学体系中,古希腊哲学占据最重要的位置。古希腊涌现出一批对宇宙本源进行思考的哲学家,在很多方面,它为现代科学与现代哲学铺设了道路。一些古希腊哲学家思考宇宙的基本构成,提出了各种学说。如泰勒斯(Thales,约前624—约前547)提出了"水是万物的始基"这一命题,稍后的毕达哥拉斯(Pythagoras,约前570—约前490)学派则提出"数是万物的始基"的命题。赫拉克利特(Herakkntos,约前540—前480)认为世界万物的始基是火,在《论自然界》一书中提出"世界是包括一切的整体"。

德谟克利特(Demokritos,约前460—约前361)创立了原子论,认为世界的始基是原子,不可分的原子结合起来就形成了万事万物,甚至灵魂也是精细的原子构成的,他实际上肯定了系统总是由要素组成的,终极要素构成了系统,同时也决定了系统。

亚里士多德(Aristoteles,前384—前322)是古希腊哲学的集大成者。亚里士多德对事物持整体论观点,将整体阐述为"由若干部分组成,其总和并非只是一种堆积,而其整体又不同于部分",意即整体并不是部分的简单总和,或说各部分加在一起并不等同于整体。亚里士多德的整体论涉及整体与部分的关系,并确立了"整体在先"的原则。从逻辑上来看,"整体在先"包含两层意思:第一,在定义上部分往往要借助于整体来进行说明,如弧是圆的部分、手是人的器官等;第二,在程序上认识总是先把握住整体再深入到部分,如先把握房子整体,再细看其组成部分。亚里士多德指出:"对我们来说,明白易知的起初是一些未经分析的整体事物。而元素和本源是在从这些整体事物里把它们分析出来后才为人们所认识的。"

亚里士多德关于整体和部分关系的思考,受到现代系统论思想家的高度赞赏,一般系统论的创立者贝塔朗菲就一再说,亚里士多德关于"整体大于部分和"的思想至今仍然正确,实际上这就是系统论的最基本思想。

1.2.2　近代科学与系统思想

古代人们对世界的认识尚处于初级阶段,发展了朴素的系统思想,强调对自然界进行整体性认识,但对整体的各个部分细节缺乏全面深入的了解,所以他们的看法比较笼统、模糊。从15世纪下半叶开始,近代自然科学从欧洲兴起,人们可以对事物具体细节进行深入分析研究。在这一时期机械自然观占据主体,关注个体、局部,撇开了总体以及内部之间的相互联系,与古代的整体性思想恰恰相反。

尽管在这一时期机械论占主流,普遍采用还原论思想研究科学问题,将整体分解为局部,忽略整体与局部的关系,但也有一些哲学家、科学家发展了系统观。如莱布尼茨在《单子论》中指出,单子与复合物具有相互依存性,整体与部分只能相互定义。单子是有层次的,单子是可以变化的,但将变化的内因与外因分裂开来。从单子论出发,莱布尼茨反对简单地把有机体与机械等同起来。莱布尼茨的单子论中机械论与有机论、个体论与整体论错综复杂的交织在一起,有较多的系统思维。

德国古典哲学家、科学家康德的宇宙观体现了丰富的系统思想。康德研究宇宙演化,提出著名的星云假说。他认为在遥远的过去,宇宙中分散着稀薄的、不停运动着的物质微粒,这些微粒在引力作用下聚集起来,形成太阳这样的巨大中心天体。除引力作用外,同时还有斥力作用,二者共同作用,形成以太阳为中心的圆盘结构星系。康德还认为宇宙是一个大系统,具有层次结构。康德关于宇宙演化、自组织的思想与现代天文学的基本理论非常相似。

马克思和恩格斯共同奠定的辩证唯物主义,充满了丰富的系统思想。恩格斯认为自然界是一个有机的整体系统。整个世界是一个有机联系起来的复杂的系统,相互联系、相互作用构成了运动,系统自发运动、自我组织,并且永远处于运动、变化、发展之中。这个复杂的总体系统存在一定的层次结构。对于社会现象,恩格斯论述了整体不等于部分的简单加和的观点,指出系统整体功能不是部分功能的简单加和,当系统的要素之间协同配合时,可以使系统整体上产生新质,整体功能得以优化。

总之,在自然科学发展的初期,机械的、分析的、线性的、被组织的世界图景的形成是有其历史必然性的。按照这样的时代科学提供的见解,天地及其间的万物固定不变,一切自然现象都是互不联系、各自孤立的东西,它们只能是在空间中彼此无关地无组织地并列着,复杂性只是表面的而非实质的,而且它们没有时间上的发展变化的历史,仅仅是存在着的而非演化着的东西。只有通过自然科学的进一步的发展,才可能通过对于这种机械的、分析的、线性的、被组织的世界图景的再一次否定,走向一幅有机的、综合的、非线性的、自组织的系统世界图景。

1.2.3 现代系统思想的兴起

20世纪初,以相对论、量子力学为代表的科学理论改变了人们对自然界的许多固有的观念。同时,社会实践走向更广阔的领域,企业的规模、工程项目所涉及的要素数量跨越了几个数量级,要求人们采用新的思想、方法、技术对空前复杂的事物进行有效管理与控制。这些因素促进了系统思想的复苏,导致系统科学理论的创立、系统工程学科的形成。

1. 20世纪40—60年代的系统科学学科群

在第二次世界大战前后,一些以系统为研究对象的学科相继出现,如系统论、信息论、控制论形成了第一批系统科学基本理论。同时,运筹学、系统工程、管理科学等采用系统观点,对实际问题进行分析、处理,指导人们的实践,这些可以看作是系统思想的实际应用。

1) 一般系统论

美籍奥地利理论生物学家贝塔朗菲(Ludwig von Bertalanffy)于1937年提出了一般系统论的初步框架,1955年出版专著《一般系统论》,成为该领域的奠基性著作。贝塔朗菲从系统观点、整体观点、动态观点出发,将有机体描述为由诸要素按严格等级层次组成的开放系统,且具有特殊的整体功能。1968年出版的《一般系统论:基础、发展和应用》中从系统的定义和数学描述出发,引出整体性、中心化、果决性、稳态、层次结构等概念,力图找到一般的适用于各种系统的模式、原则和规律。

2）控制论

维纳（Norbert Wiener）于1948年出版了《控制论》一书，该书的副标题叫做"关于在机器和生物的通信和控制的科学"，标志了控制论作为一门学科诞生。控制论从目的行为角度，提炼出包括生物及各类系统共同遵循的规律。维纳引入"反馈"概念，阐明功能系统通过反馈进行调节和控制的基本思想。反馈在控制论中是一个基本概念，它对于系统的稳定性、目的性以至学习能力都是至关重要的。

控制论在20世纪50年代得到大发展，生物学是取得成功的领域之一，创立了生物控制论。另一分支是工程控制论，它是在控制论的基本思想的基础上，结合反馈放大器理论和伺服机器理论产生的。钱学森1954年出版的《工程控制论》是这个学科的奠基性著作。70年代以后，控制论向广度发展，目标是大系统和复杂系统的控制；向深度发展，目标是智能控制。

3）信息论

信息论主要研究通信和控制系统中普遍存在的信息传递的共同规律。20世纪初通信事业的发展，迫使人们加强研究通信工程技术，并形成普遍性理论去解释和指导通信工程技术中遇到的问题。1948年香农（Shannon）发表了"通信的数学理论"一文，宣告了信息论的诞生，第一次从理论上阐明了通信的基本问题，提出了通信系统的一般模型，提出了度量信息量的数学公式，即著名的信息熵公式。香农及其合作者合著的《信息论》，从信息的语法方面出发，撇开了信息的语义，建立起传递信息的通信系统模型，对信息论的思想进行了广泛的拓展。

4）系统工程与管理科学

第二次世界大战以后，随着生产规模的扩大和技术的复杂化，人们开始从整体和相互联系的角度去思考、解决实际问题。1957年Goode和Machol出版了第一本《系统工程》专著，标志着系统工程学科的建立。系统工程从整体出发，应用现代数学和电子计算机等工具，解决复杂系统的组织、管理、控制问题，以达到最优设计、最优控制和最优管理的目标。系统工程在国防、水利、交通等工程领域得到了广泛应用。

针对企业生产经营等管理问题，以及社会组织管理问题，出现了管理科学。泰勒（Frederick Taylor）、法约尔（Henri Fayol）、韦伯（Max Weber）等人奠定的古典管理理论，促进了人们开始注意把工厂、企业乃至社会作为一个有机的、有序的组织来加以管理。在管理领域系统思想已经日益深入到管理理论之中，已经从不自觉变成管理理论基点之一。管理领域的进展，实际上是20世纪系统思想兴起的一个侧面。

2. 20世纪70—80年代系统科学的建立

第二次世界大战后，系统论、信息论和控制论等关于系统的理论得到广泛的传播和普及。在此基础上一些科学家深入研究系统规律，20世纪70—80年代相继诞生了耗散结构理论、协同学、突变论、超循环理论等一批新的学科，促进了系统科学的建立。

比利时物理化学家普利高津于1969年提出"耗散结构理论"，解释一些系统为什么会自发形成有序结构。由于这种有序结构的维持需要不断地输入能量和（或）物质，所以称为"耗散结构"。普利高津给出了耗散结构形成的条件和机理，回答了远离平衡态的开放系统自发从无序到有序的问题，对于物理、化学、生物系统中的许多现象给出了解释。

德国物理学家哈肯（Hermann Haken）在研究激光器发光原理时发现，激光是一种典型的远离平衡态的从无序到有序转化的现象,即使在平衡态时也有类似的现象,如超导和铁磁现象。哈肯认为,复杂系统的相变是各子系统之间关联、协同作用的结果,提出"协同论"。从统计力学和动力学方面揭示协同现象的内在机制,给出了处理某些系统向有序方向演化的处理方法。

耗散结构理论和协同学都是采用自组织观点回答系统从无序到有序的演化问题,属于"自组织理论"。在生物方面,艾根(Manfred Eigen)在进化论的基础上把生命起源解释为自组织现象,发表了超循环理论。法国数学家托姆(René Thom)运用数学上的函数理论,提出"突变论",将系统内部状态的整体性"突跃"称为突变,其特点是过程连续而结果不连续。突变理论可以被用来认识和预测复杂的系统行为。

3. 20 世纪 80 年代以来非线性科学与复杂性科学的发展

20 世纪 80 年代以后,非线性科学和复杂性科学成为系统理论发展的重要方面,这些研究揭示了系统的演化规律,深化、丰富了人们对系统的认识。非线性系统不满足叠加原理,即系统各部分的简单叠加不等于整体。非线性科学对各个领域都有广泛影响,其主要理论分支包括混沌、分形和孤波。

混沌是指确定性的非线性动力学系统产生的貌似无规则的、类似随机性的运动,混沌可在相当广泛的一些确定性动力学系统中发生。混沌研究将确定性和随机性在更高的层次上统一起来,确定性方程产生了不确定的结果,这种随机性不是来自外部干扰,而是内随机性。混沌运动具有初值敏感性,动摇了原来以为只要提高计算精度就可对确定性系统进行长期预测的想法。混沌是有序和无序的统一,有序来自混沌,又可以产生混沌,混沌不是完全的无序,它包含着各种复杂的有序因素。

分形几何学是在 20 世纪 70 年代由曼德勃罗(Benoit B. Mandelbrot)创立的。分形理论揭示了整体与部分之间多层面、多维度、全方位的联系方式。分形几何不仅展示了数学之美,也揭示了世界的本质,还改变了人们理解自然奥秘的方式。可以说,分形几何是真正描述大自然的几何学,对它的研究也极大地拓展了人类的认知疆域。分形几何还具有重要的实用价值,在计算机图形学、物理、化学、生物学中有广泛的应用。

复杂性科学兴起于 20 世纪 80 年代,1984 年美国圣塔菲(Santa Fe)研究所的成立,标志着复杂性研究的兴起。复杂性科学以复杂系统为研究对象,以超越还原论为方法论特征,以揭示和解释复杂系统运行规律为主要任务。在这一阶段发展出诸多复杂性理论,如复杂适应系统、开放的复杂巨系统、人工生命、元胞自动机、复杂网络、群体智能等,从不同的角度对复杂系统的特点、性质、机理进行探索。这些研究逐步揭示出复杂系统的整体涌现、动态演化、自组织、自适应等现象背后的规律。目前复杂性科学还处于发展阶段,面临着种种问题,需要科学工作者继续努力。

1.3　系统的基本概念

随着认识水平的提高,人们逐渐认识到自然界中许多事物不是孤立存在的,而是有机联系在一起,形成一个整体,必须作为一个整体进行认识。在工程实践中,也需要把诸多硬件、软件、人员、过程等按特定方式联系在一起,获得所期望的整体功能,达到预期目的。因此无论认识自然现象,还是从事工程实践,都需要建立系统概念。

1.3.1 系统定义

"系统"一词是人类对世界所建立起来的一种基本认知模式,是一个涉及面广、内涵丰富的概念。系统(System)一词来自拉丁文"systēma",词头是"共同"的意思,词尾是"位于"的意思,用来表示群体、集合等概念。作为一个科学概念,它的内涵是系统科学、系统工程出现后才逐步明确起来的,目前还没有一个统一定论,并且随着人类认识水平的发展,它的含义还将继续变化。

下面列举一些"系统"的典型定义:

Webster新国际词典对System词条的解释:①通常体现许多不同因素的复杂统一体,它具有总的计划或旨在达到总的目的;②是由持续相互作用或相互依赖连接在一起的诸客体的汇集或结合;③有秩序活动着的整体、总体。

日本JIS工业标准:许多要素保持有机的秩序,向同一目的行动的事物。

苏联大百科全书:一些在相互关联和联系之下的要素组成的集合,形成了一定的整体性、统一性。

贝塔朗菲《一般系统论》:系统可以定义为相互作用着的若干要素的复合体。

钱学森:系统是由相互作用和相互依赖的若干组成部分结合成的、具有特定功能的有机整体。

国际系统工程协会:交互的元素组织起来的组合,以实现一个或多个特定的目的。一组综合的元素、子系统或组件,以完成一个确定的目标。这些元素包括产品、流程、人员、信息、技术、设施、服务和其他支持元素[3]。

可见,对系统的理解多种多样,但从最基本的角度看,系统是由两个或两个以上有机联系、相互作用的要素所组成的、具有特定功能的整体。

系统具有以下三个基本特性:

(1) 多元性。系统至少由两个或两个以上可以相互区分的要素组成。这些要素可以是元件、机器、人员、组织、信息、流程等。系统构成元素的数量可以是有限的,也可以是无限的;可以是实体性的,也可以是抽象;可以是不需分解的基本元件,也可以是能继续分解的复合组件。

(2) 相关性。系统的各个组成部分按一定的方式相互联系、相互作用。一定方式是指元素之间的联系具有某种确定性,人们能够据此辨认系统,并与其他系统区分开来。这种确定性也可以是统计意义上的,可以用概率方法描述。

(3) 整体性。任何系统都具有整体的功能、特性、行为等,这些是整体具有的,是原来各组成部分不具备或不完全具备、只有在系统形成之后才具备的。这种非加和性是由系统内部的有机联系和结构所决定的。

整体性是系统最基本、最核心的特性,是系统性最集中的体现。具有相对独立功能的系统要素以及要素间的相互关联,是根据系统功能依存性和逻辑统一性的要求,协调存在于系统整体之中。系统的构成要素和要素的机能、要素的相互联系和作用要服从系统整体的目的和功能,在整体功能的基础上展开各要素及相互之间的活动,这种活动的总和形成了系统整体的有机行为。在一个系统整体中,即使每个要素不都很完善,但它们也可以协调、综合成为具有良好功能的系统;反之,即使每个要素都是良好的,但作为整体不具备某种良好的功能,也不能称为完善的系统。任何一个要素不能离开整体去研究,要素间的联系和作用也不能脱离整体的协调去考虑。

除以上三个基本属性之外,系统还具有目的性、层次性、环境适应性等特征。

1.3.2 系统与环境

每个系统都是从普遍联系的客观事物之网中相对划分出来的。一个系统之外的一切与它相关联的事物所构成的集合称为系统的环境。任何系统都产生于一定的环境之中,又在环境之中发展演化。研究系统,必须研究系统与环境之间的关系。

系统 S 的环境记为

$$E_S = \{x \mid x \notin S \text{ 且与 } S \text{ 有不可忽略的联系}\}$$

把系统与环境分开来的某种界限称为系统的边界。从逻辑上看,边界是系统构成关系从起作用到不起作用的界限。边界是客观存在的,凡是系统均有边界。但有些系统的边界并无明确的形态,有些系统的边界有模糊性。

系统与环境的划分是相对的,根据实际需要和处理问题的便利,针对同一问题,可以采用不同的划分方式。因此,针对同一问题,如果研究者采用不同的观察视角、层级、建模方式,可能得到不同的划分结果。但是,在对同一问题的研究过程中,系统与环境的划分不能随意改变。

系统与环境的相互作用是通过物质、能量、信息的交换来实现的。环境对系统的输入是系统变换的外因,系统对环境的输出可能改变环境的状态,如图1-2所示。系统与环境相互作用的结果有可能使系统的性质和功能发生变化。系统要在一段时间内保持相对稳定,必须能够适应环境的变化,即环境适应性。

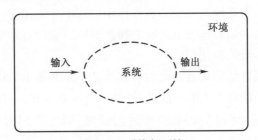

图1-2 系统与环境

环境意识是系统思想的重要内容。把握一个系统,必须了解该系统所处的环境,环境对系统有什么影响,系统又如何影响环境,即进行环境分析。有时候系统的环境具有系统性,是一个更大的系统,有时候环境不具备系统性,是多个要素的集合,这些要素之间关联并不紧密。环境既具有定常性,又具有变动性。有些系统的环境在一段时期内基本不变,有些系统的环境处于显著变化中,这些都对系统的存续、运行有具体的影响,需要分别加以分析。

1.3.3 系统结构

系统内部包含多个组成部分。根据研究目标和条件,有些组成部分是单一的、不可或不需再细分的基本元素,但有些组成部分不具备基元性,还可以再细分。无论如何,在当前的系统划分水平上,将系统的所有这些组成部分统称为组分。

系统研究最关心的是系统组分关联起来形成统一整体的特有方式。组分以及组分之间关联方式的总和称为系统的结构。在组分集合不变的情况下,可以把组分的关联方式称为结构。

系统的结构方式很多,目前尚无完备的结构分类方法,常见的有空间结构、时间结构、逻辑结构等。同样的系统组分集合,按不同的结构方式关联,形成的系统在整体特性、功能、行为方面可能有显著的差异。

系统的某些组分本身较复杂,可以看作子系统。形式化地说,给定系统 S,如果它的元素集合 S_i 满足以下条件,则称 S_i 为系统 S 的一个子系统:

(1) S_i 是 S 的一部分(真子集),即 $S_i \subset S$。

(2) S_i 本身是一个系统,满足系统的要求。

系统可以划分为多个子系统,有些子系统还可以继续划分为更小的子系统,这种细分过程可以进行多次。此外,系统本身又是更大系统的一个子系统。明显的,系统具有层次性。一个系统包含的层次越多,这个系统就越复杂。一个复杂系统在由下而上,由低层级的要素组成高层级的子系统(系统)的过程中,不是低层要素的简单加和,而是往往会产生新的、原来层级所不具有的特性。这种系统整体具有,而部分或部分之和所不具有的特性称为涌现性。涌现是复杂系统研究的重点。

1.3.4 系统功能

系统的功能是指由系统行为引起的、有利于环境中某些事物发展乃至整个环境存续的作用。系统功能具有以下特征:

(1) 系统功能只有在系统与环境的相互作用过程中才能体现。功能体现了系统与环境之间物质、能量、信息的输入与输出之间的转换关系。如信息系统的功能是对信息进行收集、传递、储存、加工、维护和使用。

(2) 系统功能比系统结构具有更大的可变性。系统的基本结构在一定的参数区间内会保持稳定。而系统功能有更大的可变性,外部环境一旦变化,系统与环境相互作用的过程和效果就要受到影响,这将引起系统功能的变化,而通常此时系统的结构并不发生变化。

系统的结构与功能之间的关系有三个要点:

(1) 结构是功能的内在依据,功能是要素与结构的外在表现。

(2) 系统的功能由结构和环境共同决定。

(3) 功能对结构有反作用。

结构与功能的关系形式有以下四种:

(1) 同构异功:同一种结构的系统在不同环境下发挥不同功能。如一张木桌在室内可以发挥办公功能,而在水中可以发挥救生功能。

(2) 同功异构:一种功能可以采用不同的结构实现。如计时功能可以采用手表、日晷、沙漏等实现。

(3) 同构同功:相同的结构表现出相同的功能。如天然尿素与人工合成尿素。

(4) 异构异功:不同的结构表现出的功能不同,这是最通常的关系形式。

1.3.5　系统状态与演化

1. 状态

系统的状态是指系统可以被观察和识别的状况、态势、特征等。状态是刻画系统性质的定性概念。更进一步,可以采用状态变量定量的刻画系统的状态。状态变量是指一组描述系统每时每处态势、状况,随时间变化的变量。给定一组状态变量的数值,就给定了系统的一个状态。

状态变量是表征研究对象基本特征的量,随系统的不同而不同。如表征人体生理状况的变量如体温、红细胞数量、白细胞数量等,而表征飞机特征的变量如高度、速度、航向等。对同一系统,一般来说状态变量的选取也不是绝对的,可以采用不同的状态变量组合描述。如空间中的位置,可以采用笛卡儿坐标(x,y,z)表示,也可以采用极坐标(ρ,φ,θ)表示。但状态变量组合的选取不是任意的,必须满足完备性和独立性要求。完备性要求一组状态变量能够完全的、唯一的刻画系统的状态。独立性是指任意状态变量不能表示为其他状态变量的函数。

状态变量一般是时间的函数,在不同时刻系统状态有不同的值。原则上说,一切系统的状态都是动态变化的。但对于给定的目标和条件,如果系统的特征时间尺度比所研究的具体问题的特征时间尺度大得多,在研究和解决问题时系统的状态没有发生明显变化,可以把系统看作静态的,以简化对问题的描述。

状态变量不仅是时间的函数,有时也是空间的函数。当系统所处的范围较大时,往往存在一定的空间分布,在不同的位置系统的状态变量有不同的取值。如天气系统在不同的空间位置温度、气压、风速等状态有明显的不同。

2. 演化

系统的状态、特性、结构、行为、功能等随着时间的推移而发生的变化,称为系统的演化。演化性是系统的普遍特性。只要从足够大的时间尺度上看,任何系统都处于演化之中。狭义的演化是指系统由一种结构或形态向另一种结构或形态的转变。广义的演化包括系统从无到有的形成,从不成熟向成熟的发育,从一种结构或形态向另一种结构或形态的转变,系统的老化或退化,从有到无的消亡等。系统科学是关于事物演化的科学,研究的基本内容就是系统演化的特点和规律。

系统演化有进化与退化两个基本方向。从低级向高级、从简单到复杂的演化是进化。从高级向低级、从复杂到简单的演化是退化。现实世界的系统既有进化也有退化。如人类总体趋势是在进化,但部分器官发生了退化。

系统的演化是内因和外因共同作用的结果。系统整体的动力学性质首先来自于系统内部诸要素的相互作用,同时环境对系统的动力学特性也产生影响,这种影响往往决定着系统的演化特点和规律。因此,系统的状态变量与环境有密切关系,一般用参数表示环境的影响。

1.3.6　系统类型

为了便于研究系统的性质,揭示系统的区别和联系,可以对系统进行分类。按分类标准不同,可以划分为不同的类型:

（1）自然系统与人造系统（根据系统的起源划分）：自然系统是主要由自然物（动物、植物、矿物、水资源等）所自然形成的系统，如海洋系统、矿藏系统等；人造系统是根据特定的目标，通过人的主观努力所建成的系统，如生产系统、管理系统等。实际上，大多数系统是自然系统与人造系统的复合系统。近年来，系统工程越来越注意从自然系统的关系中探讨和研究人造系统。

（2）实体系统与概念系统（从元素的形态划分）：凡是以矿物、生物、机械和人群等实体为基本要素所组成的系统称为实体系统；凡是由概念、原理、原则、方法、制度、程序等概念性的非物质要素所构成的系统称为概念系统。在实际生活中，实体系统和概念系统在多数情况下是结合在一起的。实体系统是概念系统的物质基础；而概念系统往往是实体系统的中枢神经，指导实体系统的行动或任务。系统工程通常研究的是这两类系统的复合系统。

（3）动态系统和静态系统（从系统状态是否变化划分）：动态系统是系统的状态随时间而变化的系统；静态系统则是表征系统运行规律的模型中不含有时间因素，它可视作动态系统的一种特殊情况，即状态处于稳定的系统。实际上，多数系统是动态系统，但由于动态系统中各种参数之间的相互关系非常复杂，要找出其中的规律性有时是非常困难的，为了简化起见假设系统是静态的，或使系统中的各种参数随时间变化的幅度很小，而视同稳态的。

（4）封闭系统与开放系统（从系统与环境的关系划分）：封闭系统是指该系统与环境之间没有物质、能量和信息的交换，因而呈一种封闭状态的系统；开放系统是指系统与环境之间有物质、能量与信息的交换的系统。封闭系统通过系统内部各子系统的不断调整来适应环境变化，以保持相对稳定状态，并谋求发展。开放系统一般具有自适应和自调节的功能。

1.4 系统工程概论

1.4.1 系统学科的体系结构

我国著名科学家钱学森提出了一个现代科学的体系结构，在这一矩阵式结构中，从纵向将现代科学划分为多个科学技术部门，从横向分为工程技术、技术科学、基础科学三个层次。工程技术是直接用于改造世界的，技术科学为工程技术直接提供理论基础，基础科学揭示客观世界的基本规律。马克思主义哲学是人类对客观世界的最高概括，各个科学技术部门都有通往马克思主义哲学的"桥梁"，桥梁是各个科学技术部门中具有普遍性、规律性的知识，是各个科学技术部门的哲学。这样一个科学技术部门从纵向上分为三个层次、一个桥梁。

从20世纪40年代开始，发展出许多以"系统"为研究对象的理论、方法、技术，构成系统学科体系。按照钱学森的观点，系统学科体系也具有类似的层次结构，如图1-3所示。其中，工程技术层次是系统工程，包括系统工程的概念、原理、思路、原则、工作步骤，以及一些实用化的建模、决策、评价等方法和工具。技术科学层次包括运筹学、控制论、大系统理论等，它们为系统工程直接提供方法和工具。在基础科学层次形成"系统科学"

(国内有时称为"系统学"),它研究一般系统的基本概念、性质、演化规律等,包括耗散结构理论、协同学、突变论、超循环理论,以及非线性科学、复杂性科学等。在系统学科体系和马克思主义哲学之间的"桥梁"是系统论,它在更加抽象的层次上讨论系统的特征、规律、性态,属于哲学,包括系统本体论、系统认识论、系统方法论等,它的发展不仅对系统学科有指导意义,对哲学发展也有重要影响。

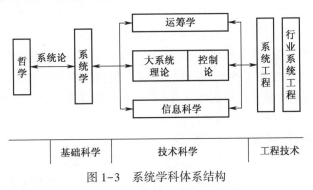

图1-3 系统学科体系结构

1.4.2 系统工程概念

系统工程(Systems Engineering)发端于20世纪40年代,形成于60—70年代,是一门具有鲜明特点的新型工程技术。它以"系统"为研究对象,从总体出发,使系统各组成部分相互协调、相互配合,综合权衡系统的功能、性能、质量、成本、进度等,获得满足多个利益方需求的系统。系统工程的用途广泛,在各个领域都可以应用。在解决问题的各个阶段,都可以采用系统工程方法进行工程实践。

系统工程的思想、方法来自于不同的行业和领域,不同学者对系统工程有不同的理解,在不同国家系统工程有不同的发展历史,也受到社会制度、文化的影响。因此,对系统工程的定义具有多样性,现在还难以统一。但对系统工程的理解毕竟有共同之处,下面列举一些定义。

美国学者H. Chesnut指出:"系统工程认为虽然每个系统都是由许多不同的特殊功能部分所组成,而这些功能部分之间又存在着相互关系,但是每一个系统都是完整的整体,每一个系统都要求有一个或若干个目标。系统工程则是按照各个目标进行权衡,全面求得最优解(或满意解)的方法,并使各组成部分能够最大限度地互相适应。"

日本工业标准:"系统工程是为了更好地达到系统目标,而对系统的构成要素、组织结构、信息流动和控制机制等进行分析与设计的技术。"

钱学森指出:"系统工程是组织管理系统的规划、研究、设计、制造、试验和使用的科学方法,是一种对所有系统具有普遍意义的科学方法。"

INCOSE系统工程手册:"系统工程是一种使系统能成功实现的跨学科的方法和手段。系统工程专注于:在开发周期的早期阶段,就定义客户的需求与所要求的功能,将需求文件化;然后在考虑完整问题,即运行、成本、进度、性能、培训、保障、试验、制造和退出问题时,进行设计综合和系统确认。系统工程以提供满足用户需求的高质量产品为目的,同时考虑了所有用户的业务和技术需求。"

综上所述,系统工程是从总体出发,合理开发、运行和革新一个大规模复杂系统所需思想、理论、方法论、方法与技术的总称,属于一门综合性的工程技术。

1.4.3 系统工程特点

1. 系统工程是一门横断性学科

系统工程是一门工程技术,但它与机械工程、电子工程、水利工程等其他工程学的某些性质不尽相同。各门工程学都有其特定的工程对象,而系统工程的对象,则不限定于某种特定的工程物质对象,任何一种物质系统都能成为它的研究对象;而且不只限于物质系统,它可以包括自然系统、社会经济系统、经营管理系统、军事指挥系统等。

因此,系统工程的对象是各类"系统",系统工程的思想和方法适用于许多专业领域,因为尽管每个专业领域都有自身的特点,但都有一些带有整体性、全局性的问题需要综合处理,这正是系统工程发挥作用的地方。

2. 系统工程具有明显的"工程"性

系统工程是一门工程技术,具有"工程"性,强调在改造客观世界方面的作用与效果。系统工程的产出是产品,该产品可以是单一设备,但典型的产品是将人、硬件、软件、信息、流程等实现有机集成的系统。该产品来自于客户的需求和要求,系统工程师要综合运用资金、技术、人力、时间、物资等资源,改造、新建、运行、维护现实世界的系统,致力于使该系统发挥整体效果,达到预期目的。

3. 系统工程需要应用"硬"技术和"软"技术

系统工程问题不仅涉及各种技术方面的"硬"因素,还涉及社会、心理、文化等"软"因素。这些"软"因素机理不明,难以量化,系统工程师需要通晓人情世故,进行有效沟通。因此系统工程是一门需要软、硬结合的学科,既需要数学建模、计算机仿真等"硬"技术,也需要调查访谈、协调协商等"软"技术。

总之,系统工程是一门总览全局、着眼整体,综合利用各学科的思想和方法,从不同方法和视角处理系统各部分的协调和配合,规划和设计、组建、运行整个系统,使系统整体效果达到最优的方法性学科。

1.4.4 系统工程发展历程

系统工程的发端可以追溯到 20 世纪 30—40 年代,至今已有几十年的发展史。按系统工程的主要应用领域的特点,可以划分为三个阶段:20 世纪 70 年代前以硬系统为主的阶段;70—90 年代从硬系统扩展到软系统的阶段;90 年代以后进入大规模复杂系统的阶段。

系统工程在第二次世界大战期间已经有初步应用,在军事领域发展了军事运筹学和军事系统工程,如英国的防空系统分析、潜艇搜索作战等。第二次世界大战以后在民用部门,一些电信公司为了完成规模庞大的工程任务,开始采用系统方法分析解决问题。美国贝尔电话公司在发展微波通信网时,首先提出了"系统工程"这个名词,提出了将工程按系统思想划分为阶段进行的工作方式。第二次世界大战后美国兰德公司成立,提出系统分析的概念,在军事之外的多个领域进行了实践。1957 年美国学者 H. Goode 和 R. E. Machol 出版了第一本《系统工程》专著,标志着这门学科正式形成。20 世纪 60 年代,各国相继出现了一些从事系统工程的专门机构,组织了系统工程专业学会,召开了专门的学术会议,一些学校开设了相关课程,培养专业人才。1969年,美国国防部发布军标MIL-STD 499,对国防项目进行标准化系统工程管理。在这一阶段系统工程取得很大成功,著名的成功案例如1961—1972年的"阿波罗"登月计划,扩大了系统工程的影响,推动了系统工程在各个领域的应用。

20世纪70年代后,随着系统工程在工程领域的成功,开始将系统工程推广到社会经济、国际政治、生态环境等领域。这些领域涉及各种社会关系、经济利益、心理、文化等各种软因素。传统的以工程技术系统为对象的系统工程表现出一些局限性,因此发展了新的系统工程思想、方法、技术,促进了以软系统为研究对象的系统工程的发展。1972年,联合国成立了国际应用系统分析研究所(IIASA),对需要国际合作的社会经济问题进行分析研究。70年代,美国学者Forrester创立系统动力学,采用信息反馈系统观点研究企业管理、国民经济、生态环境等问题。1981年,英国学者切克兰德提出软系统工程方法论。这一阶段,系统工程超越传统的"工程"领域,进入"社会"领域,在社会生活中发挥重要作用。

20世纪90年代以后,人们对系统的认识进入到复杂性科学时代,对复杂系统的研究深化了人们的认识水平。如混沌理论揭示了系统的动力学特征,复杂适应系统理论能够对具有学习适应能力的多Agent系统进行描述,开放的复杂巨系统等理论蓬勃发展,涌现、混沌边缘等新概念促使人们重新思考系统的性质、规律,这些思想渗透到系统工程,要求对系统工程的目标、原则、方法等进行完善。另外,特别是在国防项目领域,过去烟囱林立、各自为政的局面亟待打破,产生了将各个系统集成、综合,发挥整体效果的需求,于是体系(系统的系统)成为热点,体系工程发展起来。在这一阶段,对复杂系统的深入研究,以及体系工程的逐步发展,成为推动系统工程学科进步的主要动力。

我国现代系统工程的研究和应用始于20世纪50—60年代。在理论研究方面,中国的一些研究机构和学者对系统工程做了理论上的探讨和技术方法上的准备,其主要标志和集中代表是钱学森的《工程控制论》、华罗庚的《统筹法》和许国志的《运筹学》。在工程应用方面,在钱学森的领导下,我国在导弹等现代化武器总体设计组织方面取得丰富经验,国防尖端科研"总体设计部"成效显著。

中国大规模研究与应用系统工程是从20世纪70年代末80年代初开始的。1978年9月27日,钱学森、许国志、王寿云在《文汇报》上发表了题为"组织管理的技术——系统工程"的长篇文章,引发了系统工程的热潮。70年代末以来,应用系统工程理论和方法来研究与解决中国的重大现实问题,在许多领域和方面取得了较好的效果,如投入产出表的应用、军事系统工程、水资源的开发利用、人口问题的定量研究及应用、全国和地区能源规划、2000年中国的研究等。90年代以来,系统工程通过与现代信息技术结合、与思维科学结合,在国防、经济建设和社会发展等方面取得了丰硕的成果,推动系统工程理论和方法不断深化发展。

1.4.5　系统工程面临的问题与挑战

进入21世纪,以信息技术为代表的高新技术突飞猛进,社会发展变化更加迅速,进入全球互联时代,各个学科都面临新的局面,挑战与机遇并存,主要表现在三个方面:

(1) 社会在变:以数据为中心转为以信息、概念、知识、智慧为中心。

（2）系统在变：从过去处理相对比较简单的系统变成要处理复杂系统，并进而到开放复杂巨系统、复杂自适应系统、系统的系统。

（3）技术在变：高新技术大量出现，特别是计算机和网络系统、虚拟现实、大数据等。

对系统科学与系统工程而言，面临大量的科学问题和实践问题，需要面对挑战，推动学科的进步[4]。

在基础理论方面，主要是加强对复杂系统的研究，发展复杂性研究方法及方法论，揭示复杂系统的特性、规律。着重理解涌现性，了解复杂系统结构和功能的涌现机制及其演化规律，找到系统组成部分与系统宏观特性之间的联系，发展能够准确刻画复杂系统的理论、模型、方法。

在技术科学方面，需要针对典型的复杂系统，如复杂群体系统、体系、复杂社会系统等发展描述、分析、模拟、优化、控制、协调的理论和方法。研究复杂群体系统的行为机制、建模、模拟与调控，复杂网络的结构功能性质及其应用，复杂系统的计算机仿真和模拟等。认识大型集成系统的体系结构，研究面向复杂任务的规划、调度与决策的理论及方法，复杂供应链系统的理论及应用研究等。

在工程技术方面，由于现代系统工程的对象规模越来越大、构成越来越复杂、影响范围跨领域等特点，需要发展新的系统工程方法论、方法、技术、工具。在方法论方面，目前已有一些硬系统、软系统方法论，但如何在工程实践中选择应用是一个问题，有人提出互补使用的思想。在系统建模方面，除发展各种具体建模方法外，由于系统的规模大、关系复杂，系统建模已从单个模型进入多个模型的模型集，因此模型的集成越来越吸引人们的注意。在系统优化技术方面，随着问题规模变大，定性因素增多，解析表达式难以找到，出现一批软计算或软优化方法。在工具方面，系统工程与计算机系统的结合变得异常紧密，如常用系统工程软件包、建模仿真环境、决策支持系统得到开发与建立等。

1.5 大规模复杂系统的工程化

1.5.1 系统工程新理论

进入网络互联时代以来，人类社会中的各种事物之间的联系和交互越来越紧密，随着人工智能技术的不断发展，原先只能被动执行指令的设备也变得越来越智能，甚至具有一定的学习和适应能力。人们所面对的系统规模越来越大，系统内部要素之间的联系方式多种多样，系统的组成与结构处于不断的演变之中，系统呈现出极大的复杂性。在新的时代如何认识、分析、构建、运行、更新这样的大规模复杂系统，就成为系统工程领域要面对的重大问题。

目前，对大规模复杂系统的研究和实践处于快速发展之中。人们面对的实际系统不同，认识理解方式不同，实践目的不同，因此发展出多种认识、处理大规模复杂系统问题的思想、理论、方法。这些理论方法具有不同的理论基础和实践指向，它们之间有一些共同之处，概念重叠交叉，但又有各自的独特之处，目前还很难进行清晰的界定和划分。

面对大规模复杂系统问题，目前出现了三个影响较大的分支，分别是复杂系统工程（Complex Systems Engineering，CxSE）、体系（System of Systems，SoS）工程、复杂体（Enterprise)系统工程。它们有不同的理论背景,针对的大规模复杂系统有微妙的不同,也发展出各具特点的概念、过程、方法、工具。

复杂系统工程受复杂系统研究的启发,关注复杂系统理论所揭示出的复杂系统特性,如自组织、适应性、演化性、涌现性等。认为应该采用不同于传统系统工程的方法处理系统工程问题,提出了复杂系统工程的一些原则、方法等。

体系工程具有较明显的实践导向,主要目标是充分利用多个已有的独立运行系统,实现更高层的目的。为此需要采用多系统、多周期观点,研究体系的需求分析、体系设计、体系开发、体系演化等工程问题。

复杂体系工程关注大规模的技术—社会系统,强调要超越技术视野,从人员、组织、信息、资源等相互作用实现使命目标的角度,进行大规模复杂系统的认识与开发。

1.5.2 复杂系统工程

1. 关注复杂系统

复杂性与复杂系统近年来成为系统科学的重点发展方向,复杂系统的研究已经取得了很大进展,它给我们提供了一种崭新的世界观。完美的、均衡的世界不存在了,取而代之的是复杂性的增长和混沌边缘的繁荣。自上而下的分解分析方法曾经在几千年的科学发展中发挥了威力,然而复杂性科学却提出了一种自下而上的自然涌现方法。

目前很难给复杂系统下一个广泛接受的定义,人们是在比较模糊的自然语言中使用这一词语。复杂是与简单相对而言的,复杂系统是相对于牛顿时代以来构成科学事业焦点的简单系统相比而言的。复杂系统由一定数量的个体构成,复杂系统的个体通常具有适应性、智能性和抽象性,系统具有非还原性,动态特性复杂,新奇特性不断涌现出来。

在复杂系统研究中占据重要地位的 Santa Fe 学派主要关注这样的复杂系统:由大量自主行动的个体构成,个体之间相互联系形成网络,个体遵循比较简单的行为规则,但能够在整体上涌现出复杂的集体行为[5]。

从系统工程的角度看,复杂系统没有中央控制,不是根据已知规范设计,是由不同的人根据不同的目的设计的具有相应功能的系统,各个系统的"代理人"期望通过合作获取更大的收益,从而将这些系统联合起来,形成复杂系统[6]。

复杂系统一般具备以下典型特征[7]:

(1)复杂系统的很多部件具有自治性,要素具有异质性,系统的边界明确界定。

(2)复杂系统往往是自组织的。

(3)复杂系统在宏观层面上有涌现行为,宏观行为来源于微观层面上要素之间的行为和相互作用;根据部件的结构和行为难以演绎得到整体的结构和行为。

(4)复杂系统的行为难以预测,涉及非线性动力学,甚至有混沌现象。

(5)复杂系统往往不会长期处于均衡状态,具有演化特性,新的特性不断出现。

(6)复杂系统对环境有一定的适应能力,通过学习适应,系统的复杂程度增加,显示出专业特性。

2. 复杂系统工程基本原则

复杂系统的研究揭示了复杂系统的基本特性,如涌现性、演化性、适应性、非线性、非均衡、不可预测性等。实际上,很多系统都具有这些特性,需要充分运用复杂系统的研究成果改善传统系统工程思想和方法。传统的系统工程基于简单性假设,认为用户有明确的需求、系统有明确的边界、系统构造块的结构和行为完全可知可控,要素之间的相互作用是线性的,系统的行为是完全可预知的。因此,采用自顶向下的方式进行系统开发,尽管也强调迭代,但只是对前一版本的系统进行小的改进。

与传统系统工程相比,复杂系统工程处理复杂的、混沌的系统,而传统系统工程处理的是简单的、有序的系统。一些学者在传统系统工程基础上进行原理的扩充,形成涵盖复杂系统和简单系统的知识体系。系统工程的原理可以分为三个层次:第一层是简单系统和复杂系统共有的;第二层是需要从简单系统扩展到复杂系统;第三层是复杂系统与简单系统不同的原则。复杂系统工程主要发展第三层的系统工程原理。美国系统工程学者Sheard 提出了复杂系统工程的一些原则[8]。

(1) 系统体系结构原理:

① "演化" 系统,而不是"设计"系统。

② 寻找有全局影响的局部行为。

③ 保持多种可能性的存在与发展,通过部件重组保持变化,让不同模式进行竞争。

④ 主动为系统加入多样化,容忍一定的冗余和退化,在实际运行中做出选择。

⑤ 将体系结构分为多层,每层有不同的变化率,在不同层级中通过变化较少的点进行连接。

⑥ 根据实际部件特点选择不同的设计方法,如自底向上设计、自顶向下工程化、模拟与模仿、交互式演化。

⑦ 考虑创建 Agent 群集执行某些任务。

⑧ 允许超出预先定义的使用范围使用模块。

⑨ 对次重要部件放弃优化,采用满意准则,冻结其规范,不频繁变更。

(2) 系统分析原理:

① 了解复杂系统知识,针对问题空间建立丰富的心智模型。

② 在需要时建立模型,用模型分析复杂系统。

③ 分析系统网络,使用网络分析工具。

(3) 问题空间相关原理:

① 假设系统是复杂的,除非能证明它不是。

② 评估问题的困难程度。

(4) 配置管理原理:

① 在系统开发期间,准备并接纳期望的设计变化。

② 及时通知有关人员,尽快做出调整。

(5) 协调原理:

① 协调人员,不仅涉及开发人员,还涉及用户和客户等。

② 建立正确的协调机制。

③ 以最大可能将人员和团队连接起来。

(6) 管理相关原理:

① 不仅要管理开发工作,还要明确管理开发环境。

② 建立有能力的组织。

③ 明确业务交互规则,减少误解和歧义。

④ 找到真正的专家。

⑤ 将工程工作和资源聚焦到中心产品开发任务。

⑥ 理解 80-20 规则,首先解决最大和最常见的问题。

⑦ 逐步推进,减少灾难。

⑧ 用图形描绘复杂情境,识别问题模式和解决方案。

⑨ 基于数据决策。

1.5.3 体系与系统工程

随着社会发展和技术进步,人们面对的系统的规模越来越大,组成越来越复杂,涉及技术、社会、经济、文化等多个层面。对于复杂的技术—社会系统,完全用基本构件从头构建系统的情况越来越少。在构建新的系统时,人们可以充分利用目前已经存在的系统,将这些现有系统作为新系统的构成部分,进行一定的改造,再增加一些新的部分,将这些系统有机集成起来,得到所需的整体功能和行为特性,以满足利益相关者的目标和需求。这些由系统构成的系统具有与传统的单一系统不同的特性,开发构建与运行的方法也有一定的区别,人们将这样的大规模复杂系统称为体系(或称为系统的系统),处理体系问题的系统工程称为体系工程。

采用体系工程构建的体系已经在实际社会中广泛存在。体系工程发端于国防部门,目前体系工程的概念、原理和技术已经广泛应用于政府、民用和商业领域。例如,交通运输系统就是一个典型的体系,交通运输领域由多个能够独立运行的系统,包括公路、铁路、航空、水运等,为了提高运输系统的效率,从整体出发,通过建设交通信息平台、设计交通枢纽、实现多式联运等方式,形成多种交通方式的耦合,提高整个交通系统的效率。

1. 体系

关于什么是体系,目前还没有统一的定义。

Jamshidi 认为:"体系包含多个独立、可运行的成员系统,在一定时期内这些系统连接成网络,集成为体系,实现更高层级的目标[9]。"

Maier 提出关于体系的五个重要特征[10]:

(1) 大部分成员系统早已存在,能够独立运行。

(2) 成员系统的管理也是独立的。

(3) 成员系统分布在不同地点。

(4) 体系具有涌现性,成员系统集成后,发生了质变,产生新的性质,形成新的功能。

(5) 体系的开发不是一次完成的,而是不断发展进化。

在这五个特征中,成员系统的运行独立性和管理独立性是体系的最明显特征。在这五个特征之外,DeLaurentis 和 Crossley 又提出了跨越多个领域、系统异质性、系统网络化三个特征[11]。

具体的体系有不同的特点,有不同的分类方式,根据成员系统独立的程度将体系划分为四种类型:

(1) 指令型:体系是为实现特定目的而创建和运行的,成员系统要服从体系的要求。成员系统具有独立运行的能力,但它们的运行必须遵守由中央管理的特定目的。

（2）协议型：体系具有每个成员系统都认可的目标，有指定的管理者和 SoS 资源。然而成员系统保持它们独立的归属关系、目标、资金和开发维持方式。成员和体系之间签订协议，成员根据协议做出改变。

（3）协同型：体系有各个成员系统认可的目标，但各个成员系统多多少少地自愿采取行动达成目标。中央协调者通过提供或拒绝服务，提供某些强化或维持标准。

（4）虚拟型：体系没有中央管理权威机构，也没有关于体系目标的协议。大规模行为是涌现出来的，这些行为有可能是所期望的，但需要依靠内部隐藏的机制实现。

体系经常是复杂系统，复杂系统也经常是体系，二者具有高度的重叠。体系一般是在项目采办环境下出现的，为了达到更高层级的目的，需要改造、集成已有的多个系统，实现更多的功能，而使用传统的自顶向下的系统工程技术难以管理，因此采用体系工程的方法进行开发。复杂系统往往出现在科学研究情景下，为了探索系统的基本规律，发现一些系统不是简单的、线性的、均衡的，而是呈现出复杂性、非线性、演化性等，其最基本特性是不可还原性。

2. 体系工程

由于体系的不断出现，人们迫切需要发展能够处理体系构建、运行、更新的理论、技术、方法。

体系问题与系统问题的区别有以下五点：

（1）体系是对以往独立运行的部件系统进行集成，实现与原来系统不同的目的。

（2）用户的需要和技术变化迅速，体系很难保持在稳定的均衡状态。

（3）有多个不同的利益相关者，它们的需要有相互矛盾之处，缺乏参与体系的激励。

（4）在空间上是分布的，带来沟通问题。

（5）体系高度依赖集成的计算设施，计算设施非常复杂，导致难以预料的问题。

经过理论发展和实践总结，目前已提出体系工程的一些基本概念和架构。但由于目前体系工程还在发展之中，还没有形成非常成熟的知识体系。

对于体系工程是什么，还存在很多不同的认识。不同领域的学者和系统工程实践人员对体系工程有不同的理解。下面列举几个有代表性的定义[12]：

体系工程是设计、开发、执行和转换超系统以形成集成化的复杂系统来完成特定任务，强调超系统的设计、开发、运作与评估，这些超系统本身是由多个自治的复杂系统组成。

体系工程是对一个由现有或新开发系统组成的混合系统的能力进行计划、分析、组织和集成的过程，这个过程比简单的对成员系统进行能力叠加要复杂得多，它强调通过发展和实现某种标准来推动成员系统间的互操作。

美国体系工程研究中心指出：体系工程是设计、开发、部署、操作和更新体系的系统工程科学。它所关心的是：确保单个系统在体系中能够作为一个独立的成员运作并为体系贡献适当的能力；体系能够适应不确定的环境和条件；体系的组分系统能够根据条件变化来重组形成新的体系；体系工程整合了多种技术与非技术因素来满足体系能力的需求。

传统的系统工程是在明确的需求和目标下，针对边界清晰的系统，关注如何自顶向下建立正确的系统。体系工程以系统工程为基础，但关注的问题层次、面对的问题特点、所采用的开发方法有新的发展。体系工程要实现更高层次的整体优化，涉及更多的社会因素,与管理有更密切的关系。体系工程是对系统工程的延伸和拓展,它更加关注于将能力需求转化为体系解决方案,最终转化为现实系统。

体系工程要解决的问题和达到的目标有[13]:

(1) 实现体系的集成,满足在各种想定环境下的能力需求。

(2) 对体系的整个寿命周期提供技术与管理支持。

(3) 达到体系中成员系统间的费用、能力、进度和风险的平衡。

(4) 对体系问题求解并给出严格的分析及决策支持。

(5) 确定成员系统的选择与配比。

(6) 成员系统的交互、协调与协同工作,实现互操作性。

(7) 管理体系的涌现行为以及动态的演化与更新。

从体系开发过程角度来看,体系工程包含体系需求、体系设计、体系集成、体系管理、体系优化和体系评估等过程。体系开发一般没有一个明确的结束时间点,往往在体系建立以后还要关注体系动态变化情况,即体系的演化过程。

体系需求是对体系工程实践中待开发体系需要达到的目标、满足的功能及结构的描述。体系设计是对体系开发所采用的方法、体系结构、管理方式进行顶层规划,是体系开发跨领域、跨层次、跨时段的整体谋划。体系集成是研究体系组分系统的集成原理与方法,以实现体系开发的目标。体系管理包括体系开发与运行的管理方法和理论的探讨,是保证体系开发目标取得实实在在效益的关键。体系优化是探究通过调整体系结构及功能使其行为最接近体系需求的目标。体系评估是对体系行为进行综合评价,以判断体系开发的最终效果。体系演化反映了体系在较长时间的动态变化过程,对体系演化机制与规律的研究将使人们更加清晰地认识体系的行为趋势和结构调整,对体系开发具有重要的意义。

1.5.4 复杂体系工程

随着以互联网为代表的信息与通信技术的发展,过去很多独立运行的系统越来越紧密地联系在一起。系统之间有多种相互影响,它们之间有丰富的互补、冲突、协作、竞争等关系。例如,不同企业可能会在一段时期形成产业联盟,制定共同遵守的目标和准则,同一家企业可能加入多个产业联盟。再如,军队的多个部门有时为了进行重大军事活动,在一段时期内产生较密切的联系,形成联合作战力量。对这样的要素众多,要素具备各自的目标、文化特性,要素之间松散耦合,不仅涉及技术方面,还涉及社会、文化、政治、生态等多方面的问题进行规划、设计、管理、协调,是系统工程面临的新问题。

美国一些系统工程专家在处理类似的问题时,意识到传统系统工程的局限性,提出复杂体(Enterprise)的概念,发展处理复杂体的系统工程思想、方法、技术。复杂体系工程成为系统工程的重要发展方向之一,为处理信息密集、相互依赖的复杂系统问题提供新的方法、工具。

1. 复杂体

对于复杂体有一些不尽相同的定义,但这些定义有基本相似的内涵。下面列举两个:

ISO 2000 将复杂体定义为:"共享明确定义的使命任务、目标和目的,输出产品或服务的一个或多个组织。"

Giachetti："复杂体是由相互依赖的人员、信息、技术等资源构成的复杂的社会—技术系统，这些资源必须相互作用，以实现共同的使命目标[14]。"

Rebovich："复杂体是由相互依赖的资源（如人员、过程、组织、技术和资金等）构成的实体，这些资源与其他资源及环境之间相互作用（如协调功能、分享信息、分配资金等），实现整体目标[15]。"复杂体示意图如图 1-4 所示。

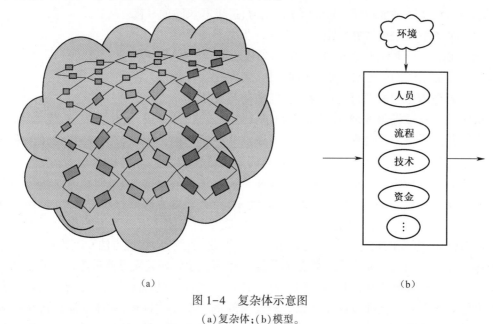

（a）　　　　　　　　　　　　　　　　　　（b）

图 1-4　复杂体示意图

（a）复杂体；（b）模型。

复杂体不同于组织，复杂体不仅包含组织，还包含人员、知识、流程、策略、信念、土地、专利等大量资源。有些复杂体具备组织形态，有些没有明确的组织，而是自组织的，也就说它的内部实体自发行动，相互作用，形成整体结果。

复杂体的主要目的是为社会、其他利益相关者、内部的组织等创造价值。复杂体的运作机理如图 1-5 所示。

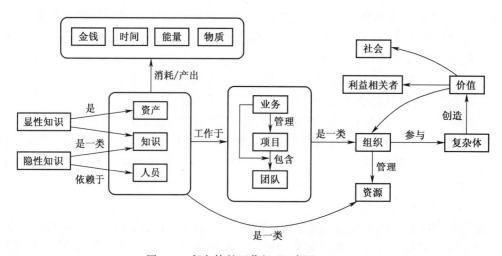

图 1-5　复杂体的运作机理（来源 SEBoK）

2. 复杂体系统工程方法

传统系统工程以边界清晰的系统为对象,采用阶段化、工程化方法定义、开发目标系统,获取单一系统的能力,满足利益相关者的需求。复杂体是跨越多个组织的分布式技术基础设施,能力出现在云上。对于复杂体的开发,传统系统工程难以适用,需要采用新的方法。

复杂体系统工程(Enterprise Systems Engineering,ESE)的理论基础主要来自复杂系统理论和生物进化理论两个方面。复杂系统理论研究表明,大规模复杂系统具有非还原性、智能性、适应性、涌现性,由大量要素形成网络化结构,要素之间有非线性相互作用。生物进化理论揭示了生物进化的奥秘,遗传与变异、多样性、适应性、适者生存等概念对复杂体有重要价值。

在复杂体系统工程的理论和实践中,有一些关键方面,如表 1-1 所列。

表 1-1　复杂体的关键方面

要　　素	描　　述
通过适应进行开发	在复杂体中通过适应机制处理不确定性和冲突,适应是指变异、选择、探索、试验等
战略技术规划（STP）	通过战略技术规划实现复杂体统一与创新的平衡。复杂体采用分层架构、松散耦合,利用网络的有序和混沌理论
复杂体治理	以复杂体的适应度作为成功的指标。 采用博弈论、生态学、实践满意准则进行公共治理
ESE 过程	在复杂体内采用新的横向沟通工作方式,平衡管理理论和实际情况

1) 演进式开发

复杂体系统工程的第一个基本方面是演进式开发。通过对上一代的复杂体进行修改得到下一代,如果通过修改产生的复杂体能力在环境中取得成功,就认为复杂体更能适应环境,成为下一代开发的起点。如果适应的速度能够与环境变化的速度匹配,能力的开发就是敏捷的。演进式开发在实践中证明是复杂系统处理不确定性和冲突的有效方法。

演化式开发的基本模式是:在当前复杂体的基础上,构建多种创新性、差别化方案,根据复杂体层级上的适应度指标对这些变异进行选择,将成功的变种集成到下一代复杂体中。在开发的每个阶段,创新都是机会主义的。开发不是遵守事先制定的计划,而是采用各个部分的共同进化,推动适应性变迁。

2) 战略技术规划

战略技术规划是事先制定少量关键规则,控制复杂体参与实体之间的交互。在新的参与者加入复杂体之前必须同意遵守这些规则。战略技术规划用于实现复杂体中不同行为的组织和集成。成功的战略技术规划要非常简单。

在信息技术(IT)密集的复杂体中,常见的战略技术规划的模式一般有分层架构、松耦合两个特性。分层架构指将复杂体划分为良好定义的、通用的几个层级,每个要素处于适当的层级上。松耦合指相邻层的实体之间的交互是通过明确定义的协议和交互规则,不需要了解对方内部太多的情况。

3) 复杂体治理

治理塑造复杂体中利益相关者的集体行为。战略技术规划影响复杂体技术方面的面貌,而治理影响复杂体在政治、运营、经济、技术(POET)上的面貌。在复杂体中技术因素和非技术因素交织在一起,在设计时都要考虑。复杂体的治理有科层式和市场式两种基本方式。科层式治理是分级建立威权机构,各级威权机构对下属进行指令式管理。市场式治理是各个实体独立决策,通过自由交换相互影响。单纯的科层制和市场制都不是完全有效的,很多时候是二者的混合。

实施有效的治理,有四条经验原则:

(1)创建一个能够容纳集体知识和工作的框架。

(2)平衡个人利益和集体利益。

(3)打造复杂体成功准则。

(4)激励复杂体的正向行为。

4)复杂体系统工程过程

在复杂体中,传统的系统工程过程嵌入复杂体系统工程,复杂体系统工程又与外部的业务活动形成回路。复杂体系统工程主要包括六个过程:

(1)基于能力的工程分析,关注整个复杂体的高层需求。

(2)复杂体架构,描述复杂体内在一致的视图。

(3)复杂体分析与评估,对复杂体的效能进行评估。

(4)战略技术规划,制定所有系统必须遵守的标准或模式的最小集合。

(5)技术规划,在环境中寻找新技术的线索,这些技术未来可能在复杂体中实现。

(6)利益相关者分析,检查利益相关者的权益,分析他们的资源如何流入、流出复杂体。

 参考文献

[1] INCOSE. Systems Engineering Vision 2025[R].INCOSE,2014.

[2] 魏宏森. 系统论[M].北京:世界图书出版公司,2009.

[3] INCOSE. INCOSE Systems Engineering Handbook:A Guide for System Life Cycle Processes and Activities[M].Wiley,2015.

[4] 顾基发. 系统科学,系统工程和体系的发展[J].系统工程理论与实践,2008,28(增刊):10-18.

[5] Mitchell M. Complexity:A Guided Tour[M].Oxford University Press,2009.

[6] Mina A A,Dan B,Baryam Y. Complex Engineered Systems[M].Springer-Verlag Berlin Heidelberg,2006.

[7] Norman D O, Kuras M L. Engineering Complex Systems[J].Nature,2004,427(6973):399.

[8] Sheard S A, Ali M. Principles of Complex Systems for Systems Engineering[J].Systems Engineering,2009,12(4):295-311.

[9] Jamshidi M. System of Systems Engineering[M].John Wiley & Sons,Inc,2009.

[10] Maier M W. Architecting Principles for Systems-of-Systems[J].Systems Engineering,1998,1(4):267-284.

[11] DeLaurentis D,Crossley W. A Taxonomy-Based Perspective for System of Systems Design Methods[A].IEEE Conference on Systems,Man,and Cybernetics[C].2005.

[12] 谭跃进,赵青松. 体系工程的研究与发展[J].中国电子科学研究院学报,2011(5):441-445.

[13] 张维明,修保新. 体系工程问题研究[J].中国电子科学研究院学报,2011(5):451-456.

[14] Giachetti R E. Design of Enterprise Systems:Theory,Architecture,and Methods[M].CRC Press,2010.

[15] Rebovich G,White B E. Enterprise Systems Engineering:Advances In The Theory And Practice[M].Boca Raton:Taylor & Francis,2011.

第2章

系统基础理论

2.1 一般系统论

20 世纪 30 年代以后,一些学者开始将"系统"作为研究对象,采用科学方法进行研究,逐渐产生了一些关于系统的理论。这些理论建立在高度抽象的基础上,超越系统的具体形式和所在领域,专注于一般系统的特性,力图建立一般系统的模型,获得系统存在与演化的基本规律。研究目标包括:提出一般化的系统理论;寻找描述系统功能和行为的描述方法;建立系统的一般模型。

系统理论一般有多种,分别有不同的视角和模式,如 Boulding 的系统复杂性层级理论、Miller 的一般生命系统理论、Beer 的活性系统模型、Klir 对系统认识论层级的划分[1],以及对系统模型的同构、同态的形式化分析等。其中贝塔朗菲的一般系统论具有里程碑意义,尽管一般系统论的数学模型有局限性,但其中许多观点富有启发性。下面对一般系统论进行介绍。

2.1.1 一般系统论概述

一般系统论是贝塔朗菲在第二次世界大战前后酝酿、诞生的。这是一门运用逻辑和数学的方法研究一般系统运动规律的理论,它与信息论、控制论几乎是同时兴起的一组综合性的横断科学。它从系统的角度揭示了事物、对象之间相互联系、相互作用的共同本质、内在规律性。一般系统论阐明和推导一般的适用于"系统"的各种原理。从系统概念和一组公理推导出系统的特性和原理。

贝塔朗菲在长期研究生物系统的同时,也关注物理学、心理学、社会学、哲学等学科的发展,认识到现代科学发展越来越专门化,不断产生分支学科,不同学科的科学家很难对话。但是不同学科之间,甚至在一些差异很大的学科中,存在着相似的问题和概念。因此存在适用于一般化的系统或它的子级系统的模型、原理和定律,这些模型、原理和定律与系统的具体类型、要素的性质、关系的性质无关。

因此,贝塔朗菲创建一般系统论,表述和推导对一般系统都有效的原理。贝塔朗菲把一般系统论看作逻辑和数学性质的学科,是科学思维的新"范式";他认为一般系统论有"科学之后"的意义。一般系统论的发展将使科学统一于系统论的模型和规律上。

在广义上,一般系统论所包含的内容较多,几乎等同于当前的系统学科。贝塔朗菲认

为一般系统论包括极广泛的研究领域,其中有三个主要的方面[2]:

(1)关于系统的科学:又称为数学系统论,是用精确的数学语言来描述系统,研究适用于一切系统的根本学说。

(2)系统技术:又称为系统工程,是用系统思想和系统方法来研究工程系统、生命系统、经济系统和社会系统等复杂系统。

(3)系统哲学:它研究一般系统论的科学方法论的性质,并把它上升到哲学方法论的地位。贝塔朗菲企图把一般系统论扩展到系统科学的范畴,几乎把系统科学的三个层次都包括进去。但是现代一般系统论的主要研究内容尚局限于系统思想、系统同构、开放系统和系统哲学等方面。

2.1.2 一般系统论基本概念

多个事物组合在一起形成复合体。复合体的性质有累加性(Summative)和组合性(Constitutive)两类。复合体的某些特性是累加性的,即等于部件特性的简单累加,如复合物的质量等于各组成部分质量之和。但复合体的有些特征是组合性的,即这些特征不仅取决于孤立状态下要素的特性,还必须知道要素之间的相互关系,如一组战士的战斗力不等于各个战士的战斗力之和,还与他们的协同方式有关。

"整体大于部分之和"的含义是:组合性特征不能用孤立部分的特征来解释,因此复合体的特征与其要素相比似乎是"新加的""突现的"。因此,知道组成部分以及它们之间的关系,就可以从部分的行为推导出系统的行为。

贝塔朗菲将"系统"定义为"相互作用着的若干要素的复合体"。

相互作用定义为若干要素(p)处于若干关系(R)中,以致一个要素p在R中的行为不同于它在另一个关系R'中的行为。如果要素的行为在R和R'中无差异,它们就不存在相互作用。

系统可以用各种不同的数学方法定义。贝塔朗菲选取一组联立微分方程式作为例子来说明[3]。设系统的要素$p_i(i=1,2,\cdots,m)$的某个量为$Q_i(i=1,2,\cdots,n)$。对于有限数目的要素,考虑最简单的情况,有如下形式:

$$\begin{cases} \dfrac{\mathrm{d}Q_1}{\mathrm{d}t}=f_1(Q_1,Q_2,\cdots,Q_n) \\[2mm] \dfrac{\mathrm{d}Q_2}{\mathrm{d}t}=f_2(Q_1,Q_2,\cdots,Q_n) \\[2mm] \qquad\qquad\vdots \\[2mm] \dfrac{\mathrm{d}Q_n}{\mathrm{d}t}=f_n(Q_1,Q_2,\cdots,Q_n) \end{cases}$$

对方程进行泰勒级数展开,如对于f_1得到

$$\frac{\mathrm{d}Q_1}{\mathrm{d}t}=a_{11}Q_1+a_{12}Q_2+\cdots+a_{1n}Q_n+a_{111}Q_1^2+a_{112}Q_1Q_2+a_{122}Q_2^2+\cdots$$

当然,"系统"的这样一个微分方程形式的定义不是普遍的,它抽去了空间和时间的条件,而这些条件是要用偏微分方程来表示的。它也抽去了对子系统以前的历史事件可能有的依赖关系(广义地说"滞后作用")。

尽管有这些局限性,还是可以用来讨论一般系统的若干特性。在贝塔朗菲的讨论中没有讨论 Q_i 的实质以及 p_i 的特性,因此适用于所有系统。

2.1.3　系统的一般特性

根据上述模型,经过一些简单的数学处理,可以推导出系统的一般特性。

1. 整体性

在上述系统基本模型中,任何一个 Q_i 的变化,是所有 $Q_1 \sim Q_n$ 的函数;反之,任一 Q_i 的变化,承担着所有其他量以及整个方程组的变化,因此系统具有整体性。系统具有各要素不具有的新的性质和行为,不是要素特性的简单叠加。在不同情况下,系统的行为特性有所不同,呈现复杂的演化轨迹,如累加性、逐步分离、中心化等。

1) 累加性

在泰勒展开式中,当第 i 个方程右侧 $Q_j(j \neq i)$ 的系数都等于 0,则 Q_i 独立于其他变量的变化,只取决于自身。如果所有变量均满足这一条件,则系统的所有变量都独立。系统的变化是所有变量单独变化之和,系统退化为"累加性"复合体。

2) 渐进分异(progressive segregation)

当元素之间的相互作用随时间减弱,即系数 $\lim\limits_{t \to +\infty} a_{ij} = 0$,则系统间的整体联系逐渐演变为各元素相互分离状态,各元素成为独立状态。

3) 中心化

若元素 p_s 的系数在所有方程中都较大,其他元素的系数非常小甚至为 0,则元素 p_s 为系统的主导部分,或称为系统以 p_s 为中心。在这种情况下,p_s 的微小变化会导致整个系统的变化。如果 p_s 本身较小,而系数较大,则 p_s 的微小变化会导致系统的巨大变化。

2. 层级性

系统的构成往往是在某一层次上相对而言的,系统的某个成员可能又是一个系统,如 Q_i 可能由 $(O_{i1}, O_{i2}, \cdots, O_{im})$ 构成的系统,每个要素 O_{ij} 又可以由类似的方程描述。系统这样的重叠成为层级序列。

3. 终极性(finality)

许多系统在演化过程中,似乎有走向"最终目标"的趋势,似乎系统受到终态的吸引。实际上这是一种概念性错误,"目的论"的终极公式只不过是现实状态方程的一种变换,是因果关系的另一种表达形式。将来所要达到的最终状态并不是神秘地吸引着系统的拉力,而是因果(推力)的一种表达形式。

2.1.4　关于开放系统的基本论断

除贝塔朗菲的一般系统论,还有一些学者对一般系统做了研究。对于开放系统,获得了一些基本认识:

(1) 系统的要素(属性)之间有相互关联和相互依赖,没有相互关联和相互依赖无法构成系统。

(2) 目的的行为(goal-seeking):系统性的交互必然导致系统达到某些目标、终态或趋近均衡点。

（3）转换过程：系统要实现目标必须将输入转换为输出。

（4）输入与输出：对于封闭系统，初始时刻的输入决定系统的状态，对于开放系统必须有来自环境的输入。

（5）控制：要素相互关联构成的系统要达成目标需要某种形式的控制。

（6）层级性：系统是由多个更小的子系统构成的复杂整体。

（7）趋同与分化：对于开放系统，从相同的初始条件出发，有多种等价的方式达成相同的目标（趋同）；或者从相同的初始条件出发，可以达到不同的互斥的目标。

2.2 控 制 论

2.2.1 控制论概述

控制论（Cybernetics）研究各种系统共同存在的调节与控制规律。尽管一般系统具有物质、能量和信息三个要素，但控制论只把物质和能量看作系统工作的必要前提，并不追究系统是用什么物质构造的、能量是如何转换的，而是着眼于信息方面，对系统的行为方式进行控制。

美国著名科学家维纳（Nobert Wiener）于1948年出版了《控制论》一书，标志着控制论作为一门新学科的创立。维纳的控制论阐明了两个根本观念：

（1）一切有生命、无生命系统都是信息系统。控制的过程也可以说是信息运动的过程。无论是机器还是生物，在构成控制系统的前提下，都存在对信息进行存取和加工的过程。

（2）一切有生命、无生命的系统都是控制系统，一个系统一定有它特定的输出功能，而要具备这种输出功能，必须有相应的一套控制机制[4]。

维纳的论述充分说明了信息与控制的密切关系以及控制对系统的普遍意义。

控制论的发展大约可以划分为三个阶段[5]：

20世纪40—50年代属于经典控制理论时期，主要研究单输入—单输出的线性控制系统的一般规律，建立系统、信息、调节、反馈、稳定性等基本概念和分析方法。主要应用于单机自动化和局部自动化问题，如用伺服机构使雷达自动跟踪目标、控制火炮自动瞄准等。

20世纪50年代末到70年代，属于现代控制理论时期。主要研究多输入—多输出的线性、非线性控制系统，还要解决最优控制问题，以及如何适应环境变化的问题。现代控制理论的主要形成标志是美国学者卡尔曼（Kalman）提出的状态空间法和能控性、能观性等概念，以及苏联学者庞特里亚金（Pontryagin）等人提出的极大值原理、美国学者贝尔曼（Bellman）提出的动态规划方法等。

20世纪70年代至今，属于大系统控制理论阶段。该阶段研究对象是因素众多的复杂大系统，如宏观经济系统、资源分配系统、生态环境系统等。研究重点是大系统的多级递阶控制、分解—协调原理、分散最优控制和大系统模型降阶理论等。对于大系统，控制与管理关系密切，二者之间的界限变得模糊。

2.2.2 控制论基本概念

1. 控制

"控制"是控制论中的基本概念，可以从多个不同的角度进行理解和解释，很难对它下一个精确的定义。参照各种解释,可以将控制理解为根据信息选择目的的行为以及实现这一行为的过程。这是因为,控制必须有目的,如果没有目的,就没有控制的必要。所以控制是一种有目的的行为,根据目的采取措施,"迫使"系统达到预先设定的目标。另外,控制是一个反复的行为过程,一般系统不可能经过一次输入就完全达到预期的输出目标,输出行为与预期目标之间往往有偏差,这就要求根据偏差对输入做出相应的调整,使系统的输出保持在某种状态或趋近某种状态,这是一个持续的行为过程。

并不是对所有事物都能实施控制,控制的实现需要一定的条件,具体包括以下三个必要条件:

(1)受控对象必须存在多种发展变化的可能性。控制是建立在可能性空间之上的,可能性空间是控制论的出发点。可能性空间是事物在发展变化中面临的各种可能性的集合。如果事物的发展变化的可能性只有一种,就无所谓控制了。例如,光在真空中的传播速度是确定的,在这种情景下就不可能对真空中的光速进行控制。

(2)目标状态在各种可能性中是可选择的。如果确定的目标状态在事物发展的可能性空间中无法选择或没有选择的余地,就谈不上控制。另外,所确定的目标状态必须在可能性空间之中,不在可能性空间中的目标状态是不可能达到的。

(3)系统要具备一定的控制能力。要使事物向既定的目标发展变化,达到控制的目的,就必须创造一定的条件。控制能力是指创造条件改变事物,使之在可能性空间中变动到某一状态的能力。如果不具备一定的控制能力,即使事物有向目标状态演化的可能,但由于缺乏必要的条件和推动力,也不可能将可能性转变为现实性。

事物的目标状态通常不是唯一的、绝对精确的,仍是一个可能性空间,只不过比原来的可能性空间缩小了。在这个意义上,也可以将控制理解为改变或创造条件,使事物的可能性空间缩小到误差允许的一定范围之内。实施控制前后可能性空间的比值,可以作为控制能力的度量。

2. 输入与输出

研究控制系统,重要的是了解在一定的输入作用下系统将有怎样的输出,为了得到预期的输出,应当选择怎样的输入作用。至于系统内部的具体过程,在经典控制论中并不重要,只需把系统看作输入—输出之间的变换装置。

系统的输入可以分为可控输入和不可控输入两大部分。对系统实施控制的主要手段是改变对系统的输入,但并不是所有输入作用都可以调节。在控制论中,可控输入称为输入,不可控输入称为条件、环境或干扰、扰动。如驾驶汽车沿道路行驶时,方向盘偏角、油门位置、刹车位置是可控输入,而风速、风向、道路坡度等是不可控输入。

系统的输出是系统对输入进行反应并加工的结果,是输入的函数。无论是输入还是干扰都会对系统的输出产生影响,只是影响的效果不同。干扰常使得系统的输出偏离既定的目标。可控输入的作用必须体现在两个方面:一是使系统产生预定的输出;二是使系统尽量克服干扰所带来的偏差。

3. 反馈

反馈概念是控制论的核心概念。反馈是系统的输出对输入的影响。系统对于环境的适应性主要通过反馈实现。系统输出的部分或全部,通过一定的通道又成为系统输入的一部分,从而对系统的输入和再输出产生影响,这个过程就是反馈。系统输出转向输入的通道称为反馈通道,系统输入向输出的变换通道称为输入—输出通道。反馈通道和输入—输出通道构成一个回路,这个回路称为反馈环。反馈环回路如图2-1所示。

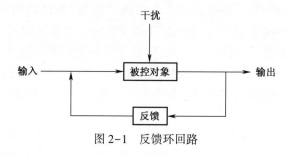

图 2-1　反馈环回路

根据反馈后果不同,将反馈分为正反馈和负反馈。如果反馈倾向于阻止系统偏离目标,使系统沿着减少与目标之间偏差的方向运动,最终使系统趋于稳定状态,实现动态平衡,则这个反馈称为负反馈。如果反馈是促使系统偏离目标,使系统越来越不稳定,最终导致系统解体或崩溃,则这个反馈称为正反馈。

2.2.3　控制系统

控制系统由施控主体系统和受控客体系统两个最基本的组成部分构成,如图2-2所示。施控主体也称为施控装置,受控客体也称为被控装置。施控装置内部还可再细分为感受器、控制器。感受器接收信息,控制器对各种信息进行加工,产生控制信号,控制信号经过某中介元件转化为受控装置的控制作用,这种中介元件称为执行元件。受控对象接受控制信号后,通过效应器对外产生输出。

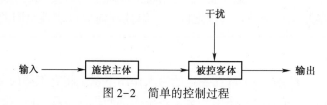

图 2-2　简单的控制过程

从不同的角度,对控制系统有不同的分类方式:

根据控制目的分为稳定控制、程序控制、随动控制、最优控制。

根据目标值的不同分为定值控制、追值控制、最大值与最小值控制等。

根据控制系统的控制方式,将控制系统分为如下三类:

(1) 开环控制系统:没有反馈回路的控制系统,系统的输入不会受系统输出的影响,被控量的信息没有用于控制过程构成控制作用,如图2-3所示。由于开环控制系统没有反馈回路,不能够依靠反馈信息实施控制作用,为了规避干扰,必须事先对干扰进行估计和处理。

(2) 闭环控制系统:有反馈回路的控制系统,系统的输出通过反馈通路重新构成系统的输入,或对系统输入产生一定的影响,从而对控制系统产生控制力,如图2-4所示。闭环控制系统通过反馈信息形成控制作用,能够克服干扰带来的偏差,不用事先对干扰进行估计和处理。

(3) 组合控制系统:由开环控制系统和闭环控制系统组合起来形成的控制系统,如

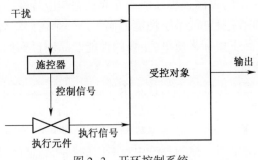

图 2-3　开环控制系统

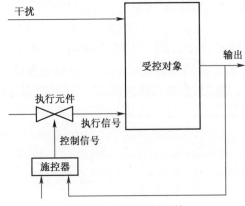

图 2-4　闭环控制系统

图 2-5所示。这样的系统具有开环和闭环控制系统分别具有的对于偏差的处理方式。组合控制系统一方面能够和开环控制系统一样,事先对干扰进行估计和处理;另一方面它有反馈回路,通过反馈信息形成控制作用克服干扰带来的偏差。

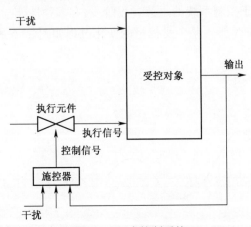

图 2-5　组合控制系统

2.2.4　控制系统性能指标

研究控制论的目的是设计控制系统,实现预先确定的控制目标。控制系统的运行是动态的,输入、干扰、状态、输出变量都是时间的函数。状态变量或输出变量对输入、干扰的响应是动态的,经过一定的过渡过程才能建立起稳态响应特性。因此,控制系统的设计是否合理、能否实现预期控制目标、系统性能如何等是一个需要综合考虑的问题。控制系统的性能需要通过一些品质指标来衡量,主要的性能及品质目标如下[6]。

1. 稳定性与稳定裕度

稳定性是控制系统能够正常工作的首要条件。只有稳定运行的控制系统才能发挥预定功能。稳定是一种定性要求,在稳定的前提下还需要有一定的稳定裕度。因为即使系统是稳定的,但如果处于稳定边缘,只要参数稍有变化,就可能变得不稳定了,这样的系统实际上在工程实践中无法使用。控制理论中有专门的判断稳定性、计算稳定裕度的知识。如对于线性定常系统,有奈奎斯特稳定判据及劳斯-霍尔维茨稳定判据。对于非线性系统有李雅普诺夫第一方法、第二方法等。

2. 控制的精确性

无论采用哪种控制方式和技术,都不可能完全精确地达到预定目标,多多少少地会有一些偏离。控制精度就是能够合理地衡量达成预定目标的程度的测度。以定值控制为例,控制目标是使受控量 y 稳定地保持为预定值 y^*。初始时刻受控对象在干扰作用下偏离 y^*,控制系统工作以消除误差,经过一段瞬态过程后受控量达到稳定值 y_s,仍存在稳态误差 e_s,即

$$e_s = | y_s - y^* |$$

控制活动结束后受控量达到的稳定值与预定值之差的绝对值就是控制精度。显然,系统的控制精度越高,性能就越好。但在实际工作中,不能片面地追求控制精度,太高的精度要求,需要付出很高的成本。一般只需根据控制精度要求指定一个合理的范围,使变量不超过这个范围即可。

3. 过渡过程特性

一般情况下,系统的控制是一个动态过程,受控量对于干扰和输入的响应需要经过一定的过渡时间阶段。对于控制系统的过渡过程阶段,有多种性能指标,一般有过渡过程时间 T、超调量 h、振荡次数 N 等。某个受控量的变化过程如图 2-6 所示,从中可以看到 T、h、N 的意义。

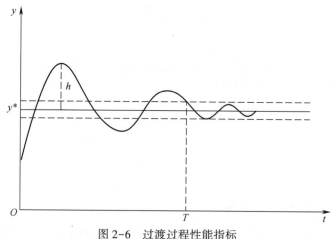

图 2-6　过渡过程性能指标

（1）过渡过程时间：一些系统需要经过较长的过渡时间才能进入稳定状态，所以要求对系统施加控制作用，使之尽快进入稳态。实际的控制系统对于过渡到稳态的时间有一定要求，这是一种快速性要求，可以用过渡过程时间来度量。从控制系统启动到系统进入稳态误差允许范围后不再越出边界的最短时间，就是过渡过程时间。

（2）超调量：衡量过渡过程平稳性的一个定量指标。在控制系统的过渡过程中，受控量在很多时候是以振荡方式逼近预定值的。取 y_{max} 为过渡过程中受控量 y 的最大取值，超调量定义为振荡过程中的最大振幅，即

$$h = | y_{max} - y^* |$$

显然，超调量 h 越小，平稳性越好。但是实际过渡过程存在一对矛盾，从快速性出发，过渡过程时间应尽可能短；从平稳性出发，超调量应尽可能小。然而，h 和 T 往往此消彼长。这对矛盾应按照实际控制系统的要求，进行权衡分析，达到总体满意。

（3）振荡次数：仅用超调量还不足以全面反映过渡过程的平稳性，还需要考虑过渡过程中的振荡次数 N，即 $0 \sim T$ 的过渡时间内受控量 y 的振荡次数。振荡次数少的系统平稳性好。不过振荡次数也存在和超调量一样的问题，存在与 T 之间的矛盾，需要权衡。

2.2.5　控制论中的科学方法

在研究控制系统的过程中，人们逐步形成、发展和完善了一些具有普遍意义的科学方法，这些方法揭示了人类认识、发现、发明的本质特点，应用不仅限于控制领域，而是对所有科学门类都有方法论意义，具有普遍应用价值。最具影响的方法是黑箱方法和功能模拟法。

1. 黑箱方法

黑箱也称"闭盒""黑盒"，是控制论专家维纳、阿什比等人提出和发展的概念。黑箱是指人们一时无法或无须直接观测系统的内部结构，只能从外部的输入与输出去认识的现实系统。后来又发展了白箱、灰箱概念，成为一组关联紧密的概念。白箱是指系统内部构成非常清楚的系统，灰箱是介于二者之间的系统。所有的科学问题都是从黑箱开始的，经历了黑箱、灰箱、白箱的过程。但三者只是相对而言，黑箱总是存在的，由于系统具有层次性，打开黑箱也只是打开其中的某一层次，更低层次仍有黑箱，即黑箱永远有，白箱永不白。

针对黑箱，有两种认识途径：一是设法打开系统，认识系统的内部结构；二是不打开系统，只从外部的输入、输出去认识系统，也就是黑箱方法。黑箱方法是运用相对独立的原则，通过分析系统的输入、输出及动态过程，而不必直接考察其内部结构，来定量或定性地认识系统的功能特性、行为方式，以及探索其内部结构和机理的一种控制论认识方法。

黑箱方法是一种整体性、综合性方法，对于认识复杂系统是一种有效的方法。有些情况下，即使一些系统能够考察其内部结构，但采用黑箱方法具有较高的效率。黑箱方法已经发展为一种系统辨识手段，系统辨识的基本步骤：首先将待辨识的系统作为黑箱，确定输入、输出变量；然后有计划地输入激励信号，获得输出响应；选择适当的模型，根据输入—输出关系推测模型结构和参数；最后进行模型有效性检验。当然，这是一个反复迭代过程，经过多次修正，最终获得对系统的正确认识。

2. 功能模拟法

模拟方法是一种传统的科学方法,依据模型与原型系统某些方面的相似性,通过模型研究原型系统的规律。传统的模拟方法是对系统的结构和机制进行模拟,而控制论的功能模拟法采用了不同的思路,以功能和行为相似为基础,在不能或不需弄清原型内部结构和机制的情况下,用模型模仿原型的功能和行为。这种研究方法实质上是将原型系统看作黑箱,不追求模型与原型在机理和结构上的相似性,只要求模型的输入—输出响应特性与原型相似,由此实现功能模拟。功能模拟法关注"它能做什么",不关心"它为什么能这样做",放松了传统模拟的结构—功能相似限制,为科学研究和工程创造提供了新思路。如在人工智能的研究中,功能模拟法发挥了重要的作用,要模仿高等生物的智能,并不需要完全了解大脑的结构,只需了解输入—输出特性,在这一方法指导下,产生了物理符号系统假说,推动了很多人工智能系统的产生。

2.3 信 息 论

"信息"已成为现代社会的流行词,信息在社会生活中发挥着极其重要的作用。但是信息到底是什么?如何更好地处理和利用信息?这就需要从科学角度认识信息,学习信息论的一些基本知识,从系统的角度理解信息的产生、传输、处理、利用,才能全面把握信息的运动。

2.3.1 信息论概述

信息论是研究信息的本质和传输规律的科学理论,是研究信息的获取、计量、传输、交换、储存、利用和处理的一门新兴学科,它是人类发展到一定阶段的产物。在人类的长期通信实践中,也总结提炼了一些关于信息的思想,但作为一门学科,信息论是在 20 世纪40 年代随着现代通信技术的发展,作为通信的数学基础,在实践需求的推动下产生的。信息论的发展对学术界及人类社会的影响是相当广泛和深刻的。如今,信息论的研究内容不仅包括通信,而且包括所有与信息有关的自然和社会领域,成为人们采用信息观点认识世界、改造世界的基础理论。

美国数学家香农(Claude E. Shannon)于 1948 年发表了论文"通信的数学理论"[7],标志着信息论的创立。香农创造性地提出通信系统模型,采用概率论的方法来研究通信中的问题,并且对信息给予科学的定量描述,奠定了现代信息理论的基础。另外,维纳、费希尔等从古典统计角度研究信息,丰富了信息理论的成果。这些研究具有重大意义,促使对通信的研究从定性进入定量阶段,信息论成为一门独立的科学。

20 世纪 70 年代以后,信息概念和方法广泛渗透到各学科领域,香农信息论的局限性逐渐显现。实际上任何信息都涉及语法信息、语义信息和语用信息三个层面的问题。香农的信息论不考虑信息的实际内容,只从统计角度研究信息,属于语法层次,不能解决语义和语用问题。现在人们正努力克服香农信息论的局限,对语义信息、价值信息、不确定信息进行研究。另外,人们还从不同的角度对信息的产生、传递过程进行研究,使信息论不再局限于通信领域,向诸多其他领域渗透,形成一个大的学科门类,即信息科学。

目前,对信息论的研究范围一般有三种理解:

(1) 狭义信息论:又称为香农信息论,主要通过数学描述与定量分析,研究通信系统从信源到信宿的全过程,包括信息的测度、信道容量以及信源和信道编码等问题,强调通过编码和译码使收、发两端联合最优化,并且以定理的形式证明极限的存在。这部分内容是信息论的基础理论。

(2) 一般信息论:也称为工程信息论,主要研究信息传输和处理问题,除香农信息论的内容外,还包括噪声理论、信号滤波和预测、统计检测和估计、调制理论、信息处理理论以及保密理论等。

(3) 广义信息论:也称为信息科学,不仅包括上述两方面内容,而且包括所有与信息有关的自然和社会科学领域,如模式识别、机器翻译、心理学、遗传学、神经生理学、语言学、语义学甚至包括社会学中有关信息的问题。

2.3.2　信息概念

1. 信息的定义

随着人们对信息认识的深入,信息的概念不断演变,现在已经形成一个含义非常深刻、内容非常丰富的概念。人们很难给它下一个确切的定义。关于信息目前没有一个公认的一致的定义。对于信息可以从不同角度、不同层面去认识和理解。

香农认为,一个消息之所以会含有信息,正是因为它具有不确定性,而通信的目的就是消除或部分消除这种不确定性。例如在得知硬币的抛掷结果前,对于结果会出现正面还是反面是不确定的,通过通信得知了硬币的抛掷结果,消除了不确定性,从而获得了信息。因此,"信息是对事物运动状态或存在方式的不确定性的描述",这就是香农信息的定义。

香农对信息的定义建立在概率模型上,排除了日常生活中"信息"一词主观上的含义和作用,而只是对消息的统计特性定量描述。根据这样的信息定义,同样一个消息对于任何一个收信者来说所含有的信息量都是一样的。而事实上信息有很强的主观性和实用性,同样一个消息对不同的人常常有不同的主观价值或主观意义。例如,同一则气象预报对在室外工作的人和在室内工作的人可能会有不同的意义和价值,所提供的信息量也应该不同。因此,香农信息的定义在某些情况下具有一定的局限性。

除了香农的定义,还有很多学者对信息给出了自己的定义,例如:

信息论的奠基人之一维纳很早就提出信息的独特性,认为信息既不是物质也不是能量,信息就是信息。他将信息定义为:"信息就是人和外界相互作用的过程中互相交换的内容的名称。"

意大利学者 Longe:"信息是反映事物的形成、关系和差别的东西,它包含于事物之间的差异之中,而不在事物本身。"

美国信息管理专家霍顿(F. W. Horton):"信息是为了满足用户决策的需要而经过加工处理的数据。"简单地说,信息是经过加工的数据,或者,信息是数据处理的结果。

2. 信息的特性

1）普遍性

无论是自然界还是人类社会都处于永恒的运动之中,客观世界的运动变化通过各种各样的信息反映出来,因而信息在自然界中是普遍存在的。宇宙空间的事物是无限丰富的,所以它们所产生的信息也必然是无限的。

2）客观性与主观性的统一

信息反映的是客观存在的事实,是某一客观事物的现实属性,它的真实性是其一切效用的基础。同时,信息的作用对于不同的主体往往是不同的,对它的接收和评价具有很强的主观性。

3）知识秉性

信息具有知识秉性,它能用以消除人们对事物运动状态或存在方式的认识上的不确定性。有信息就获得了某种知识。由于具有知识秉性,信息的共享不同于物质,在信息交流中,一方得到新的信息,另一方并不损失信息。

4）依附性

信息依赖于物质而存在,并在物质上传递、存储,它又不同于物质,可以脱离产生者而被传递。信息的变化、传递需要能量。

5）时效性

由于客观事物不断发展变化,反映其运动变化的信息不断产生,信息活动是动态的,信息是有时效、有寿命的。

2.3.3 通信系统模型

信息论的研究对象是广义的通信系统,人与人、机器与机器、人与机器,甚至生物体内部所有的信息传递、沟通交流都需要构成完整的通信系统。香农把所有的信息流通系统都抽象成一个统一的模型,如图 2-7 所示:

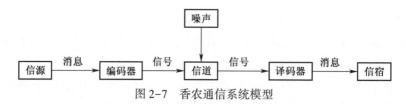

图 2-7　香农通信系统模型

这一模型具有高度抽象性,也具有普适性。通信系统主要分成五个部分,在任何一个信息流通系统中,都有一个发出信息的发送端(信源)、有一个接收信息的接收端(信宿)以及信息流通的通道(信道)。在信息传递的过程中不可避免地会有噪声,所以有噪声源。为了把信源发出的消息变成适合在信道中传输的信号,还需要编码器,在送到信宿之前要进行反变换,所以需要译码器[8]。

1. 信源

信源是产生消息和消息序列的源。信源可以是人、生物、机器或其他事物。信源的输出是消息(或消息序列)。消息有着各种不同的形式,如文字、符号、语言、图像、气味等。

消息以能被通信双方所理解的形式,通过通信进行传递和交换。消息携带着信息,是信息的载体。信源输出的消息是随机的、不确定的,但又有一定的规律性,因此用随机变量或随机矢量等数学模型来表示信源。

2. 编码器

编码是把消息变成适合在信道传输的物理量,这种物理量称为信号(如电信号、光信号、声信号、生物信号等)。信号携带着消息,它是消息的载体。

编码器可分为信源编码器和信道编码器。信源编码的目的是压缩信源的冗余度,提高信息传输的效率,这是为了提高通信系统的有效性。信源编码又分为无失真信源编码和限失真信源编码。信道编码是为了提高信息传输的可靠性而给信源编码器输出的代码组添加一些监督码元,使之具有纠错和检错能力。

3. 信道

信道是指通信系统把载荷消息的信号从发送端送到接收端的媒介或通道,是包括收发设备在内的物理设施。信道除了传播信号以外,还有存储信号的作用。在狭义的通信系统中,实际信道有电缆、光缆、无线电波、传播空间、磁盘、光盘等,这些都属于传输电磁波能量的信道。对于广义的通信系统来说,信道还可以是其他的传输媒介。

在信道中引入噪声和干扰,这是一种简化的表达方式。为分析方便起见,把在系统其他部分产生的干扰和噪声都等效地折合成信道干扰,看成是由一个噪声源产生的,它作用于所传输的信号上,这样信道输出的已是叠加了干扰的信号。噪声源的统计特性是划分信道的依据,并且是信道传输能力的决定因素。由于干扰或噪声往往具有随机性,因此信道用输入和输出之间的条件概率分布来描述。

4. 译码器

译码是把信道输出的已叠加了干扰的编码信号进行反变换,变成信宿能够理解的消息。译码器分为信源译码器和信道译码器。译码器要尽可能准确地再现信源输出的消息。

5. 信宿

信宿是消息传送的对象,即接收消息的人、机器或其他事物。信源发出的消息最终被信宿接收,才能实现通信的目的。

香农的通信系统模型不仅适用于刻画一般的通信系统,还可以推广到非通信领域。任何系统都需要根据信息来控制、协调系统内的物质交换和能量流动,都有信息的产生和接收现象,必定具有信源、信道、信宿、噪声、编码、译码要素。例如,生物获取视觉的过程就是一个通信过程,外界的光场就是信源,大脑视觉处理中枢就是信宿,空气、视神经就是信道,信号传输过程中的光电转换就是编码、译码,当然在处理过程中还有多种干扰信号。可见,香农的通信系统模型具有广泛的应用。

2.3.4　信息量

不同信息所含有的信息量有大小之分,需要给出定量测度。香农为了精确度量信息所含信息量的大小,提出了信息量的度量方法。香农将信息看作系统不确定性的减少。消除的不确定性大,所获得的信息就多;消除的不确定性小,所获得的信息就少。而事物的不确定性就是事物的多种可能性,可以通过概率进行描述,因此香农采用概率手段对信息的多少进行度量。

考察人们对信息量的理解,可以得到对信息量的三个要求:一是消息包含的信息量由消息发生概率决定,概率小,则信息量大,即信息量与概率为反向变动关系;二是信息量具有可加性,即两条独立的消息所包含的信息量应是两条消息各自的信息量之和;三是消息所包含的信息量应大于等于0。综合考虑这三条要求,采用对数函数加上负号表示信息量。以概率 p 发生的消息 A 所包含的信息量为

$$I(A) = -\log_2 p$$

若 $p = 0$,则 $I = 0$。

对于信源而言,信源发出的不是单条消息,而是消息序列。信源可能发出的全部消息(符号)所包含的信息量之和,就是信源所具有的总信息量。为了更好地表达信源的总体特征,对其求平均值,即计算信源所发出的每个符号包含的平均信息量。设信源的可能符号集合 $X = \{x_1, x_2, \cdots, x_n\}$,各个符号发生的概率为 $p_1, p_2, \cdots, p_n$,满足 $\sum_{i=1}^{n} p_i = 1$,则有

$$H = -\sum_{i=1}^{n} p_i \log_2 p_i$$

这就是香农计算信源信息量的一般方法,即信息熵公式。信息熵具有以下特性:

(1) 非负性:即 $H \geq 0$。

(2) 对称性:信息熵只与各符号发生概率的分布有关,与排列次序无关。

(3) 极值性:对于一定的符号数量,信息熵在等概率分布下取极大值。也就是说概率分布越均匀,熵越大。对于信源而言,均匀分布的消息集合具有最大的先验不确定性,能发送最大的信息量;相反,概率分布越不均匀,信息熵越小。在极端情况下,可能消息集合只有一个必然发生的消息,其余都是不可能消息,则熵为0。

2.3.5 信息方法

任何事物的运动变化都伴随着信息的产生、传输、存储、处理、接收和利用。在考察系统时,可以抛开系统的具体物质构成和具体运动形态,将它看作信息传递和信息转换过程。因此,利用信息论可以对自然、社会各领域进行研究,形成了信息方法。

信息方法是运用信息的观点,把系统的运动过程看作信息传递和信息转换的过程,通过对信息流程的分析和处理,获得对某一复杂系统运动过程的规律性认识的一种研究方法。如在研究企业管理问题时,可以把管理问题抽象为信息处理过程,研究管理信息的产生、分发、加工、失真等,获得对企业运行的整体认识。在研究物种进化时,可以关注遗传信息的存储、编码、转移、解码、变异等,获得对遗传过程的深入了解。

信息方法主要包括五个工作步骤,如图2-8所示。

信息方法不同于传统的经验方法,它不需要对事物解剖分析,而仅仅着眼于对信息流程综合考察。它能够描述不同物质系统如机器、生物、组织、社会的信息过程,在不同系统之间建立共同信息联系,发现某些事物的运行规律。信息存在的普遍性以及信息定量描述的高度抽象性决定了信息方法应用范围的广泛性。随着信息方法的发展完善,信息方法作为一般方法论,具有重要的现实意义。

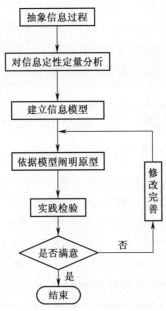

图 2-8　信息方法工作步骤

2.4　耗散结构理论

经典力学和量子力学中的基本定律,对于时间是对称的,对于空间是各向同性的,因此系统的运动过程是可逆的。热力学第二定律最先揭示了时间的不可逆性,热力学第二定律表明,孤立系统要朝均匀、简单、消除差别的方向发展,这实际上是退化。然而达尔文进化论指出,生物不断向更复杂的高级生命形式进化,在自然界中也能观察到大量从无序到有序的现象。时间箭头、进化与退化问题反映了科学理论中存在重大间隙。

热力学研究表明,平衡态以及近平衡态的线性系统总是要发展到无序状态,这种无序状态是稳定的,因此无法解释有序结构的出现。普利高津及其带领的布鲁塞尔学派首先研究了近平衡线性区,得到了最小熵产生原理,表明近平衡线性系统无法实现向有序的演化。后来将系统从近平衡态拓展到远离平衡的非线性区,建立了耗散结构理论,揭示了远离平衡态的开放系统从无序到有序演化的机理、条件和规律。耗散结构论是关于非平衡系统的自组织理论,是系统科学理论的重要内容。

2.4.1　自组织现象

系统自发形成有序结构的现象在很多领域都表现出来。在生物界和人类社会,有序结构非常普遍,许多系统进行着熵减、增序的进化过程。对于物理、化学系统,在热力学第二定律的作用下,往往表现出熵增、减序,从非平衡向平衡态的退化过程。但是在物理、化学系统中,同样存在从无序到有序,从低级运动形式到高级运动形式的演化[9]。经典的例子是贝纳德对流和化学振荡反应。

1. 贝纳德对流

1900 年法国人贝纳德(Bénard)在博士论文中描述了一个流体实验,观察到一种新奇

41

的对流图样,展示了物理系统在远离平衡态时也能够自发形成有序结构,该实验被后人称为贝纳德对流实验。贝纳德对流实验如下:考虑在恒定重力场中两个水平平板之间的液层,要求平板的尺度远远大于平板之间的距离。上、下平板分别与两个恒温热源接触,保持下边界的温度为 T_1,上边界的温度为 T_2,如图 2-9 所示。

图 2-9　贝纳德实验设置

当两板温度相等,即 $T_1 = T_2$ 时,流体处于平衡态。流体的温度处处相同,并且这一状态是稳定的,当有小的局部干扰时,系统自动回到平衡态。

平缓增加下板温度,使下板温度高于上板温度,即 $T_1 > T_2$,系统进入热传导状态,两板之间形成线性的温度梯度,密度和压力也呈线性关系。热量不断地从下板通过流体向上板传递,流体处于非平衡态。在这种热传导状态下,液体分子在各个方向做杂乱的热运动,通过随机碰撞传递能量。如果两板温度差不大,小于某一阈值,经过一段时间后,流体内有稳定的自下而上的热量传递,整个液体在宏观上保持静止。

继续增加两板温差,系统越来越远离平衡态。当温差超过某一阈值后,即 $T_1 - T_2 > \Delta T_c$,液体的静止热传导状态会被突然打破,变为对流状态,大量分子组织起来,协同参加运动,形成统一的对流运动,出现明显的宏观结构,称为贝纳德花纹。所形成的宏观结构非常有趣,从上往下看,贝纳德对流形成正六边形格子,流体微团从正六边形的中心流上来,从六个边流下去。在竖剖面上,可以观察到蛋卷状的对流线,如图 2-10 所示。这一现象说明远离平衡态的流体,在特定的外部条件下,流体在空间各个方向上的对称性被打破,形成了宏观有序结构。通过宏观的对流,更有效的将热量从温度较高的下板传递到上板。

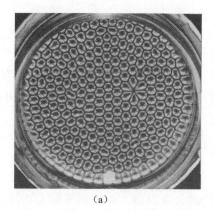
（a）

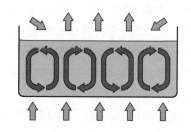
（b）

图 2-10　贝纳德对流图样

贝纳德对流是亚稳定的,当干扰较小时,格子的空间结构保持稳定;当干扰较大时,图样排列会发生变化。初始条件的微小变化,也会导致空间图样排列的不同。另外,随着实验条件的不同,如流体厚度、黏性、边界条件等的差异,贝纳德对流的宏观图样也可能是其他形状,如正方形、螺旋形等,但从无序到有序的基本过程是一致的。

2. 化学振荡反应

一般的化学反应最终都能达到平衡状态(组分浓度不随时间而改变),然而在某些反应体系中,某些组分的浓度会随时间或空间位置做周期变化,称为化学振荡。化学振荡反应体系中某组分浓度的规律变化在适当条件下能显示出来时,可形成色彩丰富的时空有序现象(如空间结构、振荡、化学波等),化学振荡属于时间上的有序耗散结构。

1958年,苏联化学家贝洛索夫(Belousov)做了铈离子催化下的柠檬酸被溴化钾氧化的反应,在实验中观察到一种有序现象:在均匀边界条件下,当反应物的浓度控制在某种比例时,容器内混合物的颜色在黄色和无色之间周期性的变换,出现了化学振荡现象。后来,萨波金斯基(Zhabotinsky)等人又用铈离子作催化剂,让丙二酸被溴酸钾氧化。再调节反应物的浓度,使反应在远离平衡态的条件下进行,同样观察到一种时间结构的化学振荡现象。容器内的反应介质时而变红,时而变蓝。同时,还发现浓度在宏观上有空间周期分布,容器中的不同部分具有不同的介质浓度,呈现空间的花纹,并随时间而变化。即浓度在空间和时间上均呈现周期变化,产生具有时空结构的化学波。后来人们在许多化学反应中观察到类似的周期振荡现象,于是将出现周期振荡的这类化学反应统称为化学振荡反应(或者B-Z反应)。图2-11是一组化学反应图样,可以看到呈现时空周期振荡。

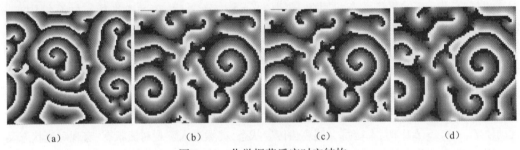

| (a) | (b) | (c) | (d) |

图2-11 化学振荡反应时空结构

随着研究的深入,人们发现了许多能发生振荡反应的体系,还存在着其他类型的振荡,如连续振荡、双周期振荡、多周期振荡等。但化学振荡的动力学机理,特别是产生一些有序现象的机理仍不完全清楚。对于化学振荡反应,人们比较认可的是FKN机理。该模型包括20个基元反应步骤,其中三个有关的变量通过三个非线性微分方程组成的方程组联系起来,该模型比较复杂,只能引入各种近似方法进行分析。

与此类似的远离平衡态的系统自发演化到有序的自组织现象还有很多。不管什么系统,要维持通过自组织产生的有序结构,必须不断地对系统做某种形式的功,系统需要不断地"耗散"能量,因此将这些通过自组织进化而产生的有序结构称为耗散结构。以普利高津为代表的布鲁塞尔学派深入研究了这类自组织现象,提出了耗散结构理论。

2.4.2 耗散结构理论要点

自然界和人类社会存在的自组织现象,需要得到理论解释,在这样的系统中有序结构是如何出现的?普利高津将关注点从平衡态或近平衡态系统转到远离平衡态的开放系统,提出了耗散结构理论。耗散结构理论研究开放系统从无序到有序的演化机理、条件和规律。耗散结构理论的主要观点是:一个远离平衡态的开放系统,当外界条件或系统的某个参量变化到一定的临界值时,通过涨落发生突变,就有可能从无序状态转变为时间、空间或功能有序的状态。这种在远离平衡的非线性区形成的宏观有序结构,需要不断地与外界交换物质和(或)能量,才能形成和维持新的稳定结构,普利高津将这种有序结构称为耗散结构(dissipative structure)[10]。

1. 热力学分支与耗散结构分支

根据热力学知识,孤立系统和线性近平衡区的开放系统最终都会演化到一个稳定的平衡态,或者演化到可以连续转变到平衡态的非平衡定态。适当地控制外部条件,系统可以从平衡态连续地过渡到非平衡定态;反之亦然。平衡态和非平衡定态在宏观上没有本质区别,通常将平衡态和这种非平衡定态通称为系统的热力学分支。系统在热力学分支上,总是朝着无序和均匀的方向演化,不可能产生自组织现象。

在自组织现象中,当系统在外部条件的驱使下逐渐远离平衡态时,存在某个阈值,当控制参量尚未达到该阈值时,系统都处于均匀无序的平衡状态,即使存在一定的扰动,一段时间后,系统仍会恢复到原来的无序状态,即该状态是稳定的,此时系统处于热力学分支上。

然而,当外部条件继续变化,控制参量达到某个阈值附近时,情况将发生根本性的变化。此时热力学分支变得很不稳定,即使有一个很小的扰动,系统也会偏离原来的热力学平衡态,当系统稍有偏离,这个偏离会被系统内部的涨落放大,系统偏离平衡态越来越远,无法再恢复到远离的平衡状态。因此,热力学分支失稳之后,在远离平衡的系统中,一定条件下可能出现自组织现象,形成有序结构,这种新的稳定性分支称为耗散结构分支。

例如,在贝纳德对流实验中,通过控制下板与上板之间的温差改变系统的状态,当温差不太大时,可以使系统从平衡态连续过渡到稳定的非平衡态。这样的非平衡定态和平衡态一起称为热力学分支。

当温差继续增大,存在一个阈值,当外界条件驱使系统到达临界点附近时,即使是微小的扰动使 $T_1 - T_2 > \Delta T_c$ 时,系统都会偏离热传导状态,突然进入宏观对流状态,宏观对流状态又是稳定的,所在的分支就是耗散结构分支。热力学分支与耗散结构分支如图2-12所示。

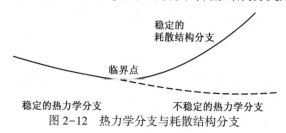

图2-12　热力学分支与耗散结构分支

2. 稳定性与分岔

连续系统的演化可以用(偏)微分方程描述,通过对解的稳定性的讨论,可以了解系统的演化规律。假设系统用微分方程组表示为

$$\begin{cases} \dfrac{dx_1}{dt} = f_1(\lambda, x_1, x_2, \cdots, x_n) \\ \dfrac{dx_2}{dt} = f_2(\lambda, x_1, x_2, \cdots, x_n) \\ \qquad\qquad \vdots \\ \dfrac{dx_n}{dt} = f_n(\lambda, x_1, x_2, \cdots, x_n) \end{cases}$$

式中: $x_1, x_2, \cdots, x_n$ 为状态变量; λ 为控制参量, 代表外部环境对系统的控制。

对于特定的系统, 在系统演化过程中, 控制参量保持不变, 此时方程的定态解以及解的稳定性就刻画了系统的演化。但是控制参量的变化对系统演化也有重要的影响, 从数学角度上分析, 改变控制参量取值可能导致系统解的个数或解的稳定性发生变化, 这样的现象就是分岔(bifurcation)现象, 定态解的性质发生变化时所对应的参量值就是分岔点。

线性微分方程只有一个定态解, 不可能出现另一个分支。只有在非线性系统中才有可能出现分岔现象。在非线性方程中, 分岔是普遍现象。非线性系统的演化不像线性系统那样单调, 其演化模式要丰富得多。在近平衡区如果非线性项相比线性项是一个小量, 则可以忽略, 这时只有稳定的热力学分支。当在外部作用下系统远离平衡态时, 非线性项发挥作用, 一个非平衡约束就对应多重定态解, 有的定态解稳定, 有的不稳定。在临界点附近, 系统可能离开热力学分支, 进入稳定的耗散结构分支。

3. 通过涨落达到有序

系统远离平衡态时, 随着控制参数的变化, 系统可能从热力学分支进入耗散结构分支, 继续改变控制参数, 系统通过逐级分岔进行演化。但是在临界点附近, 系统面临多个选择, 到底进入哪一个分支? 耗散结构理论表明, 在临界点附近, 确定论的规律失效, 系统中存在的涨落类型决定了系统的选择, 这是一个随机的过程, 只能采用统计性描述。某种不稳定性的存在是某个涨落的结果, 涨落起初局限在系统的一个小范围内, 然后扩展开来, 引起系统宏观态的改变。也就是说, 在临界点附近, 系统对新分支的选择是随机的, 涨落起到决定性的作用。

1) 涨落的随机性

以自组织中经典的例子——贝纳德对流描述临界点附近系统的行为特性。在贝纳德对流实验中, 当下板和上板温度差尚未达到阈值时, 系统处于热传导状态, 液体没有宏观结构。当逐渐增加温度差, 达到阈值附近时, 液体内部会自发地出现一些偶然的小漩涡, 形成对流的"蛋卷", 附近的水分子会被卷入其中, 形成宏观的对流结构。就某一个对流结构而言, 有两种稳定的宏观态, 即逆时针旋转或顺时针旋转。这些对流结构相互竞争, 带动周围的分子加入其中, 在某一时刻一种结构占据压倒性优势, 形成了整个系统的空间结构。至于到底哪种结构最终出现, 是由随机涨落决定的。重复贝纳德对流实验, 在特定的某一空间位置是顺时针还是逆时针对流结构是不确定的。

2) 临界点附近的涨落

耗散结构理论揭示了系统通过分岔、涨落而达到有序的自组织道路。在通向有序的过程中, 涨落扮演着诱因和触发器的角色。通过不同的涨落, 系统探索新的有序结构。在相邻的两个分岔点之间, 系统相对稳定, 涨落较小, 即使偶尔出现较大的涨落, 也会被负反馈机制消除, 因此涨落的作用可以忽略。然而, 一旦控制参量到达临界点附近, 涨落的性质就有了质的不同。

2.4.3 耗散结构的形成条件

耗散结构理论发端于物理、化学领域, 但作为一种系统理论, 可以应用于从自然界到人类社会的很多系统, 它是研究远离平衡的开放系统从无序到有序基本规律的工具, 因此应该从更一般的角度讨论耗散结构形成的条件。系统从无序的热力学分支进入耗散结构分支,是通过系统内部自发的对称性破缺实现的。系统形成耗散结构必须满足以下条件[11]。

1. 系统必须是开放系统

热力学第二定律指出,孤立系统的有序程度会随着时间减小,绝不可能朝有序方向演化,不可能出现耗散结构。即使原来的系统存在耗散结构,一旦将系统与外界完全隔离,切断物质和能量的交换,有序结构就会逐步瓦解,最终恢复到无序的平衡态。因此,要使系统朝有序方向发展,开放是必要条件。

熵的变化是理解系统有序程度变化的关键。对于开放系统,总熵的变化由两部分构成:一是系统内部产生的熵;二是从系统外部输入的熵,即 $dS = dS_e + dS_i$。热力学第二定律只要求系统内部熵的产生 $dS_i \geq 0$,对于从外部输入的熵流可以为正、为负或为 0。对于开放系统,如果外部输入的熵流为负,并且绝对量大于系统内部产生的熵时,系统的总熵就会减小,系统进入相对有序的状态,形成耗散结构。

开放系统在形成和维持耗散结构时,依赖于从外部输入的负熵,也就是外部必须以某种形式对系统做功,系统不断的耗散能量(和物质)。例如,生命体要维持有序结构,必须不断地通过新陈代谢,从外界获取能量和物质,吸入负熵,来抵消系统内部不断产生的正熵。城市要正常运转,必须有人员、物资、能量等不断输入,否则城市就会衰败。开放系统一旦停止从外界吸入负熵,系统内部的正熵就会越积累越多,最终趋向无序的热力学平衡态,组织瓦解。

2. 系统必须远离平衡态

实际系统几乎都是开放系统,但是在物理、化学系统中形成有序的耗散结构的现象并不普遍。这是因为很多开放的物理、化学系统处于平衡态,或者在平衡态附近。在热力学平衡态,系统最为无序。在平衡态附近的线性区,最小熵产生原理指出,系统最终演化到与平衡态类似的,熵产生最小的非平衡定态。当系统接近孤立系统时,非平衡定态可以平滑的转变到平衡态。仅仅是开放系统是不够的,还必须在外界作用下,驱使系统远离平衡态以及非平衡线性区,处于远离平衡的非线性区时,系统才能演化成耗散结构。这就是耗散结构理论的重要观点:"非平衡是有序之源"。

在系统远离平衡态达到一定阈值时,系统就会从稳定状态进入不稳定状态,正是在不稳定状态的基础上,系统会自发组织起来,形成有序结构。在贝纳德对流实验中,当两板之间的温度差较小时,系统处于稳定的平衡状态,不会出现有序结构。只有两板之间的温度差继续增大,达到一定阈值时,系统进入不稳定状态,才会自发组织起来,形成宏观对流图样,出现有序结构。耗散结构的维持必须保证能量的输入和系统远离平衡,否则会回复到原来的状态。

3. 非线性相互作用

系统内部要素之间只有存在非线性相互作用,才能通过协调效应和相干效应,使系统从无序变为有序。处于非平衡条件下的系统,如果各种流与力的作用是线性的,只能使系统演化到熵产生最小的非平衡定态。线性系统满足叠加原理,整体等于部分之和,无序的元素加在一起,不可能形成有序的系统。线性动力学系统只有一个热力学分支。线性的正反馈虽然有可能使热力学分支失稳,但无法建立一个新的稳态。只有在非线性的相互作用下,系统远离平衡态,热力学分支失稳后才可能进入一个新的耗散结构分支上。

　　自组织过程中非线性相互作用的主要表现形式是系统要素之间以及系统要素与结构之间存在反馈关系,包括正反馈和负反馈,形成反馈回路。正反馈起到加强或放大系统初始输入的作用,负反馈起到消除系统偏差,稳定到某一状态的作用。二者在不同的阶段发挥的作用有所差别,从而形成丰富的非线性演化路径。例如,在贝纳德对流形成过程中,初始形成的小的漩涡带动周围的液体分子加入进来,漩涡规模越大,卷入的液体分子越多,这就是一个正反馈过程。参与对流运动的分子数量越来越多,直到形成具有某种特征尺度的六边形格子。随着对流运动分子能量的释放,分子的能力资源用尽,系统进入一种宏观稳定状态。当有扰动或涨落使系统偏离时,系统内部的负反馈机制使系统朝相反方向运动,回复到原来的稳定状态,这样贝纳德对流就通过负反馈稳定下来。在更复杂的系统中,有多个正反馈或负反馈环,形成多重反馈回路,导致系统复杂的结构和行为。

4. 涨落

　　热力学系统包含数量巨大的微观粒子,通常测量的物理量是宏观量,如温度、压强、能量、熵等,这些量反映了微观粒子的统计平均效应。但系统在每一时刻的实际物理量不可能精确地处于这些平均值,而是或多或少有点偏离,即涨落。一般情况下,这些涨落相对于平均值而言非常小,它的影响可以忽略不计。即使系统由于某种原因偏离平均值,涨落的作用也会使系统回到原来的稳定状态。因此涨落的作用具有双重性,它既是对处于平衡状态的系统的破坏,也是维持系统处于平衡状态的动力。

　　然而对处于临界点附近的系统,涨落起着重大的作用。在临界点附近系统失去稳定,但系统自身不会离开定态解,只有涨落使得系统偏离定态解。涨落是使系统由原来的定态向新的定态演化的最初驱动力。当系统存在多个发展方向时,初始的涨落将对其产生决定性的影响。在系统进入临界点失稳后,某个涨落驱动了平均值,使它由一种状态变为另一种状态,涨落大到足以显示宏观效应。由于系统没有中断与外界能量的交换,宏观涨落被稳定下来。非平衡系统具有形成有序结构的宏观条件后,涨落对宏观有序起决定性作用。

　　系统内部大量微观粒子的随机运动是涨落的原因,由于这种涨落来源于系统内部,因此称为内涨落。内涨落总是存在的,不构成耗散结构形成的限制条件。只是在临界点附近,涨落对系统的演化方向发挥重要作用。除内涨落对系统的影响外,外部环境也可能发生随机变化,宏观系统的参数包括大部分分支参数,是被外部控制的量,从而也受到涨落的控制。在很多情形下,系统的外部环境有随机起伏,这些作为噪声而产生的外涨落对系统的性态也有较大的影响。外涨落不仅能影响分支,甚至可能产生不能由唯象的演化规律预测的新的非平衡相变。

2.5 协 同 学

　　协同学是德国物理学家哈肯创立的一门系统理论,揭示系统从无序到有序或者从一种有序到另一种有序的自发演化机制。哈肯于1971年首次提出"协同"概念,1977年出版了第一本协同学专著 *Synergetic：An Introduction*,形成了协同学的基本框架。1983年出版了《高等协同学》[12],对原来内容进行了充实和完善,由此形成了协同学这一门系统科学基础理论分支。协同学研究由大量子系统组成的复杂系统在系统的宏观状态发生质的改变的转折点附近,支配系统协同作用的一般原理。协同学的突出贡献是提出了序参量的概念,用序参量刻画系统的演化,并发现了在分支点附近慢变量支配快变量的普遍原理——支配原理。

2.5.1　协同现象

耗散结构理论认为,开放系统由无序状态变为有序状态,系统必须远离平衡态。但是哈肯发现,不仅处于非平衡状态的系统可能从无序变为有序,处于热平衡状态的系统同样可以由无序变为有序。考察最常见的热力学现象水的相变。假设初始时刻某密闭容器中充满水蒸气,温度处处均匀,系统处于热力学平衡状态,气体分子随机进行热运动,整个系统处于无序状态。当容器的温度平缓降低后,水蒸气凝结成小水滴,系统仍然保持温度均匀,处于热平衡状态。但是此时水处于液体状态,相对初始时的气体状态,系统的有序程度有所增加。继续降低温度,水从液态变为固态形成冰。此时温度仍然均匀,系统处于平衡状态,然而此时水分子形成了晶体结构,按固定的秩序排列在一起,有序程度相对液态又有所增加。由此可见,系统从无序到有序或者从一种有序到另一种有序,并非要局限在非平衡状态下才能实现。

哈肯针对大量处于平衡态和非平衡态的系统,研究了从无序到有序的转换过程,给出结论:一个开放系统能否从无序转变为有序,关键不在于系统处于平衡态还是远离平衡态,而在于系统内部是否存在大量子系统的协同作用(子系统之间通过交换物质、能量、信息等方式相互作用)。从这个意义上说,协同学是对耗散结构理论的修正。更进一步,耗散结构理论只是从宏观角度说明了有序结构形成的可能性,没有深入讨论微观机理,而一切宏观现象必须从更微观的角度进行揭示,才能对事物发展演化的本质有深刻的了解。

协同学认为,在系统从无序到有序的演化过程中,子系统之间的协同机制发挥了重要作用。下面以激光为例,探索其中的协同机制。

激光是一种典型的远离平衡态从无序演化到有序的现象。哈肯在对激光的研究中做出过重要的贡献,也正是通过对激光的研究提出协同学的。典型的激光器是由一根晶棒或充满气体的玻璃管构成,两端镶有可以反射光波的平面镜,镜子的作用是使平行于轴线的光波通过反复反射长时间存在于激光器中,而不平行于轴线的光波很快逸出。发射端镜子中间有个小孔,激光从这个小孔辐射出来。气体激光器的基本结构如图2-13所示。

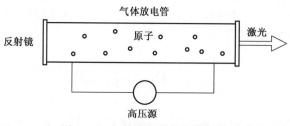

图2-13　气体激光器的基本结构

当用光泵对气体或其他激光材料进行激发时,原子受到激发,围绕原子核运动的电子会从内轨道跃迁到外轨道,处于外轨道的电子并不稳定,将从外轨道跃迁到内轨道,发出光波。当外界泵功率较小时,受到激发从内轨道跃迁到外轨道的电子数量较少,因此从外轨道跃迁回内轨道发出的光波强度较弱。从外轨道向内轨道的跃迁不是同步进行的,激光器形成的光场是杂乱无章的,这种情况下激光器发出的光与普通灯光没有区别。

但是,当增加光泵功率达到某一阈值时,所有原子中的电子都以一种相当规则的方式从外轨道跃迁到内轨道,发射出方向相同、相位一致的光波。这些光波由激光器中反射端的镜子反射后从发射端的小孔辐射出来,形成很高强度、振动频率一致的光束,此时光波进入一种有序状态。激光器有序状态形成的根源是满足某些条件时,大量电子由原来的独立运动(发出方向、相位不一致的光波)转变为协同运动(发出相位、方向一致的光波)。

2.5.2 协同学理论框架

协同学的基本原理是支配原理,核心概念是序参量。协同学研究自组织问题的基本步骤:对系统进行线性稳定性分析,确定稳定模和不稳定模;根据支配原理消去不稳定模,建立序参量方程;求解序参量方程,理解或预测系统的宏观结构[13]。

具体地说,首先调整控制参量达到临界值,使系统线性失稳,这是系统性质发生急剧变化的前提。在参数越过临界值后,系统将发生什么样的变化? 是否能够产生新的有序结构? 新的状态是否稳定? 这些问题需要分析系统状态变量变化的快慢。如果快慢变化差别悬殊,就可以消去快弛豫变量或快弛豫模式,系统在临界点的变化几乎完全由慢变量支配,系统的状态方程从高维简化到低维,得到只有一个或几个慢变量的封闭方程,就是序参量方程。然后,在忽略涨落和考虑涨落两种情况下求解序参量方程,得到对物理过程的认识。

对非线性(偏)微分方程进行线性稳定性分析,并对失稳后的分岔情况进行讨论,是协同学处理问题的第一步。当控制参数超过临界值时,系统失稳,系统宏观结构的类型在很大程度上取决于失稳的特性和分岔的类型。因此,非线性微分方程稳定性理论以及分岔理论是协同学重要的数学工具。在考虑涨落时求解序参量方程,面对的必然是随机微分方程,非线性随机微分方程是协同学的另一个重要数学工具。

2.5.3 序参量

1. 序参量的特点

复杂系统由大量的子系统组成,每个子系统都有一组描述其状态的变量,由于子系统数量太多,一般的热力学系统微观粒子的数量在10^{23}数量级,显然无法通过对所有子系统的详细描述来刻画系统的状态。但是,在研究系统从无序到有序的演化时,确实需要一个或一组变量,用它刻画系统的整体状态。人们很容易想到用热力学熵,但是熵无法进行直接的宏观测量,特别是系统发生整体性涌现时,熵值并没有突然变化。用熵作为自组织的测度,显得太粗糙。

哈肯认为,物理学家朗道在研究二类相变时提出的序参量是一个很好的标度,它在临界点附近具有不确定性,可以用来刻画系统内部的有序程度,又可以进行宏观上的测量。因此,采用序参量从总体上对系统的演化进行描述,为自组织过程提供了简便的描述方法。例如,铁磁相变中的序参量是自发磁化强度,它是铁磁体对外表现出的磁性强度,当铁磁体的温度在临界点之上时,内部处于无序相,对外的自发磁化强度为零。当铁磁体的温度下降到临界点之下时,内部从无序相变为有序的整齐排列,自发磁化强度变为一个有限值,这正好对应了系统整体有序程度的变化。

尽管在不同的系统中序参量有不同的物理意义,但它们的共同特征是,当系统内部处于相对无序、高度对称时,序参量的值为0。当系统处于高度有序、对称破缺时,序参量是一个非0值。即在临界点上序参量发生了从无到有的突变,即使这个变化是连续的,也表明系统内部结构的突变和新整体性的涌现。

序参量对刻画系统的演化非常重要,但是寻找序参量并非轻而易举。不同的系统具有不同的序参量,有时能够直接找到,有时需要经过分析综合,构造出序参量,寻找、构造序参量的过程也是对系统深入了解的过程。

在寻找、构造序参量时,注意它具有以下特点:

(1)序参量属于宏观变量。宏观变量是对系统整体性态的刻画,可以从系统外部直接测量。而微观变量是描述系统内部元素或子系统的参量,不能从系统外部进行宏观测量。在讲述支配原理时,哈肯认为,当控制变量达到临界点时,各子系统阻尼系数不同,对外界的响应有快有慢,分化为两种模式。序参量的弛豫时间比其他子系统慢得多,可以通过寻找衰减最慢的模式得到序参量。

(2)序参量是系统内部要素合作协调的强度标志。从物理学相变例子中可以看到,序参量与外部的控制参量有本质的不同。它不是外部强加于系统的,而是系统内部要素发生非线性相互作用后自发产生出来的。当后来成为元素或子系统的事物处于独立、自由、不合作状态时(系统尚未形成,因此不是元素或子系统),不会有集体行动,也不会产生合作效应,这时序参量为0。当外界控制参量达到临界值附近时,原来的那些事物之间出现非线性的长程关联,出现相互之间的合作或协同,这时就出现了对外体现整体特性,对内控制、支配或维持这种协同关系的序参量。

(3)序参量支配元素的行动。在一定意义上,序参量体现了整体意志,对元素或子系统的行为起到支配作用。例如,电场建立起来后,电场强度就支配了偶极子的运动。动物种群形成后,种群数量至少在平均意义上影响个体的行为。商品的价格出现后,在很大程度上支配着所有交易者的行为。子系统的合作产生序参量,序参量支配子系统的合作行为,二者的关系与鸡和蛋的关系类似,不能说谁先谁后,而是相互作为对方存在的条件,这是自组织过程的基本特征。

(4)系统整体行为服从序参量方程。序参量决定了系统的演化进程,要了解系统演化的基本方法就是求解序参量方程。当存在几个序参量时,方程会复杂一些,序参量之间可能会合作,也可能会竞争。需要进行详尽的分析,才能了解系统的演化规律。

2. 确定序参量

序参量本身一般是由系统的几个变量形成的,它支配、命令着系统状态的其他众多变量。系统的相变过程可以看作由系统的状态变量形成序参量,再由序参量支配系统其他变量的过程。

系统的复杂程度不同,序参量的产生和形成也就不同。对于一些较简单的系统,在它的各类变量中,直接可以找到一个能够刻画支配系统变化的变量作为序参量。例如,在激光系统中,可以选择平均光子数(光场强度)作为序参量,只要列出序参量随时间变化的方程,就可以讨论激光系统的性质。

对一些较为复杂的系统,无法直接找到序参量。但通过一定的变量变换之后,在系统的状态变量集合中,可以找到系统的序参量。例如,著名的非线性系统范德波尔(van der Pol)振子,有两个状态变量,微分方程如下:

$$\begin{cases} \dfrac{dx}{dt} = y \\[2mm] \dfrac{dy}{dt} = -x - \lambda(x^2 - 1)y \end{cases}$$

可以看出,x、y 两个变量随时间的变化速度在一个量级上,无法直接确定快变量、慢变量。下面对 x、y 进行变量变换。

令 $x = A\cos\phi, y = -A\sin\phi$,则原微分方程变为

$$\begin{cases} \dfrac{dA}{dt} = \lambda A\sin^2\phi(1 - A^2\cos^2\phi) \\[2mm] \dfrac{d\phi}{dt} = 1 + \lambda\sin\phi(1 - A^2\cos^2\phi)\cos\phi \end{cases} \tag{2-1}$$

当 λ 为 0 时,方程简化为

$$\begin{cases} \dfrac{dA}{dt} = 0 \\[2mm] \dfrac{d\phi}{dt} = 1 \end{cases}$$

并得到解 $A = A_0, \phi = t + \alpha$。其中:$A$ 为振幅,不随时间变化,取为定值 A_0;ϕ 为相位,随时间线性变化,初值为 α。这样高度简化的系统表示一个振幅可取任意值的周期振动。

当 $\lambda \ll 1$ 时,方程式(2-1)可近似为

$$\begin{cases} \left|\dfrac{dA}{dt}\right| \ll 1 \\[2mm] \left|\dfrac{d\phi}{dt} - 1\right| \ll 1 \end{cases}$$

显然 A 随时间变化较慢,ϕ 随时间变化较快。A 为慢变量,是序参量,ϕ 为快变量,受 A 的支配。进一步的数学分析可以得到,在此系统的定态解——振幅为定值的状态失稳之后,振幅 A 缓慢变化,逐渐达到新的稳定值 A_0',相位 ϕ 则变化很快。整个系统的运动是一个振幅逐步变化的振动,最终达到一个确定振幅的振动状态。

对范德波尔方程通过变量变换,实现了快慢变量的分离,确定了序参量。原方程中变量为 x、y,无法确定系统状态改变时它们的变化速度的快慢,但是将它们变换为振幅 A 和相位 ϕ 后,通过分析看出振幅 A 缓慢变化,而相位 ϕ 快速变化。说明振幅在相变过程中起决定性作用,相位变化很快,可以忽略,使人们对系统有了更深入的认识。

一些更为复杂的系统,不仅不能直接看出各个状态变量的变化快慢,即使进行变量变换也不能将变量的变化速度进行区分,因此通过简单的方法无法确定序参量。这时需要选择另外层次的变量,或者对几个变量进行综合,得到一个或几个新的变量,它们变化速度较慢,是序参量。

序参量确定之后,研究系统的演化就可以只考虑序参量方程,这对认识系统、简化分析提供了很好的基础。但序参量的确定并不是轻而易举的事情,序参量的确定也没有统

一的方法。由前面的例子也可以看出,确定序参量往往要求人们对系统的性质有深入的了解,不同的系统序参量的确定方法也有所不同。确定序参量只有基本的原则,没有一个规范的方法。可以说,选择序参量的过程,也就是加深对系统的认识、增强对系统的把握的过程。

2.5.4 支配原理

在序参量的确定过程中,已经看到不少系统的序参量是在自组织过程中形成的。在系统自发的向有序结构演化的过程中,少数变量形成了序参量,它们的变化速度明显慢于其他系统的其他变量。同时为数不多的慢变量在系统接近发生显著变化的临界点附近时,发挥着主导作用,支配、役使着其他众多的状态变量。正是这少数的序参量决定了系统的宏观行为,表征了系统的有序化程度,

哈肯将系统在相变过程中,为数众多的变化快的状态变量受序参量支配、主宰的现象称为支配原理(Slaving Principle)。"快速衰减的组态被迫跟随于缓慢增长的组态",换句话说,慢变模或组态支配快弛豫模或组态。

根据支配原理,当系统处于临界点时,系统的宏观行为只受数目很少的序参量支配。因此可以消去数目庞大的自由度,对系统在相变点附近行为的分析能够大大简化。这就是支配原理的贡献,它在协同学中居于核心地位。下面结合实例说明协同学的分析研究方法。

1. 哈肯模型

协同学认为,在很多情况下系统内部子系统之间的协同作用导致系统的宏观状态发生变化,其中有一个或少数几个变量或模起到支配作用。如哈肯构造的一个二维系统就是这样的实例,系统的动力学方程为

$$
\begin{cases}
\dfrac{\mathrm{d}q_1}{\mathrm{d}t} = -\gamma_1 q_1 - a q_1 q_2 \\
\dfrac{\mathrm{d}q_2}{\mathrm{d}t} = -\gamma_2 q_2 + b q_1^2
\end{cases}
$$

假设 $\gamma_2 > 0$ 且 $\gamma_2 \gg \gamma_1$。

对该系统进行稳定性分析可知,q_2 渐进稳定,而 q_1 是否稳定与参量 γ_1 的取值有关。由于 $\gamma_2 \gg \gamma_1$,q_1 相当于外力,q_2 相当于模,q_1 可以支配 q_2。

令 $\dfrac{\mathrm{d}q_2}{\mathrm{d}t} = 0$,求得

$$
q_2 = \left(\frac{b}{\gamma_2}\right) q_1^2
$$

表明模 q_2 被 q_1 支配。

将上式代入关于 q_1 的微分方程,可得

$$
\frac{\mathrm{d}q_1}{\mathrm{d}t} = -\gamma_1 q_1 - \frac{ab}{\gamma_2} q_1^2
$$

上式是序参量方程。对它求系统定态,可得

$$q_1 = \begin{cases} 0 \\ \pm\sqrt{\sqrt{\dfrac{|\gamma_1||\gamma_2|}{ab}}} \end{cases}$$

当 $\gamma_1 > 0$ 时,只有定态解 $q_1 = 0$,则 q_2 也为 0,系统不发生自组织。如果 $\gamma_1 < 0$,q_1 除 0 外,还有定态解 $\pm\sqrt{\sqrt{\dfrac{|\gamma_1||\gamma_2|}{ab}}}$,此时 $q_2 \neq 0$,即系统出现自组织。

2. 序参量方程——绝热消去法

上面介绍的哈肯模型很容易得到变量变化快慢的知识,一般情况下又如何处理呢? 首先需要对系统进行一般化表示,然后对它进行处理,区分稳定模与不稳定模,再用绝热近似法消去稳定模,得到序参量方程。

下面简单介绍支配原理的数学理论。假设有一个系统,有大量的状态变量,可以用有 n 个自由度的状态向量来描述系统,即

$$\boldsymbol{q} = (q_1, q_2, \cdots, q_n)$$

系统状态向量 $\boldsymbol{q}$ 随时间变化,如果系统是流体或其他连续性介质,则状态向量也可能依赖于空间,这时状态向量应该依赖于时间和空间坐标,即状态变量为

$$q_j = q_j(\boldsymbol{x}, t)$$

系统的动态变化过程可以用对时间的导数来表示,系统演化方程的一般形式为

$$\frac{\mathrm{d}\boldsymbol{q}}{\mathrm{d}t} = \boldsymbol{N}(\boldsymbol{q}, \alpha) + \boldsymbol{F}(t) \tag{2-2}$$

式中: $\boldsymbol{N}(q, \alpha)$ 为非线性函数向量,有可能是微分或积分算子,非线性对自组织过程是必要的。系统受外部控制的作用,控制作用用参数 α 表示。一个典型的控制参数的例子是能量的输入。函数 $\boldsymbol{F}(t)$ 表示涨落力(又称为随机力),它们对促进系统的自组织形成是必需的。

上述演化方程具有一般性,可以用来描述任何系统。希望能得到系统的解,为此将注意力放在旧状态失去稳定即将由新的稳态所替代的情况。

假设对某个特定的控制参数 α_0,已经找到了方程的解 $\boldsymbol{q}_0$,$\boldsymbol{q}_0$ 对时间 t 的关系有可能是常数关系、周期关系或者准周期关系(相当于含有几个基频)。另外,$\boldsymbol{q}_0$ 对空间的关系可以是任意的,最简单的情况是与空间坐标无关,如静止的流体。现在看看控制参数变化时将会产生什么样的结果。

首先关注的是,当控制参数变化时,原来的状态是否依然稳定或者变为不稳定。为此进行线性稳定性分析。把要寻找的新解看作旧解(旧状态)与一个微小偏差的和,即

$$\boldsymbol{q}(x, t) = \boldsymbol{q}_0 + \boldsymbol{w}(\boldsymbol{x}, t)$$

式中: $\boldsymbol{w}$ 为微扰。

把上式代入系统演化方程式(2-2)右端,并忽略涨落力。把非线性函数展开为 $\boldsymbol{w}$ 的幂级数,于是得到

$$\boldsymbol{N}(\boldsymbol{q}_0 + \boldsymbol{w}) = \boldsymbol{N}(\boldsymbol{q}_0) + \boldsymbol{L}\boldsymbol{w} + \widetilde{\boldsymbol{N}}(\boldsymbol{w})$$

式中: $\boldsymbol{L} = [L_{ij}]$ 为矩阵,矩阵的元素 $L_{ij} = \dfrac{\partial N_i}{\partial q_j}$,当 $\boldsymbol{q} = \boldsymbol{q}_0$ 时;$\widetilde{\boldsymbol{N}}(\boldsymbol{w})$ 为关于 $\boldsymbol{w}$ 的二次幂和

（或）更高次幂的非线性函数。假设 w 很小，因此可以忽略 $\widetilde{N}(w)$。假设 q_0 是定态解，它唯一的随着控制参数 α 的变化而变化，因此有

$$\dot{q}_0 = N(q_0) = 0$$

应用稳定性分析，只保留

$$\dot{w} = Lw$$

上式微分方程一般解的形式为

$$w = \mathrm{e}^{\lambda t}v(x)$$

可以找到 w 的两种类型的解，一种是 λ 为正（λ_u）时呈指数增长的解，另一种是 λ 为负（λ_s）时衰减的解，即

$$w = \begin{cases} \mathrm{e}^{\lambda_u t}v_u(x,t), \lambda_u \geqslant 0 \\ \mathrm{e}^{\lambda_s t}v_s(x,t), \lambda_s < 0 \end{cases}$$

同时，这些方程也决定了模的形式，如 v_u 或 v_s 可能采取正弦波的形式。

现在把 q 表示成所有这些模的叠加，但还不知道叠加的系数或幅度是多少，记 v_u 的系数是 ξ_u，v_s 的系数是 ξ_s。在新基 v 上对 q 做变换，得到

$$\begin{cases} \dot{\xi}_u = \lambda_u \xi_u + \widetilde{N}_u(\xi_u, \xi_s) + F_u \\ \dot{\xi}_s = \lambda_s \xi_s + \widetilde{N}_s(\xi_u, \xi_s) + F_s \end{cases}$$

把原系统变换到新的坐标上，并未改变系统的性质，但为方程的处理带来了方便。注意这里的下标 u 和 s 有两个含义：一是它们表明变量的序号，$u = 1,2,\cdots,n,s = n+1,n+2,\cdots,k$，这里 k 是模的个数；二是它们用于区分不稳定（unstable）模和稳定（stable）模。

在假设 λ_u 的实部很小的情况下，可以证明 ξ_s 可以一般地能用 ξ_u 表示，并具有相同的时间变化率，一般表示为

$$\xi_s(t) = f_s(\xi u, t)$$

把它代入关于 ξ_u 的微分方程中，就可以消去 ξ_s，得到

$$\dot{\xi}_u = \lambda_u \xi_u + \widetilde{N}_u(\xi_u) + F_u$$

说明系统的有序化只取决于 ξ_u，协同学把 ξ_u 称为序参量，这就是序参量的数学根源。所表明的基本规律就是支配原理。

利用支配原理可以对原来的复杂系统进行极大的简化，相当于将系统投影到低维空间。这是因为对于我们要处理的大部分现实问题，序参量的数量通常是极少的。这意味着，不需要直接研究原来系统的复杂的方程，而是研究相对简单的序参数方程：

$$\dot{\xi}_u = M(\xi_u, F_u)$$

3. 绝热消去法应用举例

对以下二维系统进行分析，求序参量方程：

$$\begin{cases} \dfrac{\mathrm{d}q_1}{\mathrm{d}t} = -q_1 + \beta q_2 - a(q_1^2 - q_2^2) \\ \dfrac{\mathrm{d}q_2}{\mathrm{d}t} = \beta q_1 - q_2 + b(q_1 + q_2)^2 \end{cases} \qquad (2\text{-}3)$$

式中:$\beta \geq 0$。

1) 线性稳定性分析

对该系统进行稳定性分析。显然 $q_1 = 0, q_2 = 0$ 为系统的定态解,记为 $q_1^0 \setminus q_2^0$。在定态解上引入小的扰动,扰动态为 $q_1 = q_1^0 + u_1$,$q_2 = q_2^0 + u_2$。由于 $q_1^0 = q_2^0 = 0$,则 $q_1 = u_1$,$q_2 = u_2$,将扰动态代入上面的微分方程后,略去高阶小量,整理得线性化方程:

$$\begin{cases} \dfrac{\mathrm{d}u_1}{\mathrm{d}t} = -u_1 + \beta u_2 \\ \dfrac{\mathrm{d}u_2}{\mathrm{d}t} = \beta u_1 - u_2 \end{cases} \tag{2-4}$$

用矢量形式表示:

$$\frac{\mathrm{d}\boldsymbol{u}}{\mathrm{d}t} = L\boldsymbol{u} \tag{2-5}$$

式中

$$L = \begin{bmatrix} -1 & \beta \\ \beta & -1 \end{bmatrix}$$

其通解为

$$\boldsymbol{u} = \sum_{\mu} \xi_{\mu} \exp(\lambda_{\mu} t) \, \boldsymbol{u}^{(\mu)}(0) \tag{2-6}$$

式中:λ_{μ} 为 L 的特征根,可以求得

$$\lambda_1 = -1 + \beta, \lambda_2 = -1 - \beta$$

对 $\lambda_2 = -1 - \beta$,因为 $\beta \geq 0$,可知 $\lambda_2 < 0$,从而 $u^{(2)}$ 为渐进稳定。

对 $\lambda_1 = -1 + \beta$,如果 $\beta < 1$,则 $u^{(1)}$ 为渐进稳定。如果 $\beta > 1$,则 $u^{(1)}$ 不稳定。所以参数 $\beta = 1$ 为临界点。

再考虑非线性项,式(2-5)变为

$$\frac{\mathrm{d}\boldsymbol{u}}{\mathrm{d}t} = L\boldsymbol{u} + N(\boldsymbol{u}) \tag{2-7}$$

式中

$$N(u) = \begin{bmatrix} -a\,u_1 & a\,u_2 \\ b(u_1 + u_2) & b(u_1 + u_2) \end{bmatrix} \begin{bmatrix} u_1 \\ u_2 \end{bmatrix}$$

2) 推导模幅方程

近似认为线性稳定分析所得的通解式(2-6)也满足非线性方程式(2-7),只不过 ξ_{μ} 现在是含有 t 的待定函数 $\xi_{\mu}(t)$。对本例中的二维系统,具体为

$$u = \xi_1(t) \, \boldsymbol{u}^{(1)}(0) + \xi_2(t) \, \boldsymbol{u}^{(2)}(0)$$

式中:$\boldsymbol{u}^{(1)}(0) \setminus \boldsymbol{u}^{(2)}(0)$ 为 (μ_1, μ_2) 空间中的矢量。

根据线性代数知识,对 $L_u = \lambda_u$ 求特征向量,将 $\lambda_1 = -1 + \beta$ 代入即可求得特征向量:

$$\boldsymbol{u}^{(1)}(0) = \frac{1}{\sqrt{2}} \begin{bmatrix} 1 \\ 1 \end{bmatrix}$$

同样,将 $\lambda_2 = -1 - \beta$ 代入即可另一个求得特征向量:

$$\boldsymbol{u}^{(2)}(0) = \frac{1}{\sqrt{2}}\begin{bmatrix} 1 \\ -1 \end{bmatrix}$$

所以有

$$\boldsymbol{u} = \frac{1}{\sqrt{2}}\xi_1(t)\begin{bmatrix} 1 \\ 1 \end{bmatrix} + \frac{1}{\sqrt{2}}\xi_2(t)\begin{bmatrix} 1 \\ -1 \end{bmatrix} \tag{2-8}$$

将式(2-8)代入式(2-7),整理得

$$\frac{1}{\sqrt{2}}\frac{\mathrm{d}\xi_1(t)}{\mathrm{d}t}\begin{bmatrix} 1 \\ 1 \end{bmatrix} + \frac{1}{\sqrt{2}}\frac{\mathrm{d}\xi_2(t)}{\mathrm{d}t}\begin{bmatrix} 1 \\ -1 \end{bmatrix}$$

$$= \frac{1}{\sqrt{2}}\lambda_1\xi_1(t)\begin{bmatrix} 1 \\ 1 \end{bmatrix} + \frac{1}{\sqrt{2}}\lambda_2\xi_2(t)\begin{bmatrix} 1 \\ -1 \end{bmatrix} + \frac{1}{2}\begin{bmatrix} -2a\,\xi_2(t)\,\xi_1(t) \\ 4b\,\xi_1^2(t) \end{bmatrix} + \frac{1}{2}\begin{bmatrix} -2a\,\xi_2(t)\,\xi_1(t) \\ 0 \end{bmatrix} \tag{2-9}$$

式(2-9)左乘 $V^{(1)}(0) = \frac{1}{\sqrt{2}}\begin{bmatrix} 1 & 1 \end{bmatrix}$,可得

$$\frac{\mathrm{d}\xi_1}{\mathrm{d}t} = \lambda_1\xi_1 - \sqrt{2}a\xi_1\xi_2 + \sqrt{2}b\xi_1^2 \tag{2-10}$$

式(2-9)左乘 $V^{(2)}(0) = \frac{1}{\sqrt{2}}\begin{bmatrix} 1 & -1 \end{bmatrix}$,可得

$$\frac{\mathrm{d}\xi_2}{\mathrm{d}t} = \lambda_2\xi_2 - \sqrt{2}a\xi_1\xi_2 + \sqrt{2}b\xi_1^2 \tag{2-11}$$

3)消去稳定模幅

从线性稳定性分析可知,调整控制参数 β,当 $\beta > 1$ 时,$\xi_1(t)$ 变为不稳定,而 $\xi_2(t)$ 永远为渐进稳定。

令 $\frac{\mathrm{d}\xi_2}{\mathrm{d}t} = 0$,将 ξ_2 表达为 ξ_1 的函数:

$$\xi_2 = \frac{\sqrt{2}b\xi_1^2}{\lambda_2 - \sqrt{2}a\xi_1}$$

将上式及 λ_2 取值代入式(2-10),得到序参量方程:

$$\frac{\mathrm{d}\xi_1}{\mathrm{d}t} = \lambda_1\xi_1 + \sqrt{2}b\xi_1^2 + \frac{2ab}{1 + \beta + \sqrt{2}a\xi_1}\xi_1^3$$

4. 序参量方程的解法

利用支配原理对系统在相变点附近的稳定性进行分析,采用绝热消去法消去快变量,得到序参量方程,序参量方程对了解自组织系统的宏观结构和非平衡相变是非常必需的。尽管序参量方程相比原来的系统状态方程要简单得多,更利于分析求解得到系统变化规律。但是序参量方程的求解也并不容易,原因在于:如果考虑涨落的作用(特别是在临界点附近,涨落的作用不可忽视),一般需要用随机变量或随机过程刻画涨落,这样得到的序参量方程往往是随机微分方程。序参量方程可能是随机变量本身的演化方程,也可能是随机变量概率密度的演化方程,包括福克—普朗克方程和主方程。

大多数从实际问题建立起来的序参量方程,往往是朗之万方程。单变量线性朗之万方程可以直接求解。而对于非线性朗之万方程没有通用方法,只有一些特例可以精确解出。求解朗之万方程的一般方法:首先找出与之等价的福克—普朗克方程;然后利用解福克—普朗克方程得到的概率密度 $P(q,t)$,计算出 q 的矩和关联。

在某些实际问题中得到的序参量方程是主方程。对于连续随机变量的主方程,可将其化为等价的克拉默—迈耶展开式,适当处理后,得到有效福克—普朗克方程,这是常用的解法之一。对于离散随机变量情况,可以采用一步过程(一步过程是一种连续时间马尔可夫过程,随机变量取整数值,且只存在最邻近态间的跃迁)求解主方程,线性一步过程的主方程可以精确求解。对非线性一步过程,除定态解外,往往不能得到主方程的精确解。

2.6　突　变　论

2.6.1　渐变与突变

在现实世界中,系统的状态变化有渐变与突变两种基本形式。大多数系统的变化过程是连续、渐变、光滑的,如星体的运行、水的流动、生物的生长发育、人口的增长等,这种连续过程可以用微分方程等数学工具进行描述分析。但是,也存在另外一种不连续、突发、非光滑、定性的变化,如超新星爆发、泥石流发生、水的沸腾、细胞分裂、精神病发作等,都是突变现象。

渐变与突变的关系历来是科学和哲学讨论的重要问题。如何看待世界,存在两种截然对立的观点。如在生物进化领域,达尔文主要从"渐变"或"连续性"的角度考察世界,认为自然界的演变是十分缓慢的。法国学者居维叶(Georges Cuvier)认为缓慢变化的原因只能产生缓慢变化的结果,突发性的结果必然来自突发性的原因。他根据各大地质时代与生物各发展阶段之间的"间断"现象,提出了"灾变论"。认为是自然界的全球性的大变革,造成生物类群的"大绝灭"。在这里突变有灾变的意思,应尽量避免。荷兰植物学家雨果·德弗里斯(Hugo de Vries)建立了以"物种的突发产生"为主要内容的进化学说突变论,认为物种起源主要是通过跳跃式的变异"突变"来完成的,并给出了生物突变的主要特性。

现代动力学认识到渐变与突变、连续与离散是相互联系、相互转化的,其数学基础是非线性系统的分岔与突变理论。法国数学家托姆(René Thom)认为突变不等于灾变,突变对于新事物的发生、形态的进化发挥积极作用,连续的因可以导致不连续的果[14]。1969 年托姆提出了描述突变现象的数学理论,1975 年出版了专著《结构稳定性与形态发生学》,系统阐述了突变的概念、模型和分类。还有一些学者如英国数学家齐曼(E. C. Zeeman)等在突变理论方面也做出了重要工作,突变论已成为研究非线性系统突变现象的重要数学理论。

突变理论主要研究系统在连续作用下如何导致不连续的突变结果,用形象而精确的数学模型来考察系统从一种稳定组态到另一种稳定组态的跃迁。如果一个系统处处结构稳定,那么它不可能发生突变。如果一个系统处处结构不稳定,实际上这样的系统不可能存在。既存在结构稳定的区域,又存在结构不稳定的区域,这样的系统有可能出现突变。当内部原因驱使这样的系统从一个稳定态转换到另一个稳定态时,由于中间的非稳定态,就会出现突变。突变理论作为研究系统结构演化的有力数学工具,能较好地解释和预测自然界和社会上的突变现象,在物理、化学、生物、工程技术、社会科学等方面有广泛的应用。

2.6.2　一个简单的突变例子

突变论主要分析系统整体的形态发生,或者说是新结构的产生。系统内部状态的整体性"突跃"称为突变,其特点是过程连续而结果不连续。在系统相图中体现为拓扑结构的转变。

突变论以控制变量作为突变现象的连续性变化因素,以状态变量表示可能出现突变的量。突变论运用数学工具描述系统处于稳定态、不稳定态的参数区域以及系统突变时参数的特定位置,从而建立起突变过程的数学模型。

下面结合一个简单例子,作为突变现象的定性解释,此处不做严格的数学推导。

假设某系统具有控制参量 u,状态变量为 y,其特征曲线方程为

$$F(u,y) = 0$$

特征曲线为 S 形,如图 2-14 所示。

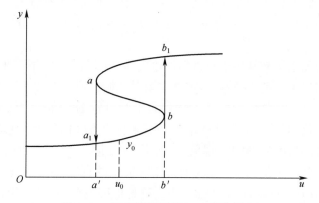

图 2-14　突变现象示例(a、b 为临界点)

初始时刻,u 在区间 $[a',b']$ 中,取值为 u_0,对应的响应值为 y_0,此时 (u_0,y_0) 处于下方分支上。令 u 从 u_0 开始增加,当 $u < b'$ 时,(u,y) 沿着局部解在下方分支向右移动,这种变化情况是渐变。如果将 u 推到 b' 外,则系统未必受到破坏,但其内部状态会突然跳跃到 (b',b_1),跳到上方分支,此时出现了突变。随着 u 的继续增加,(u,y) 在上方分支连续向右方移动,这种变化情况是渐变。这样 u 在 b' 处系统的状态突跃就是突变论意义下的突变。

一旦跃迁到上方分支上,再让控制变量 u 从 b' 减小到 a',当 $u > a'$ 时,(u,y) 在上方分支向左方移动。如果将 u 推到 a' 外,则系统内部状态会突然跳跃到 (a',a_1),再次发生突变;随着 u 继续减小,(u,y) 在下方分支向左方继续移动。

在这一例子中,可以看到到达 S 形曲线的中间部分要比到达上分支和下分支困难。

2.6.3　突变论理论框架

突变理论主要研究一个系统或过程,从一种稳定态向另一种稳定态的跃迁。一个系统所处的状态可用一组变量来描述,系统所处的状态为定态(平衡态)时,该系统状态的某函数取极值,如能量取极小、熵取极大等。极值点就是某函数的导数为0的点,称为临界点。

1. 有势系统

托姆对有势系统进行了详细的研究,揭示了有势系统全部突变类型。非有势系统要复杂得多,尚缺乏足够的普适性结论。托姆将有势系统的突变理论称为初等突变理论。

有势系统是广义动力学的一个概念。对于保守的力学系统,存在一势函数 V,系统所受的力 f 与 V 的关系为

$$f = - \nabla V$$

式中:∇ 为梯度。

势函数的概念可以推广到广义的动力学系统中。设动力学系统有 n 个状态变量 x_i($i = 1, 2, \cdots, n$)和 m 个控制变量 u_k($k = 1, 2, \cdots, m$),则系统的动力学方程为

$$\frac{\mathrm{d}x_i}{\mathrm{d}t} = f_i(\{x_j\}, \{u_k\})$$

如果方程的右边可以表示为一个势函数的梯度,即

$$\frac{\mathrm{d}x_i}{\mathrm{d}t} = - \frac{\partial V}{\partial x_i}$$

则它的定态解可由 $\frac{\partial V}{\partial x_i} = 0$ 求得,存在势函数的系统就是有势系统。

有势系统只可能有不动点型定态,其定态就是势函数取极值的状态。知道系统的势函数 $V(x, u)$,就可以求出系统的定态并推知其稳定性。突变理论就是用势函数来研究定态解如何随着控制参量的变化而变化。

2. 托姆分类定理

假设一个系统的动力学可以由一个光滑的势函数导出,托姆证明了:可能出现的性质不同的不连续构造的数目并不取决于状态变量的数目(状态变量可能很多),而是取决于控制变量的数目(控制变量可能很少)。

如果控制参量不超过4个(对于发生在三维空间和一维时间中的自然过程,最多有4个控制因子),只有7种基本的突变类型,如表2-1所列。

表2-1　初等突变的类型

突变类型	状态变量个数	控制参量个数	势　函　数
折叠型	1	1	$x^3 + ux$
尖点型	1	2	$x^4 + ux^2 + vx$
燕尾型	1	3	$x^5 + ux^3 + vx^2 + wx$
蝴蝶型	1	4	$x^6 + tx^4 + ux^3 + vx^2 + wx$

(续)

突变类型	状态变量个数	控制参量个数	势 函 数
双曲脐点型	2	3	$x^3 + y^3 + wxy - ux - vy$
椭圆脐点型	2	3	$x^3 - 3xy^2 + w(x^2 + y^2) - ux + vy$
抛物脐点型	2	4	$y^4/4 + x^2y + wx^2 + ty^2 - ux - vy$

只要控制参量不超过 5 个,按某种意义的等价性分类,总共有 11 种突变类型。除表 2-1 中的这 7 种外,还有印第安人茅舍型、第二双曲脐点型、第二椭圆脐点型、符号脐点型 4 种突变类型。

下面介绍两类比较简单的突变类型:折叠型突变和尖点型突变。

2.6.4 折叠型突变

折叠型突变是一类最简单的突变类型,状态变量只有一个、参量只有一个,势函数为

$$V(x) = x^3 + ux$$

该函数的临界点方程为

$$\frac{\partial V}{\partial x} = 3x^2 + u = 0$$

由于状态—参量空间是二维的,定态曲面退化为 x—u 平面的曲线:

$$x = \pm \sqrt{-\frac{u}{3}} \ (u \leqslant 0)$$

定态曲面在 x—u 平面上如图 2-15(a)所示。

非孤立奇点集 S 不仅要满足上式,还要满足

$$\frac{\partial^2 V}{\partial x^2} = 6x = 0$$

联立两方程可得

$$x = 0, u = 0$$

可见,非孤立奇点集 S 是 x—u 平面上的一个点(0,0),它在控制参数空间(一维)的投影是分岔点集,也是一个点 $u = 0$,分岔点集如图 2-15(b)所示。

分岔点把控制参数剖分为两个区域。在 $u < 0$ 区域,势函数有一个极小值和一个极大值。在 $u = 0$ 时,两个极值重合为一个拐点。在 $u > 0$ 区域,势函数没有极值。三类势函数如图 2-15(c)所示。

根据对势函数的分析,在控制参数空间的正 u 轴或负 u 轴上,任何一点生成的势函数的结构形式不变。在分岔点 $u = 0$ 附近,势函数的结构会发生定性变化,突变就发生在这里。折叠型突变的控制空间是一条直线,状态是空间中的一根抛物线,其中一半是稳定状态、另一半是不稳定状态。

2.6.5 尖点型突变

尖点型突变是一类比较简单的突变,系统的控制变量有两个,状态变量有一个,比较

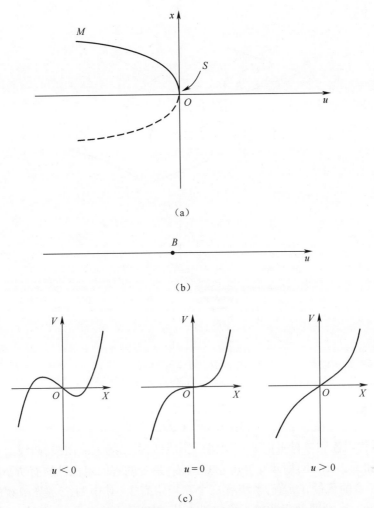

（a）

（b）

（c）

图 2-15　折叠型突变的定态曲线、分支点与势函数的三种形式

容易在三维空间中构造出来,通过观察几何特性,理解突变的性质。

考虑由以下势函数描述的系统:

$$V(x) = x^4 + ux^2 + vx$$

有势系统只有不动点型定态,定态曲面由下式给出:

$$\frac{\partial V}{\partial x} = 4x^3 + 2ux + v = 0$$

在由一个状态变量和两个控制参量构成的乘积空间中,画出定态曲面 M,如图 2-16（a）所示。

M 是一个光滑曲面,从原点 $(0,0,0)$ 开始,在 $u \leqslant 0$ 半空间中,曲面上有一个三叶折叠区,分别称为上叶、中叶和下叶。折叠曲面的两条棱线,即上叶和中叶以及下叶与中叶之间的分界线,具有重要的动力学意义。这两条棱线除满足定态曲面方程外,还要满足

$$\frac{\partial^2 V}{\partial x^2} = 12x^2 + 2u = 0$$

将此方程与上面的定态方程联立,消去状态变量 x,将它投影到控制参数 u—v 平面,

61

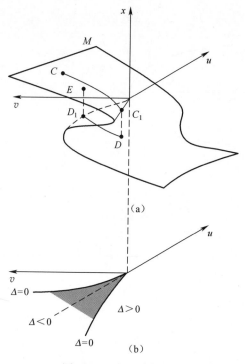

图 2-16　尖点型突变
(a)定态曲面；(b)控制参量平面。

就得到分岔点集：

$$\Delta = 8u^3 + 27v^2$$

这个方程代表控制参量平面 u—v 上两支由原点引出的尖点曲线，曲线上每个点都是一个分岔点，如图 2-16(b)所示。在分岔点两侧，系统的解的定性性质有所不同。在 $\Delta < 0$ 区域，对于任意的参量 u, v 值，系统有三个互异定态解，其中两个是势函数的稳定极小值(上叶和下叶)，一个是势函数的不稳定极大值(中叶)。在 $\Delta > 0$ 区域，系统只有一个稳定极小值。可见，当参数跨越 $\Delta = 0$ 曲线时，系统在单态和三重态之间发生变化，系统性质发生突变。

从尖点突变模型可以看出突变现象有以下特征：

(1)多稳态。突变系统一般具有两个或两个以上的稳定定态(折叠突变除外)，即对应同一组控制参数组合，势函数有多个不同的极小值，因而可以出现从一个稳态向另一稳态的跳跃。

(2)突跳。在跨越分岔曲线时，系统从一个极小点向另一个极小点的转变是突然完成的，系统状态变化出现跳跃。如尖点型突变图 2-16(a)中的 $C_1 \rightarrow D$。

(3)不可达性。在不同稳定定态之间有不稳定定态(极大点)，这些点实际上是不可能实现的定态点。如尖点突变中的中叶区域。

(4)滞后。控制参量沿一个方向变化，在分岔点引起突变，当控制参量再沿着反方向返回时，系统不会沿原路径返回。原因是突变的发生与控制参量变化方向有关。如尖点型突变图 2-16(a)中的控制参数向右变化，系统定态的变化路径为 $CC_1 \rightarrow D$；此时令控制参数反向变化，系统定态的变化路径是 $DD_1 \rightarrow E$，而不是沿原路径返回，两次突跳点之间有一定间隔。

（5）发散。在分岔曲线附近,控制参数变化路径的微小不同能够引起系统最终走向的重大差别,即在分岔点附近,系统终态对控制参量变化路径具有敏感依赖性。

参考文献

［1］Skyttner L. General Systems Theory:Problems,Perspectives,Practice(2nd Edition)［M］.World Scientific Press,2005.

［2］贝塔朗菲. 一般系统论:基础、发展和应用［M］.林康义,魏宏森,等译. 北京:清华大学出版社,1987.

［3］Bertalanffy L V. General System Theory:Foundations,Development,Applications［M］.George Braziller Inc.,1968.

［4］维纳. 控制论［M］.北京:科学出版社,1985.

［5］苗东升. 系统科学精要:第三版［M］.北京:中国人民大学出版社,2010.

［6］万百五,韩崇昭. 控制论:概念、方法与应用:第2版［M］.北京:清华大学出版社,2014.

［7］Shannon C E. A Mathematical Theory of Communication［J］.Bell System Technical Journal,1948,27:379-423,623-656.

［8］傅祖芸. 信息论:基础理论与应用:第4版［M］.北京:电子工业出版社,2015.

［9］许立达,樊瑛,狄增如. 自组织理论的概念、方法和应用［J］.上海理工大学学报,2011,33(2):130-137.

［10］尼科利斯,普里戈京. 非平衡系统的自组织［M］.徐锡申,陈式刚,王光瑞,等译.北京:科学出版社,1986.

［11］沈小峰. 耗散结构论［M］.上海:上海人民出版社,1987.

［12］哈肯. 高等协同学［M］.郭治安,译.北京:科学出版社,1989.

［13］吴大进. 协同学原理和应用［M］.武汉:华中理工大学出版社,1990.

［14］托姆. 突变论:思想与应用［M］.周仲良,译.上海:上海译文出版社,1989.

第 3 章

复杂系统理论

3.1　复杂系统概述

近代科学特别是作为典范的经典力学崇尚简单性,先验地认为复杂现象背后隐藏着简单、明确的规律,科学的任务就是发现这些简单规律。牛顿的名言"自然界喜欢简单,而不爱用多余的原因来夸耀自己",爱因斯坦也认为"自然规律的简单性也是一种客观事实",就是这一思想的具体体现。在这种思想下,还原论成为科学界占据主流地位的方法论,基本途径是对复杂的现实世界进行简化和分解,建立符号模型,通过逻辑演绎得到对现实世界的认识。西方近代科学对简单性的追求推动了科学技术的进步,这一点值得肯定,但是人们对世界的理解也是逐渐深化,不断进步的,20 世纪 60—70 年代后,一些科学家发现不能完全将复杂性简化为简单性,需要将复杂性当作复杂性对待,由此推动了复杂性科学的产生和发展。

复杂性科学探索复杂系统的复杂性,研究复杂系统存在与演化的一般规律。目前,复杂性科学仍处于快速发展阶段,一些基本概念尚未取得一致认识,也没有建立起大家公认的理论框架,而是呈现丛林状态,出现了多种相互竞争、相互补充的复杂系统理论,这些理论分别从不同的角度、不同的层面、采用不同的方法对复杂系统进行研究。尽管这些理论并不完全一致,也没有哪一种理论是对复杂系统的普适性描述,但这些研究揭示了复杂系统的一些基本特性和演化规律,颠覆了一些传统观点,有助于人们重新看待自然界和人类社会,所产生的一些基本思想、观点、方法渗透到多个学科,推动了科学的发展。

3.1.1　复杂系统概念

复杂与简单是相对而言的,长期以来作为日常用语使用,人们并未对它们进行严谨、深入的思考,没有成为科学术语。同样,对于什么是复杂系统,什么是简单系统,人们的理解也各有不同,至今也没有普遍接受的定义。但是参考一些学者的论述,可以帮助人们理清自己对复杂系统的理解。

美国信息学家 Weaver 较早将系统划分为简单系统和复杂系统,又将复杂系统划分为无组织复杂系统和有组织复杂系统[1]。简单系统的特点是元素数目少,可以用较少的变数来描述,这种系统可以用牛顿力学加以解析。无组织的复杂系统元素和变量多,但其间的耦合是微弱的或随机的,能够用统计的方法分析,热力学研究的对象一般就是这样的系统。有组织的复杂系统特征是元素数目很多,且它们之间存在着强烈的耦合作用,不能完全用牛顿力学、统计方法进行分析。尽管 Weaver 的论述仅是定性讨论,一些说法也有局限性,但"有组织复杂系统"正是当前复杂性科学研究的主要对象。有组织复杂系统的基本特征是要素之间有较强的相互作用,系统整体特性不能完全通过研究个体、局部特性得到。

美国著名学者 H. Simon 在其著作《人工科学——复杂性面面观》中对复杂系统进行了讨论,一些观点很有启发性,他认为复杂系统是由许多部件组成的系统,这些部件之间有许多的相互作用,在这种系统中,整体大于部分之和。即使已知部件的性质和它们相互作用的规律,也很难把整体的性质推断出来。

1999 年 4 月,Science 杂志出版了一期复杂系统专辑,两位编辑指出各个学科对复杂系统的认识并不统一,但对复杂系统的研究的共同点是采用超越还原论的方法论,不同领域的复杂系统研究者认为通过对一个系统的部分(子系统)的了解,不能对系统的性质做出完全的解释,这样的系统就是复杂系统。

在复杂系统研究的著名机构圣塔菲研究所,不同的学者对复杂系统的认识也并不一致。但是圣塔菲学派在最近几十年内所关注的复杂系统可以用 Mitchell 的定义表达为:"复杂系统由大量部件组成,这些部件通过简单相互作用形成网络,它们遵循简单规则,但却产生涌现的、整体的、复杂的行为。"[2]

对复杂系统的定义、描述还有很多,不再详细列举。一般认为,复杂系统包含中等数量的个体,这些个体之间存在复杂的相互作用,系统的整体功能、行为、特性等不能由其组分的功能、行为、特性获得。典型的复杂系统如人的大脑、免疫系统、蚁群、城市、企业、国家等。

3.1.2 复杂系统特征

就目前的研究状况而言,复杂系统尚无法得到明确、公认的定义,人们都是在比较模糊的语义下使用它,但是作为科学研究对象,复杂系统总有一些人们共同关注的特征,如果具备这些特征的一种或多种,往往就是复杂系统。因此,虽然无法清晰界定什么是复杂系统,但可以给出一个复杂系统常见特性的列表,这些特性具有一定的普遍意义,是不同的复杂系统的典型共性,当然这个列表并不完全,随着研究的发展,可能会有所调整。

1. 非线性

非线性是复杂系统的必要特征,如果不满足非线性要求,那就是满足叠加原理的线性系统,可以采用还原论方法进行研究,没有复杂性可言。因此,复杂系统的部分或全部组分之间具备非线性相互作用。正是非线性相互作用使得复杂系统的演化丰富多彩,非线性又称为复杂性之源,即非线性导致复杂性。但非线性并不等于复杂性,二者之间的区别和联系还处于争议之中。

2. 多样性

一般的复杂系统,无论是在组分上还是组分之间的相互作用方式上都具有多样性。组分的多样性有时称为异质性,即系统的组分在类别、属性、行为规则等方面存在不同。同样,组分之间的相互作用方式也有所不同,作用类型、范围、强弱、动态性等往往不同。要素以及相互作用的多样性对于系统的动态稳定、发展演化有重要的作用。

3. 适应性

适应性体现为复杂系统或复杂系统的要素会动态地调节以适应外在的环境。复杂系统的适应性可以体现为两个层面，一个是整体层面，另一个是个体层面。在整体层面上，系统的相互作用方式会根据环境的不同而发生动态的变化。如鸟群中每只个体本身遵循固定的行为规则，但是由于个体的相互作用关系的调整，使得鸟群体能够灵活地调节轨迹以躲避障碍物。在个体层面上，每个组成元素都会发生适应性的变化，从而导致系统整体属性发生变化。个体层面具有适应性的例子如股票市场，在股市中每个投资主体都会根据价格信息来动态地调节投资策略，并随着经验的积累调整投资策略，个体的学习即体现了个体层面的适应性。

4. 开放性

所有的复杂系统都是开放的系统，也就是说系统与外界存在着能量、物质、信息的交换。这些交换的信息、物质、能量穿越系统边界流入系统，从而形成了系统内部的各种流动，推动了系统的定量、定性变化，表现出复杂行为：一方面，开放性能够使系统与环境进行相互作用，系统在发展过程中也会改变环境，系统与环境形成相互影响；另一方面，环境推动系统的演化，使系统能够适应环境的变化，同时系统又不断地改变环境。

5. 涌现性

涌现性是复杂系统的根本特征之一。简单地说，涌现性就是整体大于部分之和，也就是系统具有在系统整体层面才而分解到部分就不存在的属性、功能、特征、行为等。需要指出的是，系统的整体特性并非都是涌现出来的，只需对部分特性进行叠加就能得到的特性不是涌现性，只有部分之间非线性相互作用产生的特征才是涌现性。例如，建筑物作为整体，其总质量就是各建筑构件质量之和，但建筑物的功能、抗震性、保温性等整体特性是建筑构件相互作用下涌现出来的。

6. 自组织性

虽然不是所有复杂系统都是自组织形成的，但是，人们通常关注具备自组织特性的系统，大部分感兴趣的复杂系统，如地球上的生命、人类的智慧等都是自组织地产生的。自组织是相对他组织而言的，指的是系统内部秩序的形成不需要外部指令或集中控制，而是由系统部件通过相互作用自发形成的。

7. 层级性

一般而言，复杂系统具有递阶层次结构，可以由上而下逐层分解，但仅有分解是不够的，另一个重要方向是自底向上综合。从最高层看，复杂系统由多个相互作用的组件形成，这些组件具有多样性、组件之间的相互作用多样化。通过组件之间的复杂相互作用涌现出系统的整体特性。系统的组件可以继续分解，它又是由低层组件自组织产生的，低层组件又可以分解为一些更简单部件。在从低层向高层综合构建的不同层级阶梯上，涌现性有强有弱，在有些层次以累加性为主，在有些层次以涌现为主。从时间角度看，系统各个层级的构成要素都有动态行为，在整体层级可能表现出复杂的动态特性如混沌。在跨类型、层级、学科的基础上可以抽象得到一些共同概念，指导对复杂系统的认识。

3.1.3 复杂系统研究视角

在对复杂性的探索过程中，学者们已经提出大量关于复杂系统的理论，这些理论代表了不同学派对复杂系统的认识和理解。但是这些关于复杂系统的理论是"自发生成"的，无法进行完备的分类，因为它们的切入角度、基本假设、关注重点、方法工具各不相同，在某些方面相互交叠，在一些局部问题上甚至有矛盾冲突。根据对复杂系统关注视角的不同，大致分为宏观唯象、系统结构、演化机制三大类。

宏观唯象的复杂系统理论对复杂系统采用整体的、宏观的视角，依据系统的宏观变量考察系统，对系统的内部构成要素以及要素之间的相互关系不做划分，或仅做粗略的划分，并不追求系统内部结构的准确性。这些理论建立在宏观层面，主要研究系统的秩序、演化等问题。例如耗散结构理论、协同学等自组织理论，它们建立宏观变量的模型，探究系统从无序到有序的演化机制。突变论研究系统某个宏观量出现不连续变化的原因。非线性动力学与混沌也属于这一类，建立系统宏观变量的动力学方程，研究状态变化、参量变化对系统动力学特性的影响等。

研究复杂系统的另一个主要视角是考察系统的内部结构，建立系统的结构模型，通过结构模型研究系统微观与宏观之间的联系。复杂网络就是这样的理论，复杂网络建立复杂系统的拓扑结构模型，研究系统结构与功能之间的关系。复杂适应系统、多主体系统也是采用系统结构视角，认为系统内部是多个 Agent，Agent 之间具有复杂的相互作用，从而涌现出整体特性。

研究复杂系统的一个主要视角是系统演化。有些理论试图探索复杂性的来源，建立模型，通过模型沿时间展开的行为探究复杂性产生的根源。从这个意义上说，复杂适应系统也是一类演化理论，它抽象出主体适应性这个概念，认为适应性是复杂性的根源之一。其他如元胞自动机、耦合映象格子、人工生命、NK 模型等也是探索系统演化的模型。

当然，以上仅是比较常见的三种研究视角，还有很多其他视角，如分形几何从复杂系统"形"的角度研究，系统动力学是从"信息反馈"的角度研究，综合集成研讨厅是从"决策支持"的角度研究等。还有些理论具有跨越性，其目的和方法是综合的，不能完全划分到某种分类中。

可以这样说，关于复杂系统的知识体系也是一个复杂系统。知识体系边界模糊，内部要素相互交织，形成竞争合作关系。这些理论不断发展演化，理论之间相互影响，共同推动知识体系的演化。对复杂系统的认识也是整体性、综合性的，需要广泛了解各个理论的思想、概念、理论、方法，在头脑中涌现出对复杂系统的理解。

3.2 非线性动态系统

复杂系统一般是动态的，随着时间发展表现出复杂的动力学行为。探究复杂系统的动态性的基本理论是非线性动力学。非线性动力学关于系统演化特性的思考、所建立的动态系统模型、发展出来的动力学特性分析方法，构成复杂系统研究的基石。

3.2.1 动态系统概述

一般情况下，系统的状态随着时间发生变化，状态是时间的函数，称为状态变量。系统的演化规律可能是确定性的，也可能是随机性的。按确定性规律随时间演化的系统称为动力学系统。根据数学模型的不同，可以对动态系统进行分类。依据不同的分类标准，有不同的分类结果。比较常见的有：

1. 连续系统与离散系统

时间标量 t 在实数集 $\mathbf{R}$ 或其闭子集 $[a,b] \subseteq \mathbf{R}$ 上连续取值的时间称为连续时间。如果系统的状态变量为连续时间的函数，则将这样的系统称为连续系统。连续系统的演化方程为（偏）微分方程，一般形式为

$$\begin{cases} \dot{x}_1 = f_1(x_1, x_2, \cdots, x_n; u_1, u_2, \cdots, u_m) \\ \dot{x}_2 = f_2(x_1, x_2, \cdots, x_n; u_1, u_2, \cdots, u_m) \\ \quad \vdots \\ \dot{x}_n = f_n(x_1, x_2, \cdots, x_n; u_1, u_2, \cdots, u_m) \end{cases}$$

式中：$x_1, x_2, \cdots, x_n$ 为状态变量；$u_1, u_2, \cdots, u_m$ 为控制变量；$\dot{x}_i = \dfrac{\mathrm{d}x_i}{\mathrm{d}t}$ 为状态变量对时间的导数。

连续系统的演化方程也可以用向量形式表示：

$$\dot{X} = F(X, U)$$

向量形式简洁明了，在进行数学推导时比较方便。

如果时间标量 t 在离散的集合上取值，则称为离散时间。离散时间集合可以映射到自然数集合，即 $t \in \{0, 1, 2, 3, \cdots\}$。状态仅仅在离散的时间点上出现或被观察到的系统称为离散系统。离散系统有多种形式，有的难以用解析式表达，如自动机网络。离散系统中一类常见的数学模型是差分方程，系统某时刻的状态可以由前一时刻的状态计算得到，形如

$$f(t + 1) = f(x(t), u)$$

2. 线性系统与非线性系统

线性系统与非线性系统在动力学特性上有重要的区别。传统科学主要对线性系统进行研究，即使是面对非线性系统，也经常将它进行线性化处理，近似为线性系统。20 世纪 60 年代以后，逐渐将非线性系统当作非线性系统来看待，发现非线性系统具有丰富的动力学特性，极大地促进了人们对事物的深入认识，形成了非线性科学。

线性系统与非线性系统的基本区别在于线性系统满足叠加原理，非线性系统不满足叠加原理。叠加原理：

一般来说，令 f 代表某种数学操作，x 为数学操作对象，$f(x)$ 表示对 x 施加 f 操作。如果 $f(x)$ 满足以下两个条件：

加和性：$f(x_1 + x_2) = f(x_1) + f(x_2)$

齐次性：$f(kx) = kf(x)$，k 为常数

合并表示为 $f(k_1 x_1 + k_2 x_2) = k_1 f(x_1) + k_2 f(x_2)$，则称操作 f 为线性的。

如果将 x 看作输入变量，f 看作系统对输入的变换作用，则输出为 $y = f(x)$，如图 3-1 所示。

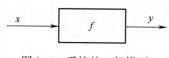

图 3-1　系统的一般模型

在这种情景下,加和性意味着两个输入因素独立发挥作用,二者之间没有相关性;输入因素累加后作用于系统,等价于两个因素分别独立作用后的累加;齐次性意味着如果输入因素放大若干倍,则输出也同样放大若干倍,系统不会发生定性的、结构性的变化。

能够用线性数学模型(如线性的代数方程、微分方程、差分方程等)表示的系统,为线性系统。只能用非线性数学模型表示的系统为非线性系统。对于用微分方程表示的动力学系统,如果动态方程中只有各状态变量及其各阶导数的一次项,则是线性动态系统;否则,为非线性动态系统。

单摆是一种常见的动力学系统,如图3-2所示:

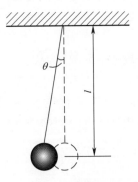

图3-2　单摆示意图

单摆的运动方程为

$$\ddot{\theta} + \frac{g}{l}\sin\theta = 0$$

该方程中有关于状态变量 θ 的正弦函数,因此系统是非线性的。如果 θ 非常小,可近似认为 $\sin\theta = \theta$,这样单摆运动方程变为

$$\ddot{\theta} + \frac{g}{l}\theta = 0$$

该方程只包含状态变量及其各阶导数的一次项,则近似处理后的单摆系统是线性系统。

3. 集中参数系统与分布参数系统

如果状态变量不需考虑空间分布情形,则这样的系统是集中参数系统,一般用微分方程描述。如果状态变量不仅随着时间变化,而且状态变量的取值与空间分布有关,则系统的演化方程必须考虑空间分布的不均匀性,将状态变量看作空间和时间的函数,这样的系统就是分布参数系统,一般用偏微分方程描述。

3.2.2　相空间方法

实际系统往往是非线性的,线性系统只是特定条件下的近似,非线性才是事物的本质。非线性系统有多种类型,研究比较充分的是用微分方程表示的连续型非线性系统。但是,非线性微分方程相比线性微分方程要复杂得多,对于某些非线性特征不太强、较简单的情形,可以采用数学上的近似方法进行分析,如线性化方法、平均值方法等。而大多数情况,很难在数学上进行完全的解析研究,一般采用定性与定量相结合的方法进行研究:采用数学手段对局部或近似问题进行解析研究;基于定性方法进行讨论;进行数值计算。一般将这三种方法结合起来探索非线性系统的演化特点。

连续型非线性系统可以抽象为演化方程:

$$\dot{X} = F(X, U)$$

演化方程的解 $X(t)$ 代表系统的一个行为过程,给定初值或边界条件,就可以得到系统在各个时间点的具体状态值。研究演化方程解的特性是动态系统研究的基本任务。但是如前所述,能够得到解析解的方程很少,用计算机进行数值计算是一种有效的探索方法,但数值计算的本质上是对不同的参数配置进行实验,无法在理论上全面了解系统整体性质。因此常用的方法是在相空间中对动态系统进行定性分析,获得对解的定性特征的整体认识,这样的方法就是相空间方法。

1. 相空间

由系统所有 n 个状态变量张成的空间 R^n 为相空间(状态空间)。不大于三维的相空间可以绘制出来,便于进行直接观察,这正是相空间方法的优点。演化方程的每个特解是相空间中的一个点集,代表状态随时间的变化过程,称为轨线(轨道)。从不同初始点出发,系统的解不同,轨线也不同。相互邻近的初始条件的轨线的集合构成流,表示系统运动的趋势。相空间方法不是分别研究每条轨线,而是考察全部可能轨线及其分布,从而在整体上把握系统的演化规律。

有阻尼的单摆运动方程

$$\ddot{\theta} + a\dot{\theta} + \frac{g}{l}\sin\theta = 0$$

是一个二阶非线性微分方程,有两个状态变量 θ 和 $\dot{\theta}$,由这两个状态变量张成一个二维相空间。给定一个初始状态,如($\theta = \pi/2, \dot{\theta} = 0$),就可以得到系统状态的演化过程,在相空间中就描绘出一条轨线,如图 3-3 所示,其中 $\dot{\theta}$ 用 ω 表示。

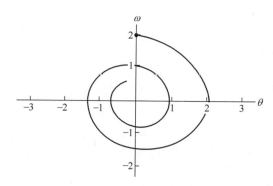

图 3-3 单摆的相空间

2. 参量空间和乘积空间

一般动态系统的演化方程中还有一组控制变量(参量),这些参量实际上也是可以变化的,一个参量组合对应一个具体的系统,多个参量不同的系统形成一个系统族。参量不同,系统的演化规律可能会发生根本性的变化,因此可以研究不同参量下系统的演化性质。为了进行这样的研究,由所有控制参量张成的空间称为参量空间,在参量空间中研究系统族的变化规律。有时还需要同时研究参量和状态变量组合下系统的性质,此时可以将所有状态变量和参量张成空间,称为乘积空间,在乘积空间中观察系统的性质。

3.2.3 动态系统解的类型

运动方程的解反映系统的运动性质。非线性方程的解在经过与初始条件有关的暂态过程后,一般将达到某种稳恒形式。通常人们更关注稳恒形式的解。对于动态系统,最简单的稳形式的恒解就是定态或平衡态,这一类状态具有非常重要的意义。对于微分动力系统,定态是所有状态变量对时间的导数皆为 0 的状态。定态在相空间中的代表点,称为定点(不动点、平稳点)。由数学性质可知,系统到达定态后,若无外力作用,系统的状态将长期保持在定态。显然,定态是一种最简单的稳恒形式[3]。

非线性系统可能有多个定点,有的定点是稳定的,有的是不稳定的。定点稳定时,附近的轨线将趋于定点。定点不稳定时,附近的轨线将离开此定点,轨线最终如何变化,有三种情形:

(1) 轨线趋于另一个稳定的定点。

(2) 发散,轨线离开此定点的距离越来越大,状态值无限偏离有限值,最终趋于无穷。

(3) 系统状态既不趋于另一个定点,也不趋于无穷大,其取值总是在一定范围内不断变化,即解是振荡的。

系统的振荡解不像定态解那样简单,但也是某种形式的稳恒运动,对于非线性系统有实际意义,振荡解大体上又有三种形式:

1. 周期振荡

状态变化总是周而复始的进行,即振荡有一个确定的周期。在相空间中,系统的轨线是围绕某一不稳奇点的闭曲线。相平面上这样的闭曲线称为极限环。例如,无阻尼单摆的运动就是一种周期振荡,如图 3-4 所示:

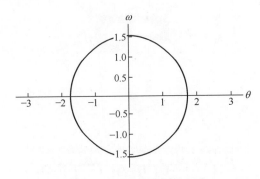

图 3-4　无阻尼单摆的运动

2. 准周期振荡

由多个不同周期且周期比为无理数的周期运动叠加在一起形成的复合运动形式称为准周期振荡。准周期振荡粗略看似乎是周期运动,实际不然,由于周期比为无理数,两个周期是不可公度的,轨迹填充在三维或高维空间的环面上。

例如,受迫 van der Pol 方程,如果令策动力频率与固有频率之比为无理数,可出现准周期振荡。系统演化方程为

$$\ddot{x} + (x^2 - 1)\dot{x} + x = \cos(\sqrt{2}t)$$

该系统的相空间为三维空间,图 3-5 是准周期运动轨线在二维平面的投影。

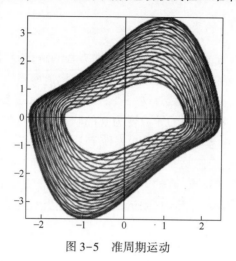

图 3-5　准周期运动

3. 混沌

非线性系统还可能出现一种称为混沌的非常复杂的振荡解。混沌是由确定性系统产生的一种貌似随机的非周期运动。在相空间中,轨线局限在有界空间中运动,两条轨线之间时而接近时而远离,形成的吸引子具有复杂的分形结构。图 3-6 是洛伦兹方程混沌解示例。

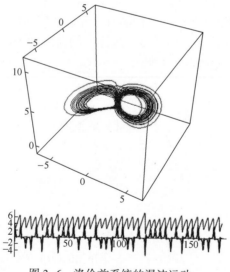

图 3-6　洛伦兹系统的混沌运动

3.2.4　稳定性

一个现实的动态系统,总会不可避免地受到来自环境或系统内部的各种扰动。稳定性是指系统的抗干扰能力。系统的稳定性是一个复杂的问题,可以在不同的层面、从不同的角度理解,常见的有李雅普诺夫意义下的稳定性、庞加莱意义下的稳定性、结构稳定性等。

对于动力学系统,研究单个状态点的稳定性没有意义,应该研究解的稳定性。李雅普诺夫意义下的稳定性是指在系统演化过程中,系统的演化轨迹(系统的解)对初始扰动的敏感程度。解是稳定的是指系统在干扰作用下在初始阶段偏离此解,它能够自动返回此解所表示的运动状态。如果不能,则此解是不稳定的。图 3-7 描述的是解 $x_0(t)$ 的稳定性,它在初始时刻状态为 $x_0(t_0)$。在扰动的作用下,初始状态产生偏离,偏离后的初始状态对应另一个解 $x_0'(t)$。如果经过一段时间后 $x_0'(t)$ 与 $x_0(t)$ 非常接近,则解 $x_0(t)$ 是稳定的(图 3-7(a)),否则是不稳定的(图 3-7(b))。

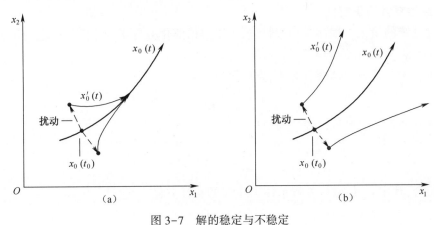

图 3-7 解的稳定与不稳定

李雅普诺夫对微分方程的稳定性问题做出了重大贡献,他于 1892 年提出了一个稳定性的定义:

对于动力学系统 $\dot{x} = f(x)$,每一个初始状态确定它的一个解:

(1) 设 $t = t_0$ 时方程的解为 $x_0(t_0)$,另一受扰动偏离它的解为 $x(t_0)$。如果对于任意小的数 $\varepsilon > 0$,总有一小数 $\eta(\varepsilon, t_0) > 0$ 存在,使得当 $\| x(t_0) - x_0(t_0) \| < \eta$ 时,必有 $\| x(t) - x_0(t) \| < \varepsilon$,$t_0 < t < \infty$,则称解 $x_0(t)$ 是李雅普诺夫意义下稳定的。

(2) 如果解 $x_0(t)$ 是稳定的,且 $\lim\limits_{t \to \infty} \| x(t) - x_0(t) \| = 0$,则称解是渐进稳定的。

(3) 不满足李雅普诺夫稳定的解是不稳定解。

李雅普诺夫稳定性表示在扰动或初始条件发生微小的变化(小于 η)时,在任意时刻扰动后的解与无扰动时解的偏离都不太大(小于 ε)。即小扰动引起小偏离,但并不要求最终消除偏离。在满足稳定性的前提下,如果随着时间增加,扰动解对原解的偏离消失,则原解是渐进稳定的。在不稳定情形下,任何扰动或初始条件的变化就足以使以后的解偏离任意给定的范围(大于 ε)。

以上定义的稳定性都是系统的局部性质,要求在初值的某个邻域内成立。有时需要研究取消局部限制后,任何初态扰动的稳定性,这就是全局稳定性问题。对于李雅普诺夫渐进稳定的定态解,存在定态解附近的一个区域,从该区域的任一点作为初始点,能够最终趋近定态,这个区域就是该定态解的吸引域。如果吸引域是整个相空间,则该定态解是全局稳定的。一般,非线性系统可能有多个定态解,有的定态解稳定,有的定态解不稳定,渐进稳定的定态解将整个相空间划分为若干个吸引域,反映了系统的整体稳定性。

3.2.5　定态解的稳定性判别

根据系统的运动方程求出系统的定态解,对定态解的稳定性进行判断,对于了解系统的演化性质非常必要。然而,定态解是否稳定是一个比较困难的问题,需要较多的数学知识和技巧。对于线性系统,有普遍适用的定态解稳定性判别方法。对于非线性系统,有多种方法可供选择,有的直接进行判定,有的先近似为线性系统后,借助线性系统稳定性判别方法对定态解附近的稳定性做出判断。

1. 线性系统的稳定性

线性系统的演化方程存在一般解法,可以根据演化方程系数矩阵特征根的正、负确定解的稳定性。

对于 n 阶常系数线性微分方程,其向量形式为

$$\dot{X} = AX$$

该方程的任一解都可以表达为形如

$$\sum_{i=0}^{l_i} c_{im} t^m \mathrm{e}^{\lambda_i t}$$

的线性组合,其中 λ_i 是微分方程系数矩阵 A 的特征方程

$$\det|A - \lambda E| = 0$$

的根,l_i 为 0 或正整数,由根 λ_i 的初级因子的次数决定。

解的稳定性取决于特征根的正、负,特征方程 $\det|A - \lambda E| = 0$ 可展开为一个 n 阶代数方程:

$$a_0 \lambda^n + a_1 \lambda^{n-1} + \cdots + a_{n-1} \lambda + a_n = 0$$

求解特征方程,可以得到所有特征根,特征根可用复数表示,特征根实部的符号决定了解的稳定性。当所有特征根实部都为负时,方程的解是渐进稳定的;只要有一个特征根的实部为正,方程的解就是不稳定的。若没有正实部的根,但有零根或零实部的根,方程的解可能是稳定的,也可能是不稳定的,还要看零根或零实部的根初级因子的次数是否为 1 而定。

特征方程是一个代数方程,如果阶次大于 2,求解特征根并不容易。劳斯–霍维茨提出了一个不用求解特征方程,就可以判断特征根的实部是否为负的判据,称为劳斯–霍维茨判据,在分析线性微分方程解的稳定性方面提供了便利方法。劳斯–霍维茨方法根据特征方程构造一系列行列式,通过行列式的正负对解的稳定性做出判断。

设特征方程中 $a_0 > 0$(如果不满足,可以在特征方程上乘以-1),构造一组行列式:

$$\Delta_1 = a_1$$

$$\Delta_2 = \begin{vmatrix} a_1 & a_0 \\ a_3 & a_2 \end{vmatrix}$$

$$\Delta_3 = \begin{vmatrix} a_1 & a_0 & 0 \\ a_3 & a_2 & a_1 \\ a_5 & a_4 & a_3 \end{vmatrix}$$

$$\Delta_4 = \begin{vmatrix} a_1 & a_0 & 0 & 0 \\ a_3 & a_2 & a_1 & a_0 \\ a_5 & a_4 & a_3 & a_2 \\ a_7 & a_6 & a_5 & a_4 \end{vmatrix}$$

$$\vdots$$

$$\Delta_n = \begin{vmatrix} a_1 & a_0 & 0 & 0 & \cdots & 0 \\ a_3 & a_2 & a_1 & a_2 & \cdots & 0 \\ a_5 & a_4 & a_3 & a_4 & \cdots & 0 \\ a_7 & a_6 & a_5 & a_6 & \cdots & 0 \\ \vdots & \vdots & \vdots & \vdots & & \vdots \\ a_{2n-1} & a_{2n-2} & a_{2n-3} & a_{2n-4} & \cdots & a_n \end{vmatrix}$$

线性微分方程的定点是渐进稳定的充要条件是上述所有行列式 $\Delta_i (i = 1,2,\cdots,n)$，都是正的。

例子:某线性微分方程为

$$\begin{cases} \dot{x}_1 = -2x_1 + x_2 - x_3 \\ \dot{x}_2 = x_1 - x_2 \\ x_3 = x_1 + x_2 - x_3 \end{cases}$$

显然,此方程有零解。下面采用劳斯-霍维茨判据判断零解的稳定性。

上式的特征方程:

$$\begin{vmatrix} -2 - \lambda & 1 & -1 \\ 1 & -1 - \lambda & 0 \\ 1 & 1 & -1 - \lambda \end{vmatrix} = 0$$

写成代数方程形式:

$$\lambda^3 + 4\lambda^2 + 5\lambda + 3 = 0$$

构造一组行列式:

$$\Delta_1 = 4 > 0$$

$$\Delta_2 = \begin{vmatrix} 4 & 1 \\ 3 & 5 \end{vmatrix} = 17 > 0$$

根据劳斯-霍维茨判据,所有行列式都为正,所以方程的零解是稳定的。

2. 非线性系统的线性稳定性分析方法

非线性微分方程很少有解析解,也难于分析。判别定态解的一种方法是线性稳定性分析方法,其基本思路:对于非线性方程,可在定态解附近施加小的微扰,考察定态解附近的行为。通过泰勒级数展开,略去高阶项,得到线性近似;然后采用线性方程稳定性分析方法进行稳定性分析,得到非线性方程定态解的局部稳定性结果。

设 $x_{i0}(t)$ 为非线性方程 $\dot{x}_i = f_i(x_j)(i,j = 1,2,\cdots,n)$ 的一个解。为研究此解的稳定性,令 $x_i(t)$ 表示此解附近的另一个解:

$$x_i(t) = x_{i0}(t) + \xi_i(t)$$

将 $x_{i0}(t)$ 称为参考解(参考点), $\xi_i(t)$ 就是对参考解的偏离。为了分析定点的稳定性及其在邻域的表现,通常取定点作为参考点。

如果取参考点为定态点,将上式代入原非线性方程,做泰勒级数展开,略去二次以上的高阶项,可以得到原方程在定态点附近的线性化方程:

$$\dot{\xi}_i = \sum_{j=1}^{n} \frac{\partial f_i}{\partial x_j}\bigg|_{x_j=x_{j0}} \xi_j$$

线性化方程的向量形式:

$$\dot{\boldsymbol{\xi}} = \boldsymbol{A}\boldsymbol{\xi}$$

其中系数矩阵 $\boldsymbol{A}$ 就是原动态方程在定态点处的雅可比矩阵:

$$\boldsymbol{A} = \begin{bmatrix} \dfrac{\partial f_1}{\partial x_1} & \cdots & \dfrac{\partial f_1}{\partial x_n} \\ \vdots & & \vdots \\ \dfrac{\partial f_n}{\partial x_1} & \cdots & \dfrac{\partial f_n}{\partial x_n} \end{bmatrix}_{\boldsymbol{x}=\boldsymbol{x}_0}$$

通过线性方程稳定性分析方法,判断线性化方程在零解处特征根的正负情况,得到其零解的稳定性结论,从而推导出原非线性方程在定态点附近的稳定性。判断依据是线性稳定性定理。

线性稳定性定理:如果非线性方程 $\dot{x}_i = f_i(x_j)$ 的线性化方程 $\dot{\boldsymbol{\xi}} = \boldsymbol{A}\boldsymbol{\xi}$ 的定点是渐进稳定的,则参考点 $x_{i0}(t)$ 是非线性方程的渐进稳定解;如果线性化方程的定点是不稳定的,则参考态也是非线性方程的不稳定解。

3. 李雅普诺夫第二方法

李雅普诺夫给出了两种判别稳定性的方法:一是幂级数展开法,通过系统方程的解来判别系统的稳定性;二是直接方法,不去寻找方程的直接解,而是构造一类特殊性质的函数(称为李雅普诺夫函数),利用函数及其全导数的正定(负定)性判断运动方程解的稳定性。

为判断定点 $\boldsymbol{x}_0$ 的稳定性,在相空间中取 $\boldsymbol{x}_0$ 为原点,引入如下定义:

设 $V(\boldsymbol{x})$ 为在相空间坐标原点的邻域 $D(D: \parallel x_i \parallel < \eta, \eta$ 是一个正的小数) 中的连续函数,而且 $V(\boldsymbol{x})$ 是正定的,即除了 $V(\boldsymbol{0}) = 0$ 外,对 D 中所有其他点都有 $V(\boldsymbol{x}) > 0$。这样的函数称为李雅普诺夫函数。

进一步,定义 $V(\boldsymbol{x})$ 沿动力学方程的解 $\boldsymbol{x}(t)$ 的全导数为

$$\dot{V}(\boldsymbol{x}) = \frac{\mathrm{d}V(\boldsymbol{x})}{\mathrm{d}t} = \sum_{i=1}^{n} \frac{\partial V(\boldsymbol{x})}{\partial x_i} \frac{\partial x_i}{\partial t} = \sum_{i=1}^{n} \frac{\partial V}{\partial x_i} f_i$$

李雅普诺夫给出了用李雅普诺夫函数判断动力学方程稳定性的一组定理。

李雅普诺夫定理:对于动力学方程 $\dot{x}_i = f_i(x_j)(i,j = 1,2,\cdots,n)$,存在李雅普诺夫函数 $V(\boldsymbol{x})$ 是正定的。如果 $\dot{V}(\boldsymbol{x})$ 是负半定的(对于 D 中所有点 $\dot{V}(\boldsymbol{x}) \leqslant 0$),则方程的定点是稳定的;如果 $\dot{V}(\boldsymbol{x})$ 是负定的(除 $\dot{V}(\boldsymbol{0}) = 0$,对于 D 中所有点 $\dot{V}(\boldsymbol{x}) < 0$),则方程的定点是渐进稳定的;如果 $\dot{V}(\boldsymbol{x})$ 是正定的(除原点外,$\dot{V}(\boldsymbol{x}) > 0$),则方程的定点是不稳定的。

需要说明的是,李雅普诺夫定理是根据 $V(\boldsymbol{x})$ 和 $\dot{V}(\boldsymbol{x})$ 的正定/负定性质进行稳定性判断。在上述关于李雅普诺夫函数的定义以及定理中,可以将 $V(\boldsymbol{x})$ 和 $\dot{V}(\boldsymbol{x})$ 的正、负做相应的对换,定理仍成立。

例子:有动力学方程

$$\begin{cases} \dot{x}_1 = x_1 x_2 - x_1^3 + x_2 \\ \dot{x}_2 = x_1^4 - x_1^2 x_2 - x_1^3 \end{cases}$$

显然原点(0,0)是定点。

首先构造李雅普诺夫函数,在 (x_1, x_2) 平面上定义 V 函数:

$$V(x_1, x_2) = \frac{1}{4} x_1^4 + \frac{1}{2} x_2^2$$

易知该函数是正定的。

然后,沿方程求 V 函数的全导数:

$$\dot{V}(x_1, x_2) = x_1^3 (x_1 x_2 - x_1^3 + x_2) + x_2 (x_1^4 - x_1^2 x_2 - x_1^3) = - x_1^2 (x_1^2 - x_2)^2 \leqslant 0$$

可见, $\dot{V}(\boldsymbol{x})$ 是负半定的,所以方程的解(0,0)是稳定的。

李雅普诺夫定理在理论上有重要价值,只要在李雅普诺夫函数的定义域范围内,就可以进行全局或局部的讨论。但是定理并没有给出李雅普诺夫函数的一般求法,如果找不到这样的函数,也就无法运用这一定理。对于一些简单或特殊情况,有求李雅普诺夫函数的方法,如对许多力学系统,可以用系统的总能作为这样的函数,但没有普遍适用的求李雅普诺夫函数的方法,因此在实际使用时有很大的限制,主要用于理论分析。

3.2.6　定态解的类型

对于线性方程,或者对非线性方程在定点附近进行线性化后,可以根据系数矩阵特征值的符号性质将定态解分为不同的类型。对于一维系统,可以通过积分求解,稳定性容易讨论,而高维系统非常复杂。二维系统是一种比较简单的情况,定态解的性质容易分析,其结果可以推广到高维情形。

给定二维非线性微分方程组:

$$\begin{cases} \dot{x}_1 = f_1(x_1, x_2) \\ \dot{x}_2 = f_2(x_1, x_2) \end{cases}$$

设其定态解为 (x_1^0, x_2^0),在定态解附近按上节讲过的方法进行线性化,得到线性化方程:

$$\begin{cases} \dot{\xi}_1 = a_{11} \xi_1 + a_{12} \xi_2 \\ \dot{\xi}_2 = a_{21} \xi_1 + a_{22} \xi_2 \end{cases}$$

式中: $a_{ij} = \left(\dfrac{\partial f_i}{\partial x_j} \right) \bigg|_{x = x_0}$ 。

特征根所满足的方程为

$$\lambda^2 - T\lambda + \Delta = 0$$

式中: $\Delta = a_{11} a_{12} - a_{12} a_{21}$ 为系数矩阵的行列式; $T = a_{11} + a_{22}$ 为系数矩阵的迹。

二次方程的两个特征根为

$$\lambda_{1,2} = \frac{T \pm \sqrt{T^2 - 4\Delta}}{2}$$

根据 Δ 和 T 的取值不同从而特征根取值不同,进一步可以对方程定态解的稳定性进行分析,还可以对定态解进行分类。

(1) $\Delta > 0, T^2 - 4\Delta \geqslant 0$ 情形。两个特征根都是实根,而且符号相同。这样的定点称为结点。如果 $T < 0$,则解将按指数衰减,是稳定结点,如图 3-8(a) 所示。如果 $T > 0$,则解将按指数形式增大,远离定点,是不稳定结点,如图 3-8(b) 所示。

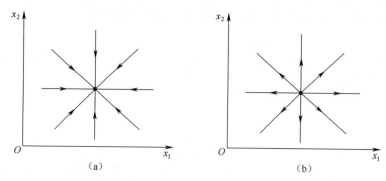

图 3-8　稳定结点和不稳定结点

(2) $\Delta > 0, T^2 - 4\Delta < 0$ 情形。两个特征根都是复数,其虚部表示振荡过程,实部表示振荡的振幅。这样的定点称为焦点。如果 $T < 0$,则解的振幅按指数衰减,是稳定焦点,如图 3-9(a) 所示。如果 $T > 0$,则解的振幅按指数形式增大,远离定点,是不稳定焦点,如图 3-9(b) 所示。

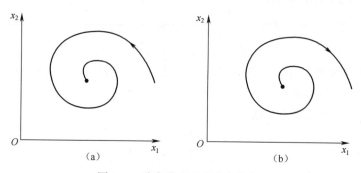

图 3-9　稳定焦点和不稳定焦点

(3) $T = 0, \Delta > 0$ 情形。这时两个特征根都是虚数,解是等幅振荡,在相平面上的轨线是一些闭曲线。这样的定点称为中心点。中心点邻域的轨线是闭曲线而不趋于它,因此是李雅普诺夫稳定的,但不是渐进稳定的,如图 3-10 所示。

(4) $\Delta < 0$ 情形。这时两个特征根都是实数,其中一个为正,另一个为负,从而这种奇点在相平面上一个方向是稳定的,另一个方向是不稳定的。相平面上的轨线类似马鞍的形状,因此这样的定点称为鞍点,如图 3-11 所示。

以上情形分属于 $\Delta - T$ 平面的不同区域,如图 3-12 所示。

在这些定点中,如果其邻域中的所有解最终都要趋于它,则这样的定点为收点(汇)。

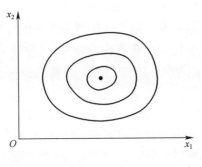

图 3-10　中心点

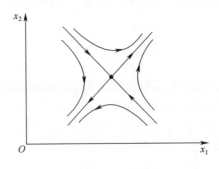

图 3-11　鞍点

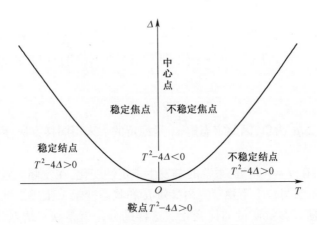

图 3-12　二维非线性方程定点的分区类型

具有渐进稳定性的稳定结点和稳定焦点都是收点。反之,如果一个定点邻域中的所有解都要远离它,则这样的定点为发点(源)。不稳定结点和不稳定焦点就是发点。

3.3 分　岔

3.3.1 分岔现象

对于同一非线性方程,如果其中的参量取值不同,解的性质可能会发生定性上的变化。一般来说,对于非线性动态方程,用 μ 表示其中的参量,可以把方程写成

$$\dot{x} = f(x, \mu), x \in \mathbf{R}^n$$

如果参量 μ 在某一值 μ_c 附近发生微小变化将引起解的性质发生突变(如解的个数、解的类型、解的稳定性等发生变化),此现象称为分岔(又称分叉、分支、分歧等)。此临界值 μ_c 称为分岔值。在以参量 μ 为坐标的轴上,$\mu = \mu_c$ 称为分岔点,而不引起分岔的点称为常点。

分岔是非线性系统才会出现的现象,一个线性微分方程只有一个定态解,方程的解随着参数的变化而变化,或趋于无穷或趋于定态解,解的性质不会发生突变。而对于非线性微分方程,可能具有多个定态解、周期解、混沌解等,随着参数变化,解的性质可能会发生巨大的变化,系统的结构是不稳定的。

对于分岔现象,涉及参量的变化以及解的形态,一般需要在参量—状态构成的乘积空间中讨论。

3.3.2　分岔类型

单参数、单状态变量的一阶微分系统比较简单,只有定态解。研究表明,这样的系统共有鞍—结点分岔、跨临界分岔和超临界分岔三种类型,下面结合例子做简单介绍。

1. 鞍—结点分岔

对于简单的非线性微分方程

$$\dot{x} = \mu - x^2$$

显然,当 $\mu < 0$ 时,方程无定态解。

当 $\mu > 0$ 时,方程有两个解:$x_1 = \sqrt{\mu}$,$x_2 = -\sqrt{\mu}$。对这两个定态解采用线性化方法分析其稳定性。对 $x_1 = \sqrt{\mu}$,将 $x = \sqrt{\mu} + \xi$ 代入原方程,在 $\sqrt{\mu}$ 附近展开并忽略高阶项,得到线性化方程

$$\dot{\xi} = -2\sqrt{\mu}\xi$$

可见,特征根 $\lambda = -2\sqrt{\mu}$ 为负,因此定态解 x_1 是稳定的。采用同样方法,可知定态解 x_2 是不稳定的。

综合以上分析,在 $\mu = 0$ 附近,系统的解发生了定性变化,在左侧无定态解,在右侧有两个定态解,一个稳定,另一个不稳定。由参量 μ 和状态变量 x 张成二维的乘积空间,在其中考察解的性质随着参量变量如何变化。这样的分岔就是鞍—结点分岔,如图 3-13 所示。

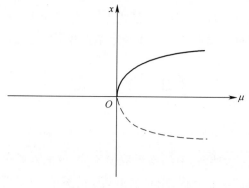

图 3-13　鞍—结点分岔

2. 跨临界分岔

对于非线性微分方程

$$\dot{x} = \mu x - x^2$$

无论参量 μ 取何值,方程都有两个定态解: $x_1 = 0$, $x_2 = \mu$。对这两个定态解采用线性化方法分析其稳定性。对于 $x_1 = 0$,将 $x = x_1 + \xi$ 代入原方程,在定态解附近展开并忽略高阶项,得到线性化方程

$$\dot{\xi} = \mu\xi$$

当 $\mu < 0$ 时,定态解 x_1 稳定;当 $\mu > 0$ 时,定态解 x_1 不稳定。

对于定态解 $x_2 = \mu$ 进行线性稳定性分析,得到线性化方程

$$\dot{\xi} = -\mu\xi$$

当 $\mu < 0$ 时,定态解 x_2 不稳定;当 $\mu > 0$ 时,定态解 x_2 稳定。

综合以上分析,可见 $\mu = 0$ 是分岔点,在参数从负增大跨越分岔点时,两个定态解的稳定性发生变化,但变化方式相反,定态解 x_1 由稳定变为不稳定,而定态解 x_2 由不稳定变为稳定。这样的分岔称为跨临界分岔,如图 3-14 所示。

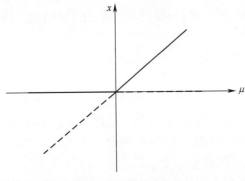

图 3-14　跨临界分岔

3. 超临界分岔

某一维系统运动方程为

$$\dot{x} = \mu x - x^3$$

定态解方程为 $\mu x - x^3 = 0$。

当 $\mu < 0$ 时,方程只有一个实数解 $x = 0$。当 $\mu > 0$ 时,方程有三个解: $x_1 = 0$, $x_2 = \sqrt{\mu}$, $x_3 = -\sqrt{\mu}$。可以证明,此时 x_1 是不稳定的, x_2、x_3 是稳定的。

综合以上分析, $\mu = 0$ 是分岔点,当 μ 从负数增大,在跨越 0 点后,系统的定态解从一个变为三个,定态解 $x = 0$ 由稳定变为不稳定。说明系统的定性性质发生剧烈变化。这种分岔称为超临界分岔(又称叉式分岔),如图 3-15 所示。

以上讨论的是单参量单变量一阶微分系统的三种分岔类型。当参数有两个以上、变量较多、方程阶数大于二阶时,系统解的类型以及变化情况非常复杂。例如,方程阶数增加后,方程的解的类型不限于定态解,还可能有周期解、准周期解、混沌解等,对这些解的演化描述以及稳定性分析需要更复杂的技术,分岔的类型更多,比较重要的有单焦点分岔为极限环、单极限环分岔、环面分岔、有序吸引子分岔出奇异吸引子等。

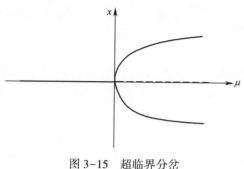

图 3-15　超临界分岔

3.4　混　沌

3.4.1　混沌理论产生与发展

混沌是由确定性的非线性动力系统所产生的一种貌似无规则、类似随机的现象，是自然界和人类社会中普遍存在的一种运动形态。混沌运动貌似随机，没有明显的周期性和对称性，但混沌又不是简单的无序，而是具有丰富的内部结构。混沌现象的发现对哲学和科学产生了重大影响。

长期以来，人们认为确定性系统的演化应该是简单的，经过一段时间后系统将演化到平衡态、周期态、准周期态等相对简单的运动形式，没有更复杂的运动形式。人们还将确定性与可预测性联系在一起，认为确定性系统的未来是完全可以预测的。即使发现一些确定性系统出现混乱无序的运动形态，也简单地把它看作噪声，没有意识到这种貌似混乱无序的运动形式可能具备的精细内部结构，尽管一些哲学家和科学家在不同程度上对混沌现象有所认识，但并未达到科学程度。

第一位真正发现混沌现象的是法国著名数学家庞加莱，他在 20 世纪初研究三体运动问题时，发现太阳系三体系统的运动非常复杂，在双曲点附近有无限复杂精细的"栅栏"结构，确定性方程的某些解具有不可预见性，这实际上指出了确定性系统有出现混沌的可能。但是限于当时的数学基础以及缺乏计算机这样的探索工具，这种无限复杂的结构在当时无法得到透彻理解。20 世纪 50—60 年代，KAM 定理有关的研究表明，可积系统和满足 KAM 定理条件的近可积系统只能做规则运动，要发现混沌运动，必须到不满足 KAM 定理两个条件的系统中去寻找。1963 年，美国气象学家洛伦兹在研究简化的大气热对流方程时，通过计算机数值计算发现这一系统有初值敏感性，确定性的系统出现了非周期行为，第一次揭示了混沌现象的真实存在。后来洛伦兹在美国科学促进会一次演讲中用"蝴蝶效应"一词表示混沌，引起社会的广泛关注。60—80 年代是混沌理论的创建期，一些学者从物理、数学、生物学等各个领域展开研究，基本构建了混沌理论的框架。其中比较著名的有生物学家 May 对 Logistic 方程的研究，揭示了一个简单的确定性非线性系统具有极其复杂的动力学行为；费根鲍姆发现混沌现象乱中有治，混沌系统存在普适常数，将混沌从定性研究推进到定量研究。李天岩和约克（J. Yorke）证明"周期三意味着混沌"，将混沌作为一个学术名词使用，作为这一时期一系列相关研究的中心概念。数学家 Smale 将拓扑折叠与混沌的出现联系起来，提出 Smale 马蹄这一形象的表示，与其他数学家一起发展了微分动力学理论,成为研究混沌的有力工具。

混沌理论初步建立起来之后,成为非线性科学的重要组成部分,是探索系统运动复杂性的基本工具。20 世纪 80—90 年代以后,混沌理论仍然以惊人的速度发展,并在很多领域得到应用,如在工程领域研究混沌电路、混沌控制、混沌系统的同步与反同步、混沌保密通信,在社会经济领域研究宏观经济运动、股票市场的波动等。

3.4.2 混沌定义

混沌或浑沌一词在古代中国和希腊神话中就已经出现,几千年来混沌一词的含义在不同的文化和学科领域含义并不相同。古代对混沌的理解包含丰富的哲学思考,对现代科学发展有一定的启发意义。但只有在非线性动力学中,人们对混沌进行了精确的数学定义,目前一般认为混沌是确定性的系统表现出的具有随机性的运动。

1975 年李天岩和约克发表了一篇论文"周期三蕴含着混沌",第一次对混沌做出了数学定义,将混沌看作非线性系统一种特殊的运动状态,由此开启了用严格的数学方法研究混沌的先河。后来又出现了多个关于混沌的定义,这些定义有所差别,逻辑上也并不等价,但蕴含着基本相同的本质。

Li-Yorke 定理:设 $f(x)$ 是闭区间 $[a,b]$ 上的连续自映射,若 $f(x)$ 有 3 周期点,则对任意正整数 n,$f(x)$ 有 n 周期点。

Li-Yorke 对混沌的定义:闭区间 I 上的连续自映射 $f(x)$,如果它满足以下条件,则可确定它有混沌现象:

(1) $f(x)$ 的周期点的周期无上界。

(2) 闭区间 I 上存在不可数子集 S,满足:

① 对任意 $x,y \in S$,当 $x \neq y$ 时,有

$$\limsup_{n \to \infty} |f^n(x) - f^n(y)| > 0$$

② 对任意 $x,y \in S$,有

$$\liminf_{n \to \infty} |f^n(x) - f^n(y)| = 0$$

③ 对任意 $x \in S$ 和周期点 y,有

$$\limsup_{n \to \infty} |f^n(x) - f^n(y)| > 0$$

Li-Yorke 定理讨论的是闭区间上的连续映射,但所揭示的混沌特性是具有普遍意义的。Li-Yorke 混沌定义的第一条是说对于闭区间上的连续自映射,可以找到周期任意大的周期点,即对于任意正整数 n,总存在 $f^n(x) = x$ 的周期点,且周期点的周期无上界。定义的第二条描述了从 S 中不同初始点出发进行迭代所产生的演化轨道的特性,其中第一点说明从 S 中不同的两个点开始迭代产生的两条轨道有时要相互分离。第二点是说两条轨道有时会无限靠近。综合这两点说明两条轨道时而靠近、时而分离,序列的距离在一个正数和零之间飘忽不定。第三点是说周期轨道不是渐进的,从 S 中的任何一点出发的轨道不会最终收敛到周期轨道上。

Li-Yorke 混沌定义是高度抽象的数学定义,判断条件缺乏直观性,不利于工程应用。1989 年,Devaney 从拓扑角度给出一个关于混沌的定义,应用范围较广。Devaney 给出的混沌定义[4]:

设 X 是一紧致的度量空间，$f: X \rightarrow X$ 是连续映射，如果满足下列三个条件：

（1）f 是拓扑传递的；

（2）f 的周期点在 X 中稠密；

（3）f 具有对初始条件的敏感依赖性。

称 f 是在 X 上的一个混沌映射。

对于 Devaney 的这一定义，后来 Banks 等证明了从（1）和（2）可以推出（3），因此条件（3）可以去掉。

3.4.3 典型的混沌系统：Lorenz 系统

1963 年美国气象学家洛伦兹（Lorenz）在研究区域小气候时，建立了简化的、截断的微分方程组，用计算机求解时发现了混沌运动，在混沌学的历史上具有里程碑意义。Lorenz 方程是一个简化的大气热对流运动方程，形式为

$$\begin{cases} \dot{x} = -\sigma(x-y) \\ \dot{y} = -xz + rx - y \\ \dot{z} = xy - bz \end{cases}$$

式中：x,y,z 为状态变量；σ,r,b 为控制变量，都是无量纲、正的变量。

洛伦兹利用计算机求解此方程，当控制参量 $\sigma = 10, b = 8/3$ 时，只要 $r > 24.74$，解就会变得混乱不规则，且解很不稳定，对初始条件非常敏感。

在参数取不同值时，Lorenz 方程的演化特性有所不同。一般固定控制参量 $\sigma = 10, b = 8/3$，令 r 变化。当 $r < 1$ 时，系统趋向无对流的定态；当 $1 < r < 1.3456$ 时，趋于两个稳定定态之一；当 $1.3456 < r < 13.9656$ 时，按螺旋线趋于某个定态，形成规则花纹；当 $r < 24.06$ 时，出现暂态混沌，最终趋于某个定态；当 $24.06 < r < 24.74$ 时，混沌；当 $r > 24.74$ 时，一般情况下混沌，但也有少数特殊情况下周期运动。

取 $\sigma = 10, b = 8/3, r = 28$ 进行计算，在相空间得到解轨迹，得到奇怪吸引子，就是 Lorenz 吸引子，类似蝴蝶的两扇翅膀，如图 3-16 所示。

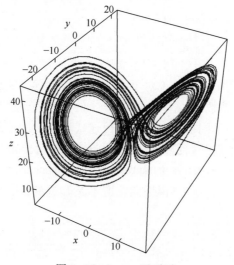

图 3-16 Lorenz 吸引子

在这种参数配置下,系统从任何初始状态开始,经过一段过渡过程之后,最终进入吸引子区域,即奇怪吸引子是全局吸引的。系统在混沌区域的运动貌似随机,在两叶之间随机转换,很难预测系统的准确状态。

对于初始条件非常接近的两条轨迹,在经过一段时间后,系统运动轨迹不再有相关性。例如取 x 初值差别为 0.1,随着时间增加,x 的差距变化情况如图 3-17 所示。

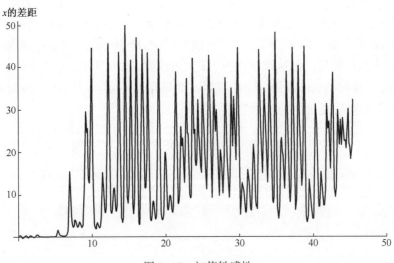

图 3-17　初值敏感性

3.4.4　典型的混沌系统:Logistic 映射

前面主要讨论连续动力学系统,与此相对的还有离散动力系统。离散动力系统的数学形式有多种,较常用的是差分方程。在混沌学中,比较简单又能充分揭示混沌特征的典型系统是 Logistic 映射[5]。

1. Logisitic 方程

生态学家在研究昆虫的种群数量变化时建立了 Logisitc 模型。考虑一种代际无交叠的昆虫,下一代的昆虫数量取决于当代昆虫的数量,同时要考虑当代昆虫之间的竞争、环境承载能力等抑制因素,抽象并规范化为以下模型:

$$x_{n+1} = F(x_n) = \mu x_n (1 - x_n)$$

式中:x_{n+1} 为下一代昆虫数量;x_n 为当代昆虫数量;昆虫数量 $0 \leqslant x_i \leqslant 1$。参数 $0 \leqslant \mu \leqslant 4$,以保证种群数量从[0,1]区间映射到[0,1]区间。

从数学形式上看,Logistic 虫口模型是一个非常简单的非线性差分方程,长期以来人们认为其动力学行为应该非常简单。May 的研究却发现这样的简单的确定性方程能够表现出惊人的复杂行为。

对于 Logistic 方程需要从多个角度研究其动力学特性。首先,固定参数 μ,给定不同的初值 x_0,系统有哪些类型的演化行为? 是否有不动点、周期点,它们是否稳定? 更进一步,当参数 μ 变化时,系统的动力学特性是否会发生变化,在临界点附近系统的突变行为是怎样的? 等等。

2. 不动点及其稳定性

对于虫口数量演化,首先关注的是在一定的环境条件下虫口数量是否能达到稳定的不变数量,即经过一段暂态过程后 $x_{n+1} = x_n$。这种在迭代中不变的点称为映射的定点(不动点)。

有一种形象的求取不动点的作图方法称为蛛网法,能够直观地显示达到不动点的过程,以加深对迭代动力学过程的理解。方法是:以 x_n 为横轴,以 x_{n+1} 为纵轴,过原点做分角线 $x_{n+1} = x_n$,曲线 $x_{n+1} = F(x_n)$ 与分角线的交点就是不动点。

从任意初始值 x_0 出发,可以利用蛛网法得到虫口数量的变化序列,如图 3-18 所示。在横坐标上通过 x_0 做竖线与曲线 $x_{n+1} = F(x_n)$ 相交,交点的纵坐标即为 x_1,从交点做平行于横轴的直线,与分角线相交后,从交点做竖线,与横坐标的交点的坐标就是$(x_1, 0)$,x_1 就是第一代虫口数量。再从此处出发,按上述步骤,就得到第二代虫口数量 x_2,…,如此继续进行,就得到了虫口数量的变化序列。如果存在不动点 x^*,则一段时间后虫口数量达到 x^*,不再发生变化。

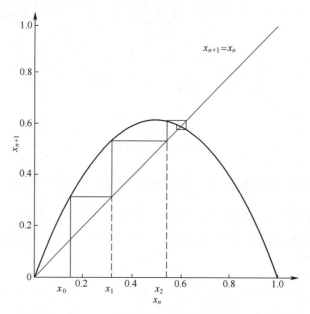

图 3-18 蛛网法分析虫口数量变化

显然,不动点 x_f 应该满足方程

$$x_f = F(x_f) = \mu x_f(1 - x_f)$$

解此方程得到两个不动点:0,$1 - 1/\mu$。第一个 0 解为平凡解,下面主要讨论第二个不动点 $x_f = 1 - 1/\mu$ 及其稳定性。

假设在不动点 x_f 处有外部扰动,产生小偏离 ε_n,即

$$x = x_f + \varepsilon_n$$

则有

$$x_{n+1} = x_f + \varepsilon_{n+1} = F(x_f + \varepsilon_n)$$

按泰勒公式展开,忽略二阶以上高阶项,得到

$$x_f + \varepsilon_{n+1} \approx F(x_f) + F'(x_f)\varepsilon_n$$

因为在不动点处有 $x_f = F(x_f)$,所以上式化简为

$$\varepsilon_{n+1} = F'(x_f)\varepsilon_n$$

稳定就是要求偏离越来越小,因此不动点的稳定条件为

$$\left| \frac{\varepsilon_{n+1}}{\varepsilon_n} \right| = \left| F'(x_f) \right| < 1$$

也就是要求不动点处曲线 $x_{n+1} = F(x_n)$ 的斜率的绝对值小于1。

对于 Logistic 方程第一个不动点 $x_f = 0$,在不动点处 $F'(x_f = 0) = \mu$,所以当 $\mu < 1$ 时,这个不动点是稳定的。

对于 Logistic 方程第二个不动点 $x_f = 1 - 1/\mu$,因为要求 $0 \leq x_f \leq 1$,则只有 $\mu \geq 1$ 时该不动点才有实际意义。该不动点稳定的临界条件为

$$\mu - 2ux_f = \pm 1$$

解出此临界条件下的 μ 值:$\mu = 1$ 和 $\mu = 3$,这个不动点稳定的条件为

$$1 < \mu < 3$$

当 $\mu > 3$ 时,出现更复杂情况。

3. 倍周期分岔到混沌

利用前面讨论的 Logistic 方程不动点及其稳定性的结论,可知当控制参量 $0 \leq \mu \leq 4$ 时系统的演化特性。

1) $\mu < 1$

此时只有不动点 $x_f = 0$,并且是稳定的。即系统从任何初始值出发,经过一段时间后,必然收敛到0。即物种最终会灭绝。

2) $1 < \mu < 3$

此时有一个稳定的不动点 $1 - 1/\mu$ 。系统从一个非0的初值出发,经过一段时间,必然收敛于不动点 $1 - 1/\mu$ 。即物种数量保持常量。随着 μ 的不同,不动点的数值发生变化,但动态演化过程没有定性上的不同。

3) $3 < \mu < 3.4494897\cdots$

当 $\mu > 3$ 时,系统没有稳定的不动点,但会出现二周期点,即随着时间增加,交替出现两个定点(周期2,记为2P)。如图3-19所示。

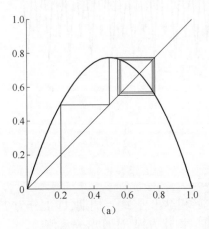 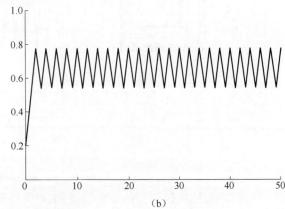

(a)　　　　　　　　　　　　　(b)

图 3-19　两点周期

(a)蛛网图;(b)时间序列图。

两点周期中的两点满足 $x_{n+2} = x_n$,即

$$x = T(x) = F(F(x))$$

将 Logistic 方程代入,展开得到

$$x = \mu^2 x [1 - (1 + \mu)x + 2\mu x^2 - \mu x^3]$$

这是一个四次方程,有四个根。因为 $F(F(x)) = x$ 的根包含 $F(x) = x$ 的两个根,所以该方程的四个根包含两个不动点 $x_0 = 0$, $x_1 = 1 - 1/u$,但这两个根都是不稳定的。因此,两点周期中的两点就是另外两个根,解出这两个根:

$$x_{2,3} = \frac{1}{2\mu}[1 + \mu \pm \sqrt{(\mu + 1)(\mu - 3)}]$$

两点周期也有稳定性问题,与定点的稳定性条件类似,其稳定条件为

$$|T'(x)| < 1$$

根据复合函数求导法则,以及 Logistic 方程,综合化简后得到

$$\left(\frac{\partial F^2}{\partial x}\right)\bigg|_{x_{2,3}} = -\mu^2 + 2\mu + 4$$

由临界条件 $\frac{\partial F^2}{\partial x} = \pm 1$,得到两点周期的临界值为

$$\mu_1 = 3$$
$$\mu_2 = 1 + \sqrt{6} = 3.4494897\cdots$$

表明两点周期只有在 $\mu_1 < \mu < \mu_2$ 时出现,此时两个根是稳定的;否则,这两个根是不稳定的。

4) $3.4494897\cdots < \mu < 3.544090\cdots$

如果 $\mu > \mu_2$,上面得到的两周期点就变为不稳定的,但接着会出现四周期点,即经过一段暂态后,x 交替地取四个不同的值,如此重复出现,即 4 点周期,记为 4P,如图 3-20 所示。四周期点也可采用类似方法构建方程解出,此处不再详细写出。

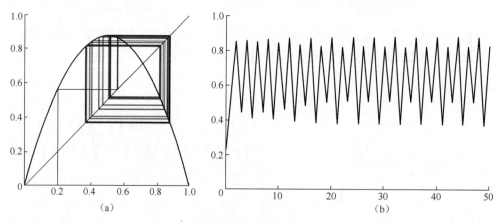

图 3-20 4 点周期

(a)蛛网图;(b)时间序列图。

以此类推,随着控制参量 μ 继续增加,4 点周期之后相继出现 2^n 点周期,即 1 分为 2,2 分为 4,4 分为 8,……,即出现倍周期分岔,相应地可以构建方程,计算出分岔值。

5) $\mu > \mu_\infty = 3.569691610\cdots$

随着控制参量的增加,周期最终变为无穷大,这时 x 不具备周期性,在一定范围内是随机的,这样的非周期行为也就是混沌,如图 3-21 所示:

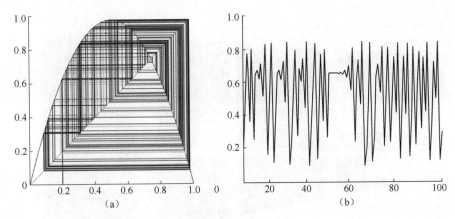

图 3-21　混沌运动

(a)蛛网图;(b)时间序列图。

综合以上讨论,以控制参量 μ 为横坐标,以 x 为纵坐标,将所有的稳定周期点随着控制参量的变化绘制在一张图上,得到 Logistic 映射的倍周期分岔图,如图 3-22 所示。

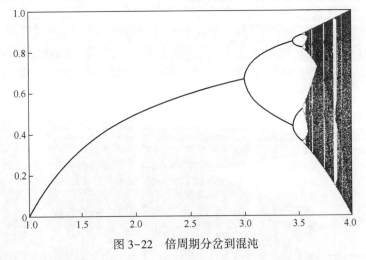

图 3-22　倍周期分岔到混沌

4. 混沌中的有序结构

混沌是由确定性方程迭代而来的,它并不像白噪声那样完全混乱无规,实际上混沌具有复杂的内部结构,有一定的秩序。

1) 混沌带倍周期逆分岔

在 Logistic 分岔图的最右侧,对控制参数的每个取值,x 的取值是连续地连在一起的,形象地构成一个带。但是在参数值 3.6786 处向左,x 的取值不再连续在一起,而是分裂为两个带,它表示映射使 x 的取值交替出现在两个值域中。再往左,x 的取值又分为四个带。如此下去,x 的取值依次分为 8 个带、16 个带、…,直到 μ_∞ 为止。这些带分别称为 1I(1 带混沌),2I(2 带混沌),4I(4 带混沌),…,2^mI(2^mI 带混沌)。此处的 I 表示逆向(inverse)的意思。因此 μ_∞ 是从左向右的倍周期分岔序列与从右向左的混沌带逆分岔从两侧收敛的共同极限,如图 3-23 所示。

2) 混沌带中的周期窗口

即使在混沌区,也不是完全连成一片,其中还存在狭窄的周期窗口,表明在控制参数

89

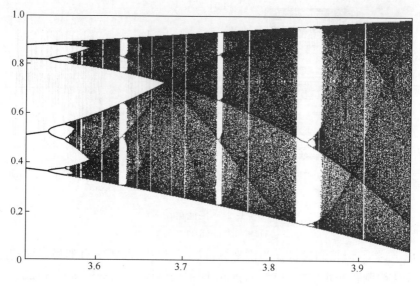

图 3-23 混沌带

取特殊值时,系统仍会出现周期行为。如 $\mu = 3.83$ 处存在周期 3 窗口(3P),在 1I 带内从 3P 往左还有 5P、7P、9P、…窗口。在 2I 带内部,从右向左有 2×3P、2×5P、2×7P、…窗口。在 4I 带内部,从右向左有 4×3P、4×5P、4×7P、…窗口,如此等等,如图 3-24 所示。

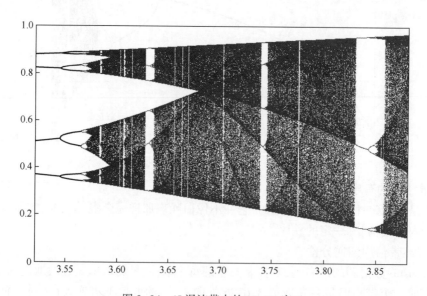

图 3-24 1I 混沌带中的 3P、5P 窗口

3)自相似结构

倍周期分岔是一种自相似结构。另外,在混沌区也存在自相似结构。将周期窗口放大,也具有像系统整体那样从倍周期分岔到混沌的相似结构,如图 3-25 所示。可见这种二级结构与原来的一级结构非常相似,也存在从左到右的倍周期分岔与从右向左的混沌带逆分岔。如果把这个二级结构的局部再放大,得到的三级结构仍然具有相似性。如此进行下去,可以得到结构相似的各级结构。因此,混沌区中存在无穷层次的相似性。

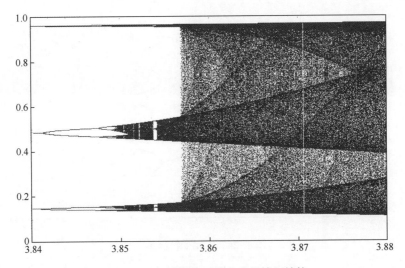

图 3-25 3P 周期窗口放大后的精细结构

上述混沌区的特征是从 Logistic 模型得到的,但具有相当大的普遍性。这类倍周期分岔序列和混沌结构在很多复杂的非线性系统中经常出现。

5. 费根鲍姆常数

美国物理学家费根鲍姆(M. J. Feigenbaum)对 Logistic 映射等倍周期分岔通向混沌的过程进行了大量计算,发现倍周期分岔过程不仅形式上非常相似,而且存在普适的定量规律,倍周期分岔是一个几何收敛过程,存在一个常数。

费根鲍姆发现在倍周期分岔过程中,相邻分岔点对应的控制参数 μ 之间的间距 $\Delta\mu_n = \mu_{n+1} - \mu_n$ 随着 n 的增加而减小,相邻分岔点间距之比收敛于一个无理数上,即

$$\delta = \lim_{n \to \infty} \frac{\mu_n - \mu_{n-1}}{\mu_{n+1} - \mu_n} = 4.6692016091029\cdots$$

式中:δ 为费根鲍姆常数。

不仅 Logistic 映射存在常数 δ,实际上只要 $f(x)$ 是单峰映射,且具有连续的一阶导数,在极值处二阶导数不为 0,则这样的映射迭代产生的倍周期分岔过程,总存在常数 δ,因此 δ 是一大类单峰迭代系统的普适常数。

不仅倍周期分岔过程存在普适常数 δ,混沌区的 2^nI 逆向分带也是一个倍周期分带过程,这个过程也像倍周期分岔一样几何收敛。自右向左,各混沌带交界点间距之比趋于同一个常数 δ。

在倍周期分岔级联过程中,次级分岔在形式上是上一级分岔的重复,只是分岔后两分支之间的间距变小了。由于两分支的间距随着 μ 的不同而不同,一般计算在超稳定点 $x = \frac{1}{2}$ 处的两分支间距,相邻分岔两分支之间的间距 d_n 之比收敛于一个常数:

$$\alpha = \lim_{n \to \infty} \frac{d_n}{d_{n+1}} = 2.502907876\cdots$$

式中:α 为费根鲍姆第二常数,也称标度变换因子。标度变换因子的计算原理如图 3-26 所示。

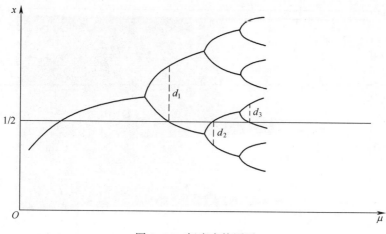

图 3-26　标度变换因子

3.4.5　混沌运动的特征

混沌运动是非线性系统表现出的一种非常复杂的运动形态。混沌运动给人的第一印象是混乱无序,但在似乎混乱的表象下又存在复杂、精致的内部结构和规律,是一种貌似无序的复杂有序,可以从变与不变两个角度辩证看待。

首先混沌运动有变的一面,突出表现在四个方面:

(1) 有界性。混沌运动是类似随机的变化,但这一变化过程是有界的,既不收敛又不发散。迭代轨线始终处于一个有界的区域(混沌吸引域)。因此,从整体上说,混沌是稳定的,"混沌乱在内部"。

(2) 各态历经性。混沌运动在其混沌吸引域中是各态历经的,即在有限时间内混沌轨道经过混沌区中的每个状态点。

(3) 内禀随机性。混沌系统是确定性系统,但在施加确定性的输入后,产生类似随机的运动状态,这种随机性不是由系统外部输入的,而是系统内部产生的,是系统对初值敏感造成的,体现了混沌运动的局部不稳定。

(4) 初值敏感性。系统长期行为敏感地依赖于初始条件是混沌运动的一个本质特征。初始条件非常接近的两条轨道,在大于临界时间后,初值的任何偏离都会被放大,两条轨道指数式分离。

另外,混沌运动又有不变的方面,表现在:

(1) 普适性。不同的非线性系统走向混沌以及在混沌区域有惊人的共性,这些共性并不依据系统的方程或参数而改变。特别是对于一类单峰非线性映射,费根鲍姆发现了两个常数,表明混沌运动有其深刻的内在共性。

(2) 自相似。在混沌区存在无穷层次的自相似结构。混沌系统在相空间的轨迹,在某个有限区域内放大后会出现类似高层的结构,表现出非线性系统的不变性。

(3) 标度性。混沌是无序中的有序,只要数值计算的精度足够高,总可以在小尺度的混沌域中观察到有序运动。

(4) 统计性。在统计意义上存在不变性,包括正的李雅普诺夫特征指数和功率谱的不变性。

3.4.6 通往混沌的道路

混沌运动是确定性非线性系统的一种复杂的运动形态。当系统的参数处于某个范围时,可能出现混沌。理论研究表明,产生混沌的途径主要有四种:

(1) 倍周期分岔:这是一条通往混沌的典型道路。一个系统一旦发生倍周期分岔,则必然导致混沌。Logistic 映射就是一个这样的例子。不仅 Logistic 系统如此,Duffing 系统、Hennon 系统也是如此。

(2) 阵发混沌:又称为间歇混沌,指时间域中系统的规则行为与不规则行为的随机交替出现,是法国数学家 Pomeau 和 Manneville 提出的一条通往混沌之路,也称为 PM 类阵发道路。流体中的湍流现象就是一种典型的阵发混沌,当管道中的流体的流速达到某个临界值时,流体较长时间尺度的规则运动和较短时间尺度的无规则运动交替出现。

(3) 准周期运动到混沌:准周期运动进入混沌的典型道路公认的是不动点→极限环(周期运动)→二维环面(准周期运动)→奇异吸引子(混沌)。

(4) KAM 环面破裂:KAM 定理指出,近 Hamilton 系统的轨线分布在一些环面(KAM 环面),它们一个套在一个外面,两个环面之间充满混沌区。对于不可积 Hamilton 系统,在鞍点附近发生很大变化:鞍点连线破断,并在鞍点附近产生剧烈振荡,这种振荡等价于 Smale 马蹄结构,从而引起混沌。

3.5 复杂适应系统

3.5.1 复杂适应系统理论的提出

现实世界中有很多复杂系统,如城市、人体免疫系统、生态系统等,这些系统处于不断的动态变化之中,却能保持协调运作,有时会呈现出一些稳定的模式。以城市为例,一个城市是由许多不同的实体,如家庭、学校、商店、企业、公共交通、政府部门等组成,这些实体有各自的属性和行为规则,它们能够随着环境的变化不断调整行为规则,具有一定的学习和适应能力。整个城市具有多层次结构,如许多家庭形成社区、多家企业形成行业联盟等,在系统的各个层次上,由多个实体聚合而成的超级实体同样具有一定的主动性、适应性。这些实体之间具有复杂的相互作用,信息、物质、能量在它们之间产生、传递、处理,正是实体之间的相互影响、相互作用导致整个城市不断的发展变化,作为一个整体适应更大范围的环境。在系统变化过程中,会有一些稳定的模式出现,如每天早高峰期间的城市交通不可能完全相同,但往往会出现相似的拥堵模式。如何理解这样的复杂系统? 这些系统中是否有共同的基本原理? 如何对这些系统进行管理与控制?

这些问题促使以 J. Holland 为首的一些科学家进行研究,从适应性角度出发提出了一套理论,称为复杂适应系统(Complex Adaptive Systems,CAS)理论[6]。CAS 的核心观点是适应性产生复杂性,认为适应性是产生复杂性的根源之一(不排除可能有其他根源),并从这个核心观点出发,对一大类复杂系统进行抽象,认为这些系统的构成要素是具有适应性的主体(Agent),这些主体之间有非线性相互作用。Holland 等学者凝练了 CAS 的基本特性和机制,试图揭示 CAS 存在与演化的一般规律,寻找有效管理与控制复杂系统的基本方法。例如 CAS 一般都有杠杆点(lever point),通过小的有目的行动可以引起系统总体特性的较大变化[7]。最近,Holland 又对复杂适应系统的一般机制进行了深入研究,认为边界和信号可能在 CAS 中有重要的作用[8]。

复杂适应系统理论提出后,在复杂性研究领域产生了广泛影响[9],并且与人工生命、多 Agent 建模与仿真、遗传算法等[10]相互融合,为认识、理解、分析、设计、控制、管理一大类复杂系统提供了新的思路,在经济、管理、生态、环境、军事等领域得到了广泛应用。

3.5.2 复杂适应系统基本概念

Holland 认为:"CAS 是由相互作用的主体(Agent)组成的系统,这些主体具有学习和适应能力。"例如,市场就是由消费者、厂商、销售商等多种主体组成的,这些主体不是完全理性的,也不具备完全信息,但他们具有一定的学习和适应能力,表现为随着经验的积累,它的行为规则会发生变化。在学习适应过程中,主体呈现出差异,造成主体的分化和多样性的出现。主体之间有相互作用,主体之间的相互作用形成网络结构。复杂适应系统的基本特性如图 3-27 所示。

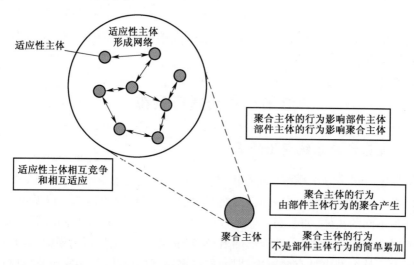

图 3-27 复杂适应系统的基本特性

多个适应性主体可能会聚合形成高一层级的主体,称为聚合主体。聚合主体还可以再次聚合形成更高层级的聚合主体,如此多次聚合形成复杂适应系统的层级结构。聚合主体的行为从根本上说是各个部件组成主体行为的综合产生的,但由于有非线性相互作用,聚合主体的行为不等于部件主体行为的简单加和。例如,在一家工厂内部,几名工人、几台设备形成生产小组,一些生产小组聚合为车间,多个车间又聚合为工厂。聚合主体和部件主体之间有双向的相互作用。

由于 CAS 由多个主体组成,主体之间有复杂的相互作用,理解 CAS 的第一步就是认识适应性主体。系统中的个体一般称为元素、部分或子系统。复杂适应系统理论采用了"Adaptive Agent",即具有适应能力的个体这个词,这是为了强调它的主动性,强调它具有自己的目标、内部结构和生存动力。

主体的行为可以用一组规则描述,最常用的就是采用刺激—反应规则,将主体行为抽象为一组 If…,Then…规则。对于一个给定的主体,一旦指定了可能发生的刺激范围,以及估计到所有可能的反应集合,就已经确定了主体可能具有的规则的种类。这些规则就描述了主体的行为。

这些主体相互适应,对一个主体来说,它的环境主要是由与它有相互作用的其他主体组成的,因此主体的适应主要就是适应别的适应性主体。适应性主体之间的相互适应是造成 CAS 复杂动态模式的主要原因。

对于生物而言,适应是生物体调整自身以适应环境的过程。CAS 对适应概念进行了拓展,用于描述随着经验积累,Agent 变换其行为规则的过程。在 CAS 理论框架中,Holland 主要是采用了他提出的遗传算法中的基本方法,实现主体规则的变化。当然,也可以采用其他适应、学习机制,但都是对主体行为规则的调整,因此与实现适应的基本思想是一致的。

3.5.3 复杂适应系统特性与机制

CAS 是由主体组成的,主体之间相互作用、相互影响、相互协同,共同实现系统的演化发展。CAS 处于持续的动态变化之中,新的特性不断出现,呈现出高度的复杂性。如何理解 CAS 的动态演化,不同系统之中是否有共同的基本机制?Holland 总结提炼了 CAS 适应和演化过程中的四个特性和三个机制,构成了 CAS 的 7 个基本概念[6],包括聚集(aggregation)、非线性(non-linearity)、流(flows)、多样性(diversity)、标识(tag)、内部模型(internal models)和积木块(building blocks)。在这 7 个概念中前面 4 个是个体的某种属性,它们将在适应和进化中发挥作用,而后 3 个则是个体与环境进行交流时的机制。

1. 聚集

在 CAS 中,聚集有两个含义:一是聚类的意思,将相似的事物聚合成类,是简化复杂系统的一种方法;二是指一些相对简单的个体通过“粘合”形成较大的多主体的聚集体(Aggregation Agent),涌现出复杂的大尺度行为,成为更高一层的主体(meta-agent)。聚集过程可以在不同层次上进行,形成 CAS 典型的层次结构。

个体可以在一定条件下,双方彼此接受时,组成一个新的个体——聚集体,在系统中像一个单独的个体那样行动。聚集不是简单的合并,也不是消灭个体的吞并,而是新的类型的、更高层次上的个体的出现;原来的个体不仅没有消失,而是在新的更适宜自己生存的环境中得到了发展。

在复杂系统的演变过程中,较小的、较低层次的个体通过某种特定的方式结合起来,形成较大的、较高层次的个体,这是一个十分重要的关键步骤,这往往是宏观性态发生变化的转折点。然而,这个聚集步骤还存在许多重要问题,如识别出简单主体实现聚集的机制、适应性聚集体之间的边界划分、边界内主体的相互作用如何协调等。

2. 非线性

CAS 中个体自身的属性以及个体之间的相互作用,并非遵从简单的线性关系。特别是在和系统或环境的反复的交互作用中,这一点更为明显。CAS 理论认为非线性来源于主体的主动性和适应性。个体之间相互影响不是简单的、被动的、单向的因果关系,而是主动的“适应”关系。以往的“历史”会留下痕迹,以往的“经验”会影响将来的行为。在这种情况下,线性的、简单的、直线式的因果链已经不复存在,实际的情况往往是各种反馈作用(包括负反馈和正反馈)交互影响的、互相缠绕的复杂关系。正因为这样,复杂系统的行为才会如此难以预测;也正因为这样,复杂系统才会经历曲折的进化过程,呈现出丰富多彩的性质和状态。

3. 流

在个体与环境之间,以及个体相互之间存在着物质流、能量流和信息流。这些流的渠道是否通畅,周转迅速到什么程度,都直接影响系统的演化过程。在 CAS 中,存在<节点、连接者、资源>三元组合,通常节点是处理器,即主体,连接者表明可能的相互作用,节点和连接者会随着主体的适应性变化而出现或消失,资源用于支持或表达相互作用,在节点之间进行交换。

自古以来人们就认识到各种流的重要性,并且把这些流的顺畅当作系统正常运行的基本条件。例如,中医所谓的“气”“血”就是典型的流,通则健康发展,不通则生百病。又如,信息系统工程对信息流的分析和设计也是从流的分析入手去认识和理解复杂系统。越复杂的系统,其中的各种交换(物质、能量、信息)就越频繁,各种流也就越错综复杂。

4. 多样性

每个主体都生存在由与它相互作用的主体所构成的环境之中,其他主体形成了该主体的小生境(niche)。当主体的变化时产生了新的小生境,其他主体就可以调整适应新的相互作用机会。在适应过程中,由于各种原因,个体之间的差别会发展与扩大,最终形成分化,就产生了多样性。

正是相互作用和不断适应的过程造成了个体向不同的方面发展变化,从而形成了个体类型的多样性。从整个系统来看,这事实上是一种分工。CAS 的多样性与流有着密切关系。

5. 标识

主体之间的聚集行为并不是任意的,而是有选择的。为了相互识别和选择,个体的标识在个体与环境的相互作用中是非常重要的,因而无论在建模中还是实际系统中,标识的功能与效率是必须认真考虑的因素。

标识的作用主要在于实现信息的交流。流的概念包括物质流和信息流,起关键作用的是信息流。在以往的系统研究中,信息和信息交流的作用没有得到足够的重视。这是对于复杂系统行为的研究难以深入的原因之一。CAS 理论在这方面的发展就在于把信息的交流和处理作为影响系统进化过程的重要因素加以考虑。强调流和标识就为把信息因素引入系统研究创造了条件。

6. 内部模型

主体的适应性取决于预测能力,预测的机制在于内部模型,即内部模型代表了实现预知的机制。主体必须在大量涌入的信息中进行识别和选择,将经验提炼为各种模式,这些模式的集合就是内部模型。模型能够使主体预知到相似的模式再次出现时,后果将是什么。

内部模型分为隐式和显式的两种类型。隐式的内部模型,在对一些期望的未来状态的隐式预测下,仅指明一种当前的行为。如细菌游向某种化学物质浓度增大的方向,隐含地预测出食物所在的位置。显式模型作为前瞻的基础,用于进行显式的、内部的探索,如下棋时在移动一个棋子之前,对可能走法的后果进行全面的思考。这两类模型在 CAS 都能看到,如在免疫系统中是隐式的,而经济系统中主体的模型既是隐式的又是显式的。显式模型和隐式模型虽然有明显的差异,但都通过预知提高了主体的生存能力。模型的变化是受选择和进化过程支配的。

7. 积木块

内部模型建立在有限样本的基础上,但需要在一个永远变化的环境中发挥作用。复杂系统常常是在一些相对简单的部件的基础上,通过改变它们的组合方式而形成的。因此,事实上的复杂性往往不在于块的多少和大小,而在于原有块的重新组合。主体不可能事先准备好所有的规则,对它遇到的每一种情况做出反应。主体通过对问题进行分解、重复使用适当规则、进行重新组合,就能够产生适当的反应。这些重复使用、可以组合的构件就是积木块。

内部模型和积木块的作用在于加强层次的概念。客观世界的多样性不仅表现在同一层次中个体类型的多种多样,还表现在层次之间的差别和多样性。当我们跨越层次的时候,就会有新的规律与特征出现。这样一来,需要深入考虑的是怎样合理地区分层次,不同层次的规律之间怎样相互联系和相互转化。内部模型和积木块的概念提供了这样一条思路,把下一层次的内容和规律作为内部模型“封装”起来,作为一个整体参与上一层次的相互作用,暂时忽略其内部细节,而把注意力集中于这个积木块和其他积木块之间的相互作用和相互影响,因为在上一层次中,这种相互作用和相互影响是关键性的、起决定性作用的主导因素。

通过这七个方面的表述,就充分地体现出主体的特点:它是多层次的、和外界不断交互作用的、不断发展和演化的、活生生的个体。这就是 CAS 理论思想的独特之处。正是这一特点给 CAS 理论带来了巨大的发展空间。

3.5.4　主体适应和学习

在 CAS 七个概念的基础上,为了进一步描述主体如何适应和学习,Holland 建立了描述主体的基本行为模型,学习过程分为三步:建立执行系统(Performance System)的模型;确立信用分派(Credit Assignment)的机制;提供规则发现(Rule Discovery)的手段。这三个步骤组合在一起,就能实现主体在动态变化环境中的适应和学习。这一过程具有大量的技术细节,应该说并非所有主体都采用这样的适应机制,但这是一个能够进行计算实验的模型,能够用于探索复杂适应系统的演化机制,具有一定的参考价值。

1. 执行系统:刺激—反应模型

这一步的目标是用一种统一的方式来表达各种系统中主体的最基本的行为模式,出发点是基本的刺激—反应模型(Stimulus-Response Model)。例如,一只青蛙看到小虫飞过,便伸出舌头去捕食。这里的刺激就是“小物体靠近”,而反应则是“伸出舌头”。类似地,对于“大物体靠近”的反应则可能是“逃避”。按照现代信息处理的一般思路,这里的规则包括条件和反应都可以表示为字符串,如在第一位用 0 表示没有物体靠近,用 1 表示有物体靠近,在第二位分别用 0 和 1 表示小物体和大物体。同样,反应也可以通过编号和二进制表示为字符串。把两个字符串连起来,前半段是条件,后半段是反应。用遗传算法的说法,这就是“染色体”(Chromosome)。每个主体内部都存储着许多条这样的规则,规则越多越细,个体的行为就越精巧。

按一般的想法,所有的规则都应当互相一致,既不重复(每一个刺激只有一种确定的反应)也不遗漏(每一个刺激必然有唯一的一条规则与之相对应),否则就是有矛盾,就会认为系统是处于错误状态。如果这样看待,就和一般的"If…,Then…"没有差别。

然而,正是在这里 CAS 理论引进了一个重要的思想。它认为,这种看法和要求不适用于复杂系统的建模,恰恰相反,应当把这些规则看作有待于测试和认证的假设。进化的过程正是要提供多种多样的选择,因而需要有矛盾、冲突和不一致,而不是避免或消除它们。所以,这里的规则应当足够多而且有选择的余地,它们之间不但可以,而且需要有矛盾和不一致。当然,为了真正进行操作,需要在这些规则之间建立一种进行比较和选择,进而进行淘汰的机制,这将是下一步信用分派的任务。

执行系统说明了主体在某个时刻的能力。执行系统的三个主要部分是探测器、If/Then 规则集合和效应器。探测器代表了主体从环境中抽取信息的能力,If/Then 规则代表了处理这些信息的能力,效应器代表了它反作用于环境的能力。主体通过探测器感知环境转换为可以识别的信息,在规则库中进行匹配,确定适当的反应,通过效应器对环境产生作用。刺激—反应执行系统模型如图 3-28 所示。

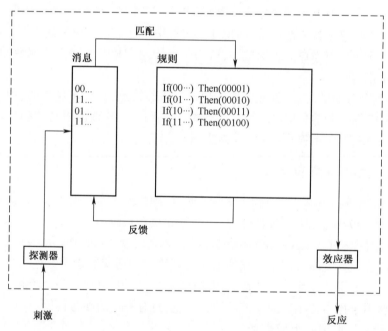

图 3-28 刺激—反应执行系统模型

2. 信用分派:适应度的确认和修改

为了对规则进行比较和选择,首先要把规则的信用程度定量化,为此给每一条规则一个特定的数值,称为强度,或者按照遗传算法的说法称为适应度(Fitness)。每次需要使用规则的时候,系统按照一定的方法加以选择。选择的基本想法:按照一定的概率选择,具有较大强度或适应度的规则有更多的机会被选用。在这个基本算法的基础上,还可以加入并行算法和默认层次等思想,使得规则的选择更加灵活,更加符合现实的系统行为。

信用确认的本质是向系统提供评价和比较规则的机制。当每次应用规则之后,个体将根据应用的结果修改强度或适应度,这实际上就是"学习"或"经验积累"。

信用确认机制的意义在于,它提供了把定量研究与定性研究有机地结合起来的途径。本来,"好"和"坏"、"成功"和"失败"、"优势"和"劣势"都是定性的概念,它们虽然在适应过程中常常被使用,然而带有很大的主观性和随意性。信用确认机制则提供了实际的度量方法。这样建立起来的机制从根本上讲是定量的,因为它有确切的数字为基础。然而,它又不是一般意义下的、简单地试图用一个数或一组数来衡量复杂事物的定量方法,而是基于一个包含着不同的以至相互矛盾的规则集合。这些规则之间的区别显然是定性的、质的差别。这里的结合点在于"实践",即对于环境所做出的反应的结果,或者说是与环境相互作用的过程,即适应过程。通过定量的"积累经验"的过程,实现定性的"规则筛选"的目标。再加上规则的创造和发现机制,就更显示出了其超出传统方法的优越之处。

3. 新规则的发现或产生

个体与环境的相互作用使得已有的规则得到不同的信用指数。在这个基础上,下一步的要点是如何发现或形成新的规则,从而提高个体适应环境的能力。这里的基本思想:在经过测试后较成功的规则的基础上,通过交叉组合、突变等手段创造出新的规则来。需要注意的是,由于在这里是基于经验来进行新规则的创造,因此比纯粹根据概率去查找和测试一切可能性要快得多,效率也高得多。交叉和突变操作来源于遗传算法,交叉是指两条染色体在某个点位断开,重新组合为两条新的染色体。突变是指一条染色体某个点位发生变化。图 3-29 是规则的交叉与突变。

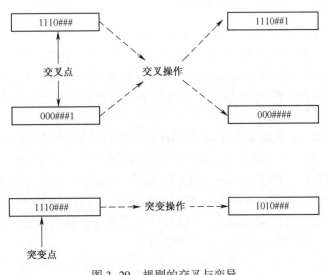

图 3-29 规则的交叉与变异

规则的发现和创新类似于生物的进化,基本包括三个步骤:

(1) 根据适应度繁衍。从现有群体中挑选规则作为父代,规则的适应度越大,被选中的概率越大。

(2) 重组。父代个体进行配对,执行交叉和变异,产生后代规则。

(3) 取代。产生的新规则在环境中生存,在与环境交互中获得适应度指标,然后再次进行繁衍重组。

通过以上三个步骤,就可以实现主体在动态环境中的适应学习。多个这样的主体相互作用产生复杂的动态。为了演示以上理论的有效性,Holland 等开发了回声(ECHO)模型,具体细节不再赘述。

综合而言,复杂适应系统理论是复杂系统研究领域的一个具有广泛影响的理论,促进了复杂性科学的进步。复杂适应系统是对许多系统,特别是由具有一定适应能力的生物个体(包括人类)所构成的系统的较好抽象,抓住了这类系统的主要特征,在生物、经济、社会领域有较高的应用价值。但是,还应该认识到 CAS 整体上是对经验的提炼,具有明显的生物、社会背景,概念的界定、原理的阐述比较粗略,理论框架不够精炼、完善,一些工具还不够有效,还需要继续发展[11]。

3.6 元胞自动机

复杂系统由大量单元组成,它并不是各个组成单元特性的简单叠加,而是这些单元之间协同作用的结果。元胞自动机(CA)是一种高度简化的复杂系统模型,将单元抽象为在规则空间中排列的元胞,元胞之间只有局部相互作用。元胞自动机作为一种高度简化的离散动力系统,能够展现出丰富多彩的系统整体行为,是沟通简单机理与复杂现象的桥梁。同时,因为元胞自动机模型结构简单,便于并行计算,是探索复杂系统演化特性的高效工具[12]。

3.6.1 元胞自动机的起源与发展

元胞自动机也称为格点自动机,早在 20 世纪 40 年代,数学家 S. Ulam 在研究通过简单规则生成复杂图形时就采用了元胞空间(Cellular Space)结构,将二维空间划分为网格,每个网格称为元胞(Cell),每个元胞有两个状态,元胞状态与相邻元胞状态有关,并根据规则同时变化。显然,这一模型包含了元胞自动机的基本要素,S. Ulam 发现极其简单的规则可能形成非常复杂的图案。

当时著名科学 von Neumann 正在研究自我复制自动机(Self-reproduction Automata)的理论,并构想一台能够实现自我复制的机器,他试图寻求与生物过程无关却又类似生物系统的自我复制机理。根据 S. Ulam 的建议,von Neumann 采用了"Cellular Space"这样一个由元胞组成的完全离散的简单架构,每个元胞分布在离散空间格点上,各元胞在同一时钟驱动下进行演化,它们的演化按一个规则进行,即根据自身及邻近元胞的状态而变化。这个自动同步演化的系统是元胞自动机的雏形。

继 von Neumann 之后,一些学者继续在这个领域进行研究,其中对元胞自动机的发展影响很大的是生命游戏(Game of Life)。生命游戏是当时剑桥大学的学生 John Conway 最早提出的,1970 年经过《科学美国人》数学游戏专栏的介绍,生命游戏风靡全球,得到了很多领域的关注。生命游戏是一个二维元胞自动机,给定不同的初始设置,可以演化出多种多样的结果,表现出非常复杂的演化特性。后来理论证明生命游戏的计算能力与通用图灵机等价。

20 世纪 80 年代,一些学者对元胞自动机的一般规律进行了探索,取得了关键成果。S. Wolfram 详细研究了一维元胞自动机,对元胞自动机进行了大量的仿真实验,根据元胞自动机的动力学行为进行了分类[13]。人工生命的创始人之一 C. G. Langton 从更抽象的角度提出了特征参数,该参数能够准确刻画元胞自动机的演化特征[14]。Langton 的另一项重要成果是借鉴生命体的遗传信息机制找到了一个能够自我复制的圈,此后又有一些学者提出了几个能够实现自我复制的元胞自动机[15]。

目前,元胞自动机得到了各个领域学者的广泛关注[16],例如:物理学家用它研究晶体生长、分子热运动、雪花形成等自然现象;化学家用它研究反应扩散;人工生命学者用它研究生命的产生与发展;社会学家用它研究流言传播、种族隔离;等等。

元胞自动机的构想、产生及发展均与复杂系统及复杂行为相关。构建一个简单、离散的元胞自动机模型,采用简单的规则就能够得到非常复杂的结果,这使元胞自动机成为复杂系统描述和求解的有力工具。

3.6.2 元胞自动机模型

元胞自动机是一个离散化的复杂系统动态模型,它可以有效地描述规则空间中由许多个体局部相互作用组成的复杂系统。

1. 元胞自动机定义

元胞自动机 C 是一个空间、时间及状态都离散的模型,该模型可用一个四元组表示:

$$C = (L_\alpha, S, N, f)$$

式中:L_α 为离散的元胞空间,也称网格,α 是一个正整数,表示元胞空间的维数,$\alpha = 1$ 即一维空间网格,$\alpha = 2$ 即 2 维空间网格。网格的单位点称为单元格,所有的元胞都处在网格的单元格中;S 表示元胞的状态,它是一个有限离散的状态集合,任一时刻每个元胞处在其中一个状态,CA 中的元胞代表了被仿真系统的众多个体,元胞的若干离散状态表示了个体的若干个状态,随着时间的推进,各元胞的状态会按照规则变化;N 表示邻域内的元胞的组合,每个元胞都有 n 个邻元,n 表示邻居的个数。f 表示元胞状态转换函数,即元胞状态的演变规则。

2. 网格和邻元

CA 模型采用离散的元胞空间,元胞以一定的形式处在这个空间中,根据空间坐标可以将元胞定位。CA 的网格可以有不同的形式(维数、大小)。一维的 CA 模型是将直线分成若干等份;二维的 CA 模型是将一个平面分成许多正方形、六边形或三角形的网格(常见的是将其划分成正方形);三维的 CA 模型将空间划分成许多立体网格。在各种 CA 模型中,每一个等份称为一个单元格,每个单元格上存放一个元胞。

在元胞自动机仿真计算时不可能处理无限的网格,系统必须是有限的、有边界的。显然,处于网格边界的单元格不具有与内部单元格一样的邻接关系。为了确定这些边界的行为,可以制定不同的演化规则,以考虑边界的特殊性,或者将网格进行回绕,构成周期性边界。例如,对一维网格,可以将左右边界粘起来形成环状。对二维网格,可以分别将左右、上下边界回绕形成柱面、环面、球面结构。

图 3-30 一维的 CA 网格,左侧子图有 15 个单元格,它的最左端与最右端单元格的某一侧没有相邻元素。右侧子图将左右边界单元格连接在一起形成了一个圆环,这样任一单元格都有相同的邻接结构。

图 3-31 为二维的 CA 网格,左侧子图是一个 9×9 的网格,右侧子图是将它的上下边界以及左右边界连接起来形成一个环面,使得任一单元格上下左右都有相邻单元格。

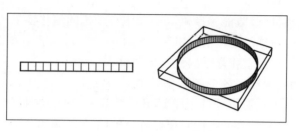

图 3-30　一维的 CA 网格

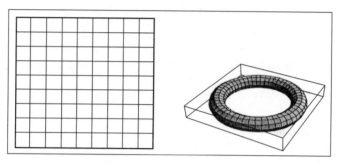

图 3-31　二维的 CA 网格

对于一个元胞,将空间位置上与它相邻的元胞称为它的邻元(邻居)。所有由邻元组成的区域称为它的邻域。邻域和邻元的定义可以是多样的。在一维网格中,元胞左侧、右侧邻元数量可以分别指定,但一般采用左右对称形式。图 3-32 表示一种左右对称的邻域,其中左图表示单元格左、右侧各有一个邻元,右图表示单元格左、右侧各有两个邻元。

图 3-32　一维 CA 网格的邻域定义

在二维网格中常用的邻域为冯·诺伊曼(von Neumann)邻域,定义元胞的上下、左右四个单元格为邻元。如果加上对角线相邻四个单元格,共有 8 个,则是摩尔(Moore)邻域。当然二维网格中元胞也可以具有更多的邻元,图 3-33 从左至右分别为 von Neumann 邻域、摩尔邻域、半径为 2 的摩尔邻域。

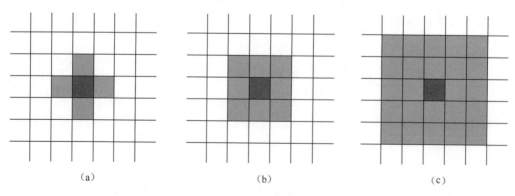

(a)　　　　　　　　　　　(b)　　　　　　　　　　　(c)

图 3-33　二维 CA 网格的邻域定义

3. 状态更新规则

元胞状态根据规则并行更新,状态更新规则、元胞的当前状态以及邻元的当前状态决定了元胞下一时刻的状态。

元胞 i 在 $t+1$ 时刻的状态为

$$S_i^{t+1} = f(S_i^t, N^t) = f(S_i^t, S_{N_1}^t, S_{N_2}^t, \cdots, S_{N_n}^t)$$

式中：S_i^{t+1} 为元胞 i 在 $t+1$ 时刻的状态；S_i^t 为元胞 i 在 t 时刻的状态；$N = \{N_1, N_2, \cdots, N_n\}$ 为 i 的邻元集合；$S_{N_1}^t, S_{N_2}^t, \cdots, S_{N_n}^t$ 为 i 的邻元在 t 时刻的状态；f 为状态转移规则,转移规则既可以是确定型的,也可以是随机型的。

下面以简单的一维的 CA 为例说明。

对于一维的 CA,假设每个元胞有左右两个邻元,元胞有死、活两个状态,分别用 0、1 表示。

当个体的两个邻元都存活或者都死亡,该个体在下一时刻为死;否则,其状态在下一时刻为活。该规则可以直观的用表格表示,表 3-1 列举了元胞 t 时刻到 $t+1$ 时刻的演化规则。

表 3-1　元胞状态更新规则

t 时刻元胞及其邻元的状态	111	110	101	100	011	010	001	000
$t+1$ 时刻中心格的状态	0	1	0	1	1	0	1	0

3.6.3　几类重要的元胞自动机

元胞自动机可以有不同的维数、不同的邻域定义、不同的元胞状态集、不同的状态转换规则,显然组合数量非常大,不可能一一穷尽。需要选择代表性的几类元胞自动机详细研究,获得深入的认识。在元胞自动机的研究历史上比较重要的元胞自动机有初等元胞自动机、总和元胞自动机、生命游戏、能自我复制的自动机。

1. 初等元胞自动机

最简单的一维元胞自动机是初等元胞自动机(Elementary CA, ECA),初等元胞自动机是状态个数 $k=2$,邻居半径 $r=1$ 的一维元胞自动机。由于在状态集 S 中具体采用什么符号并不重要,通常记为 0 或 1。邻居集 N 的元素个数 $2r=2$,元胞状态转移函数为

$$s(i, t+1) = f(s(i-1, t), s(i, t), s(i+1, t))$$

即元胞下一时刻的状态取决于当前时刻自身以及左右直接相邻元胞的状态。自变量有 3 个,每个自变量有 2 种取值,就有 8 种组合,只要给出 8 种组合对应的函数值,f 就完全确定了。每种组合对应一个 0 或 1,因而映射共有 256 种,即初等元胞自动机只可能有 256 种不同规则。S. Wolfram 将自变量组合状态按固定顺序排列,将各状态对应的函数值排列看作一个二进制数,对应的十进制数就是初等元胞自动机的编号。这种规则可以直观地表示为图形方式(黑色方块代表 1,白色方块代表 0),如图 3-34 所示。

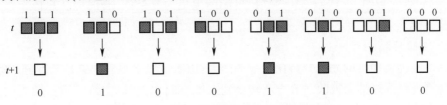

图 3-34　Wolfram 初等元胞自动机编号原理

图 3-34 中最左端图形上部是(1　1　1)，表示 t 时刻左侧元胞、自身、右侧元胞的状态都是 1；下部是 0，表示下一时刻中间元胞状态转换为 0；以此类推。下部形成的序列是 01001100，对应十进制值 76，则上面的元胞自动机就是 76 号初等元胞自动机。

Wolfram 对初等元胞自动机进行了系统探索，发现即使如此简单的规则，给定简单的初态(如令中间一个元胞状态为 1，其余为 0)，随着时间推进，不同的 ECA 表现出不同的动力学特征[13]。观察演化动态的方法：初始时刻令一个元胞状态为 1，其余为 0，在以后的每个时刻，各元胞根据规则决定下一时刻的状态。随着时间推进，从上而下依次画出每个时刻所有元胞的状态，黑色为状态 1，白色为状态 0，就得到了演化图样。图 3-35 给出 250 号、30 号、90 号、110 号初等元胞自动机的演化图样。250 号自动机很快进入稳定状态，图样不再变化，30 号自动机经过一段时间后近乎随机，90 号自动机演化出自相似结构，110 号自动机初期右半部稳定，左半部出现随机背景上的局部结构。

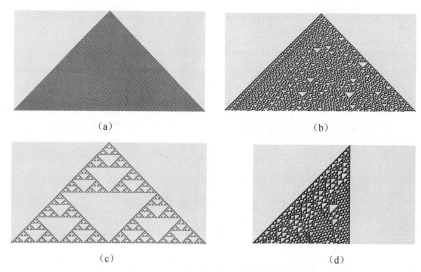

图 3-35　四个初等元胞自动机的演化图样
(a)250 号；(b)30 号；(c)90 号；(d)110 号

2. 总和元胞自动机

初等元胞自动机是最简单的一类元胞自动机，元胞状态数为 2，规则总数 256。但是若将状态数增加到 3，则可能的规则总数非常多($3^{33} = 7625597484987$)，因此对稍微复杂的元胞自动机一一进行观察几乎不可能。为了减少规则总数，引入了一些约简方法，如总和规则(totalistic rules)、可加规则(additive rules)、压迫规则(forcing rules)等。总和规则元胞自动机研究较多，总和规则是指元胞状态由邻元及自身状态之和决定，不与元胞具体状态直接相关。对三状态一维初等自动机，采用总和规则后，规则总数为 2187。S. Wolfram 研究表明，三状态总和自动机可能产生更为复杂的图样，但从总体上没有出现新的基本模式。

3. 生命游戏

二维元胞自动机的元胞分布在二维平面上，由于世界上很多现象是二维分布的，还有一些现象可以通过抽象或映射等方法转换到二维空间上，所以二维元胞自动机的应用非常广泛。

著名的二维元胞自动机是 J. Conway 的"生命游戏"。生命游戏是 Conway 在 20 世纪 60 年代末提出的一种数学游戏,游戏中的元胞有"生/死"两个状态,元胞根据邻域的状态决定生死。生命游戏的构成及规则:

(1) 元胞分布在规则划分的二维网格上。

(2) 元胞具有 0、1 两种状态,0 代表"死",1 代表"生"。

(3) 元胞以相邻的 8 个元胞为邻居(上下、左右及对角相邻元胞)。

(4) 元胞下一时刻的状态由该时刻本身的状态和周围 8 个邻居的状态(确切地讲是状态的和)决定,具体规则如下:

① 如果一个元胞状态为"生",且 8 个相邻元胞中有 2 个或 3 个的状态为"生",则在下一时刻该元胞继续保持为"生",否则"死";

② 如果一个元胞状态为"死",且 8 个相邻元胞中正好有 3 个为"生",则该元胞在下一时刻"复活",否则保持为"死"。

尽管规则看上去很简单,但生命游戏能产生丰富的、有趣的演化图式。生命游戏的演化完全取决于初始元胞的分布,给定初始状态分布,经过若干步的运算,有的图案会很快消失,有的图案则固定不动,有的周而复始,有的则产生极其复杂的动态特征。人们不断地发现能产生有趣图样的初始配置,并在其中得到很大乐趣。

理论研究表明,这个元胞自动机具有通用图灵机的计算能力,与图灵机等价,也就是说给定适当的初始条件,生命游戏能够模拟任何一种算法。随着对生命游戏研究的深入,产生了许多变种和扩展。一些学者将生命游戏扩展到三维空间上,构建了三维生命游戏,并对其规则做了具有普遍性的扩展。

4. 自我复制的元胞自动机

元胞自动机广泛应用于生命现象的模拟,生物的一个本质特征是能自我复制。早期 von Neumann 就试图揭示自我复制的一般机制,他使用一个二维元胞自动机,每个元胞有 29 个状态、5 个邻元,理论证明其计算能力与图灵机等价,并且描述了一个通用的能够实现自我复制的机器的构造方法。Codd 对 von Neumann 的模型进行了简化,他使用有 8 个状态、5 个邻元的元胞自动机。20 世纪 80 年代,人工生命的创始人 C. G. Langton 认为,上述通用机制是自我复制的充分条件,但不是必要条件。他进而试图构造一个具体的能够实现自我复制的自动机,最终发现了一个能够自我复制的圈,是人工生命领域的一个重大成果。

Langton 的自我复制的圈采用二维元胞自动机,这个圈有 86 个元胞,每个元胞有 8 个状态(0~7),共有 29 条规则,基本思想是元胞自动机必须包含自我复制所需的信息[17]。自动机初态如图 3-36 所示,状态为 2 的元胞形成"外壳",内部的元胞包含自我复制所需的信息,序列 7-0 与 4-0 在圈中向尾部移动,当到达尾部时,7-0 使圈生长,4-0 构造一个左旋的折角。附加的"绝育"规则使繁殖几代后停止演化以避免出现螺旋。按这些规则演化下去,则能够生成与原始自动机的结构完全相同的另一个元胞自动机,新生成的元胞自动机具有同样的繁殖能力,即该元胞自动机实现了自我复制。

在 Langton 的研究基础上,一些学者提出了更简单的自我复制元胞自动机。如 Byl 的圈只有 16 个元胞,元胞只有 6 个状态[18]。Reggia 进一步简化为只有 5 个元胞,并且不再需要"外壳"[15]。Sayama 在以上自动机的基础上引入解构机制,构造了可消解自我复制

```
        2   2   2   2   2   2   2   2
    2   1   7   0   1   4   0   1   4   2
    2   0   2   2   2   2   2   2   0   2
    2   7   2                   2   1   2
    2   1   2                   2   1   2
    2   0   2                   2   1   2
    2   7   2                   2   1   2
    2   1   2   2   2   2   2   1   2   2   2   2   2
    2   0   7   1   0   7   1   0   7   1   1   1   1   1
        2   2   2   2   2   2   2   2   2   2   2   2   2
```

图 3-36　Langton 提出的能实现自我复制的圈

的圈(Structurally Dissolvable Self-Reproducing Loop, SDSR),该圈具有消解结构的能力,当圈的繁殖受到空间限制时将自行消解,从而建立起稳定的圈的生态[19]。与以上采用离散空间不同,Smith 等在连续二维空间中采用粒子—流体比拟,模拟由粒子构成的模式在液体中自我复制的机制,构造了能够自我复制的自动机,这种机制更类似原始海洋中生命的最初形式,为研究生命形成提供了工具。

3.6.4　元胞自动机的动力学特征

1. Wolfram 对元胞自动机的分类

初等元胞自动机表现出的基本演化模式对元胞自动机具有普遍性,Wolfram 在著作 *A New Kind of Science* 中,对多种元胞自动机进行了系统探索[20],例如半径设为 2、状态数为 3,引入随机噪声,扩展到二维等,尽管具体演化图样可能更复杂,但相对初等元胞自动机,这些扩展没有出现新的基本演化模式。因此 Wolfram 根据元胞自动机的演化行为,在大量的计算实验的基础上,将所有元胞自动机的动力学行为归纳为四大类:

(1)平稳型:自任何初始状态开始,经过一定时间运行后,元胞空间趋于一个空间平稳的构形,这里空间平稳指每一个元胞处于固定状态,不随时间变化而变化。

(2)周期型:经过一定时间运行后,元胞空间趋于一系列简单的固定结构(Stable Patterns)或周期结构(Periodical Patterns)。

(3)混沌型:自任何初始状态开始,经过一定时间运行后,元胞自动机表现出混沌的非周期行为,所生成的结构的统计特征不再变化,通常表现为分形分维特征。

(4)复杂型:出现复杂的局部结构,或者说是局部的混沌,其中有些会不断地传播。

从另一角度,元胞自动机可视为动力系统,因而可将初始状态、轨道、不动点、极限环和吸引子等一系列概念用到元胞自动机的研究中,上述分类又可以分别描述如下:

(1)均匀状态,即点吸引子,或称不动点。

(2)简单的周期结构,即周期性吸引子。

(3)混沌的非周期性模式,即混沌吸引子。

(4)第四类行为可以与生命系统等复杂系统中的自组织现象相比拟,但在连续系统中没有相对应的模式。

从研究元胞自动机的角度讲,最具研究价值的是具有第四类行为的元胞自动机,因为这类元胞自动机被认为具有"涌现计算"(Emergent Computation)功能,研究表明,可以用作通用计算机来仿真任意复杂的计算过程[21]。另外,此类元胞自动机在发展过程中还表现出很强的不可逆(irreversibility)特征,而且这种元胞自动机在若干有限循环后,有可能会"死"掉,即所有元胞的状态变为零。

Wolfram 还近似地给出了一维元胞自动机中各类吸引子或模式所占的比例,见表3-2。可以看出,具有一定局部结构的复杂模式出现的概率相对要小一些,第三种混沌型出现的概率最大,并且其概率随着 k 和 r 的增大而呈现增大的趋势。

表 3-2　几种元胞自动机动力学分类所占比例

动力学特征分类	$k=2,r=1$	$k=2,r=2$	$k=2,r=3$	$k=3,r=4$
平稳型	0.50	0.25	0.09	0.12
周期型	0.25	0.16	0.11	0.19
混沌型	0.25	0.53	0.73	0.61
复杂型	0	0.06	0.06	0.07

注:k 为状态数;r 为邻域半径

尽管这种分类不是严格的数学分类,但 Wolfram 将众多的元胞自动机的动力学行为归纳为数量如此之少的四类,是非常有意义的发现,对于元胞自动机的研究具有很大的指导意义。它反映出这种分类方法具有某种普适性,很可能有许多物理系统或生命系统按这样的分类方法来研究,尽管在细节上可以不同,但每一类的行为在定性上是相同的。

2. 元胞自动机与混沌边缘

"混沌的边缘"是当前复杂性科学研究的一个重要成果。"混沌的边缘"的含义是生命等复杂现象和复杂系统产生和存在于"混沌的边缘"。有序不是复杂,无序同样也不是复杂,复杂存在于无序的边缘。

Langton 在对 Wolfram 动力学行为分类的分析和研究基础上,提出"混沌的边缘"这个名词,认为元胞自动机,尤其是第四类元胞自动机是最具创造性的动态系统,它恰恰界于秩序和混沌之间,在大多数的非线性系统中,往往存在一个由秩序到混沌变化的转换参数[14]。Langton 相应地定义了一个关于转换函数的参数,从而将元胞自动机的函数空间参数化。该参数变化时,元胞自动机可展现出不同的动态行为,得到与连续动力学系统中的相图类似的参数空间,Langton 的方法如下:

首先定义元胞的静态。元胞的静态是指如果元胞所有邻域都处于静态,则该元胞在下一时刻将仍处于这种静态(类似于映射中的不动点)。现考虑一个元胞自动机,每个元胞具有 k 种状态,每个元胞与 n 个相邻元胞相连,则共存在 k^n 种邻域状态。选择 k 种状态中任意一种 S 并称之为静态 S_q。假设对转换函数集合而言,共有 n_q 种变换将元胞映射为该静态,剩下的 $k^n - n_q$ 种被随机地、均匀地映射为 S_q 外的每一个状态,则可定义参数

$$\lambda = \frac{k^n - n_q}{k^n}$$

这样,对任意一个转换函数就能够确定一个对应的参数值 λ。随着参数 λ 由 0 到 1 变化,元胞自动机的行为可从点吸引子变化到周期吸引子,并通过第四类复杂模式达到混

沌吸引子。因此,第四类具有局部结构的复杂模式处于"秩序"与"混沌"之间,称为"混沌的边缘"。在上述的参数空间中,元胞自动机的动态行为具有点吸引子→周期吸引子→"复杂模式"→混沌吸引子这样的演化模式。

Langton 提出的参数 λ 给元胞自动机的动力学行为分类赋予了新的意义:λ 低于一定值,系统将过于简单,换句话说,太多的有序使得系统缺乏创造性;λ 接近 1 时,系统变得过于紊乱,无法找出结构特征;λ 只有在某个值附近,所谓"混沌的边缘",系统才表现得极为复杂。

3.6.5　元胞自动机应用

元胞自动机是一种动态模型,经常作为一种通用性建模方法研究一般现象,其应用涉及社会和自然科学的多个领域。元胞自动机自产生以来,被广泛地应用到自然、生物、工程技术、经济社会等各个领域。在复杂性研究方面,它微观规则的简单性与呈现复杂宏观模式的能力为复杂现象的研究提供了一个有效的工具,经常用来研究有关秩序、混沌、对称破缺、分形等的规律。

在物理学中,除了格子气元胞自动机在流体力学上的成功应用,元胞自动机还应用于磁场、电场等场的模拟,热扩散、热传导和机械波的模拟,交通流的模拟等。另外,元胞自动机还用来模拟雪花等结晶的形成。在化学中,元胞自动机可用来模拟原子、分子等各种微观粒子在化学反应中的相互作用,如用元胞自动机模拟自催化、高分子的聚合过程等。在环境科学上,有人用元胞自动机来模拟海上石油泄漏后的油污扩散、工厂周围废水、废气的扩散等过程。

在生物学中,元胞自动机的设计思想本身就来源于生物学自繁殖的思想,因而它在生物学上的应用更为自然而广泛。例如元胞自动机用于肿瘤细胞的增长机理和过程模拟、大脑的机理探索、艾滋病病毒 HIV 的感染过程、自组织和自繁殖等生命现象的研究,以及克隆技术的研究等。在生态学中,元胞自动机用于兔子—草、鲨鱼—小鱼等生态系统的模拟,蚂蚁、大雁、鱼类等洄游动物的群体行为的模拟。

在信息学中,元胞自动机用于研究信息的保存、传递、扩散的过程。元胞自动机还应用于计算机图形学的研究。在计算机科学中,元胞自动机可以看作并行计算机而用于并行计算的研究,还有人用硬件实现元胞自动机。

在社会科学中,元胞自动机用于研究经济危机的形成与爆发、创新扩散、金融市场的模拟,个人行为的社会性,流行现象,如服装流行色的形成,城镇发展,集团、国家的博弈等问题。

3.7　复　杂　网　络

复杂系统包含数量众多的要素,要素之间有复杂的相互作用。一般情况下,要素之间的关联方式并不是像元胞自动机那样规则,而是形成网络化关系。由于系统的结构在很大程度上影响系统的功能,因此通过对系统要素之间拓扑关系的研究,有助于认识理解复杂系统,进而帮助我们对复杂系统进行控制与管理。

3.7.1 复杂网络概述

探索复杂系统有多种思路,复杂网络就是从系统的结构入手,建立系统的结构模型,归纳结构与功能之间的关系,获得对复杂系统的认识。现实中的很多复杂系统,要素数量众多,要素之间的关联复杂,难以全面了解。采取化繁为简,抓住本质,忽略细节的思路,建立结构模型,就是认识复杂系统的第一步。如果将系统内部的各个元素看作节点,元素之间的关系视为连接,那么系统就构成了一个网络。例如,神经系统可以看作由大量神经细胞通过神经纤维相互连接形成的网络,互联网可以看作计算机等终端设备通过通信介质如光缆、双绞线、同轴电缆等相互连接形成的网络,类似的还有电力网络、社会关系网络、交通网络等。由于从复杂系统抽象出来的真实网络节点众多、拓扑结构性质不同于以前研究的图/网络,故称其为复杂网络。

从拓扑结构上看,任何复杂系统都可以作为复杂网络来研究。以复杂网络的形式来研究复杂系统,可以加深人们对复杂系统结构上的深入了解。复杂网络是进行复杂性研究的新视角、新方法,使得人们可以对各种真实网络进行抽象、比较、研究和综合。利用复杂网络的研究成果,也可以更加深刻的认识自然和社会的复杂性,对于人们认识自然界和社会上的各种现象和事件有着重要意义。

复杂网络的研究可以简单概括为三个密切相关却又依次深入的内容:是通过实证方法度量网络的统计性质;二是构建相应的网络模型来理解这些统计性质;三是在已知网络结构特征及其形成规则的基础上,预测网络系统的行为。在应用方面,在对复杂网络结构与功能充分了解的基础上,寻找对复杂系统进行有效的管理与控制的方法,或者对复杂网络进行优化与设计,满足人们的期望。

3.7.2 复杂网络统计特性

由于复杂网络的节点数量众多,节点之间的连边还可能受随机因素的影响。例如互联网系统节点数量非常巨大,节点的准确数量无法得知,它们之间的连接难以精确得到。要刻画复杂网络的特性,仅仅依靠图论中的基本概念是不够的,人们针对复杂网络的这些特性,提出了许多刻画复杂网络特性的测度,这些测度很多是采用统计方法获得的,以此来刻画复杂网络在某些方面的性质。下面介绍几个常用的基本特征量,更多的测度可参考复杂网络方面的资料,如文献[22]。

描述复杂网络的基本特征量主要有平均路径长度、聚类系数、度分布、节点中心性、介数、同配(异配)混合系数等。

1. 平均路径长度

定义网络中任何两个节点 i 和 j 之间的距离 d_{ij} 为从节点 i 出发到达节点 j 所要经过的连边的最少数目(最短路径长度)。网络的平均路径长度 L 就是网络中所有节点对之间距离的平均值,即

$$L = \frac{\sum_{i \geqslant j} d_{ij}}{\frac{1}{2}N(N+1)}$$

式中:N 为网络节点数。此平均数中包含了从每个节点到其自身的距离(为 0)。网络的平均路径长度 L 又称为特征路径长度。

复杂网络研究中一个重要的发现是绝大多数大规模真实网络的平均路径长度比想象的小得多,称为"小世界效应"。第一个初步验证"小世界效应"的是著名的 Milgram"小世界"试验[23],试验要求参与者把一封信传给他们熟悉的人之一,使这封信最终传到指定的人。结果表明平均传过人数仅为 6 人,这一试验也正是流行的"六度分离"概念的起源。

2. 聚类系数

假设网络中的一个节点 i,有 k_i 条边将它与其他节点相连,这 k_i 个其他节点称为节点 i 的邻居节点。对于简单图来说,在这 k_i 个邻居节点之间最多可能有 $k_i(k_i-1)/2$ 条边。定义节点 i 的聚类系数 C_i 为节点 i 的 k_i 个邻居节点之间实际存在的边数 N_i 和最多可能有的边数 $k_i(k_i-1)/2$ 之比,即

$$C_i = \frac{2N_i}{k_i(k_i-1)}$$

整个网络的聚类系数 C 定义为网络中所有节点的聚类系数的平均值。聚类系数用来描述网络中节点的聚集情况,即网络有多紧密。显然,$0 \leqslant C \leqslant 1$。当 $C=0$ 时,说明网络中所有节点均为孤立节点,即没有任何连边。当 $C=1$ 时,说明网络中任意两个节点都直接相连,即网络是全局耦合网络。对于一个完全随机的网络,当网络规模很大时,$C=O(N^{-1})$。许多大规模的实际网络具有明显的集聚效应,它们的聚类系数尽管远远小于 1,却比随机网络的大得多。例如,对于朋友网络来说,你的朋友们之间互为朋友的概率较大。

3. 度与度分布

网络中某个节点 i 的度 k_i 定义为与该节点相连接的其他节点的数目,也就是该节点的邻居数。一个节点的度越大,意味着这个节点属于网络中的关键节点,在某种意义上也越"重要"。通常情况下,网络中不同节点的度并不相同,所有节点的度的平均值称为网络的(节点)平均度,记为 $<k>$。

由于复杂网络一般节点数很大,一一列举每个节点的度往往不可能,也没有太大意义,一般采用统计观点描述节点度的整体分布情况。因此,网络中节点的分布情况一般用度分布函数 $P(k)$ 来描述。度分布函数 $P(k)$ 表示在网络中随机选取一节点,该节点的度恰好为 k 的概率。

大量研究表明,许多实际网络的度分布明显不同于泊松分布,而是服从幂律分布,即 $P(k) \propto k^{-\gamma}$,其中 γ 是幂指数,是一个常数。幂律分布画在对数坐标系中,分布函数为一条直线,其斜率取决于幂指数,如图 3-37 所示。一般的泊松分布,在均值处高度密集,偏离均值 $<k>$ 后概率快速下降,在这样的网络中,绝大多数节点的度比较接近 $<k>$,因此称为均匀网络。而幂律分布相对于泊松分布,尾部的下降要缓慢得多。对于一个 $2 \leqslant \gamma \leqslant 3$ 的幂律分布网络,绝大多数节点的度都很低,但存在少量节点的度很高,即节点度的分布不均匀,称为非均匀网络。具有幂律分布的网络也称为无标度网络。

3.7.3 复杂网络基本模型

人们对不同领域内的大量实际网络进行广泛的实证研究后发现,真实网络系统往往

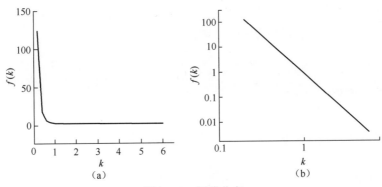

图 3-37 幂律分布

(a) $P(k) \propto k^{-\gamma}$; (b) $\ln P(k) \propto -\gamma \ln k$。

表现出小世界特性、无标度特性和高聚集特性。为了解释这些现象,人们构造了各种各样的网络模型,以便从理论上揭示网络行为与网络结构之间的关系,进而考虑改善网络的行为。下面介绍几类基本的网络模型。

1. 规则网络

在复杂网络得到广泛重视之前,图论之中已经构造了一些节点之间具有同一模式连边的网络,其中的一类是规则网络。常见的规则网络有全局耦合网络、最近邻耦合网络和星形网络,如图 3-38 所示。

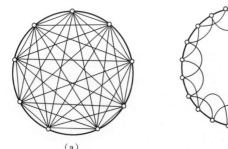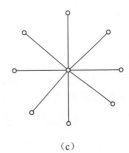

图 3-38 典型的规则网络

(a) 全局耦合网络;(b) 最近邻耦合网络;(c) 星形网络。

1) 全局耦合网络

全局耦合网络的任意一对节点之间都有一条边相连。记网络的节点数为 N,其平均路径长度 $L=1$(最小),聚类系数 $C=1$(最大),度分布 $P(k)$ 为以 $N-1$ 为中心的 δ 函数。全局耦合网络共有 $N(N-1)/2$ 条边,大多数实际网络都是很稀疏的,边数一般至多是 $O(N)$,而不是 $O(N^2)$,因此全局耦合网络能反映实际网络的小世界特性和高聚类特性,不能反映实际网络的稀疏特性。

2) 最近邻耦合网络

含有 N 个节点的最近邻耦合网络,网络中的每个节点只和它周围的邻居节点相连,其中每个节点都与它左右各 $K/2$ 个邻居节点相连(K 为偶数)。

对于固定的 K 值,该网络的平均路径长度为

$$L \approx \frac{N}{2K} \rightarrow \infty \quad (N \rightarrow \infty)$$

因此最近邻耦合网络不具备小世界特性,这样的网络很难实现全局协调的动态过程。

对于较大的 K 值,最近邻耦合网络的聚类系数为

$$C = \frac{3(k-2)}{4(k-1)} \approx \frac{3}{4}$$

这样的网络是高度聚类的。

它的度分布 $P(k)$ 为以 K 为中心的 δ 函数。

这类模型的优点是能反映实际网络的高聚类特性和稀疏特性;缺点是不能反映实际网络的小世界特性。

3)星形网络

具有 N 个节点的星形网络,网络有一个中心节点,其余 $N-1$ 个节点都只与这个中心节点相连,且它们彼此之间不连接。

星形网络的平均路径长度为

$$L = 2 - \frac{2(N-1)}{N(N-1)} \rightarrow 2 \quad (N \rightarrow \infty)$$

星形网络的聚类系数比较特殊。因为除中心节点外,所有节点只有一个邻居,可以规定一个节点只有一个邻居,则该节点的聚类系数为 1。也有些文献规定只有一个邻居的节点的聚类系数为 0,若依此定义,则星形网络的聚类系数为 0。

星形网络模型的优点是能反映实际网络的小世界特性和稀疏特性;缺点是不能反映实际网络的高聚类特性。

2. ER 随机网络

20 世纪 50 年代,匈牙利数学家 Erdös 和 Rényi 对随机生成的大规模网络进行了研究,取得了复杂网络研究的重要成果,他们提出的网络模型称为 ER 随机网络模型。ER 随机网络不是研究单一网络的性质,而是研究按某些参数随机生成的一组网络的统计性质,发现了随机网络的涌现特性。

ER 随机网络有两种等价的构造方法:

第一种方法:定义有标记的 N 个节点,并且给出整个网络的边数 n,从所有可能的 $N(N-1)/2$ 条边中随机选出 n 条边,得到随机网络。

第二种方法:给定有标记的 N 个节点,以一定的概率 p 连接所有可能出现的 $N(N-1)/2$ 个连接,得到具有 N 个节点,边数期望值为 $pN(N-1)/2$ 的随机网络。

以第二种方法为例,随着参数 p 的不同,随机网络具有不同的整体特性,如图 3-39 所示,分别为 p 取不同值时得到的随机图的一个样本。

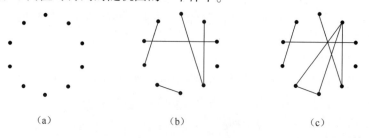

图 3-39　随机网络($N=10$,p 为 0、0.1、0.15)

ER 随机图的许多重要的性质都是涌现的,也就是说对于给定的概率 p,要么几乎每一个图都具有某个性质 Q,要么几乎每一个图都不具有性质 Q。用数学语言说,就是:如果当 $N \to \infty$ 产生一个具有性质 Q 的 ER 随机图的概率为1,那么几乎每一个 ER 随机图都具有性质 Q。以连通性为例,若当连接概率 p 达到某个临界值 $p_c \propto (\ln N)/N$ 时,整个网络连通起来,那么以概率 p 生成的每一个网络几乎都是连通的;否则,当 p 小于该临界值时,几乎每一个网络都是非连通的。

下面讨论节点度分布。根据 ER 随机图的第二种构造方法,对于一个给定连接概率为 p 的随机网络,显然节点的平均度 $<k> = p(N-1) \approx pN$,若网络的节点数 N 充分大,每条边的出现与否是独立的,则网络的度分布接近泊松分布,分布函数为

$$P(k) = C_n^k p^k (1-p)^{n-k}$$

因此,ER 随机图也称为泊松随机图。

因为两个节点之间是以概率 p 随机连接的,所以 ER 随机图的聚类系数就是 p,一般稀疏网络 p 值很小,ER 图没有明显的聚类特性。在复杂网络的研究中往往以 ER 随机图作为衡量某种网络是否有聚类特性的基准。

设 ER 图的平均路径长度为 L,意味着从图上一个节点到达另一个节点平均需要 L 步。ER 图的平均度数为 $<k>$,一个节点的一阶邻居数为 $<k>$,二阶邻居数为 $<k>^2$,依此类推,L 阶邻居数为 $<k>^L$,应近似为所有节点数 N,即 $<k>^L = N$,于是得到

$$L \propto \frac{\ln N}{\ln <k>}$$

可见,ER 图的平均路径长度是网络规模的对数关系,具有小世界特性。

3. 小世界网络

许多现实网络同时具有小世界特性和高聚类特性,然而规则网络有集聚性却没有小世界特性,ER 随机网络有小世界特性却没有集聚性,说明这两种网络都不能刻画真实网络。美国学者 Watts 和 Strogtz 提出了一种新的网络模型,这个模型介于规则网络和随机网络之间,称为 WS 小世界网络[24],在复杂网络研究历史上具有里程碑意义,掀起了复杂网络的研究热潮。

WS 小世界网络在规则网络中引入一种重连机制,在完全规则的局部相互作用中增加了随机性,出现了长程相关性,使得网络出现新的特性。WS 小世界网络的构造方法如下:

(1) 从规则网络开始:考虑一个含有 N 个节点的最近邻耦合网络,它们围成一个环,其中每一个节点都与它左右相邻的各 $K/2$ 个节点相连,K 是偶数。

(2) 随机化重连:以概率 p 随机地重新连接网络中的每一条边,即将连边的一个端点保持不变,而另一个端点取为网络中随机选择的一个节点。其中规定,任意两个不同的节点之间至多只能有一条边,并且每个节点不能有边与自身相连。

通过这样的构造方法中得到的 WS 小世界网络是从规则网络到随机网络的过渡。当 $p = 0$ 时,模型退化为规则网络;当 $p = 1$ 时,模型退化为随机网络。通过调节 p 的值就可以控制模型从完全规则网络到完全随机网络的过渡,如图 3-40 所示。

WS 小世界网络的聚类系数 C 和平均路径长度 L 是重连概率 p 的函数。Watts 分别对 C 和 L 做了归一化处理,得到了 $C(p)/C(0)$ 与 $L(p)/L(0)$ 与 p 的变化关系,如图 3-41 所

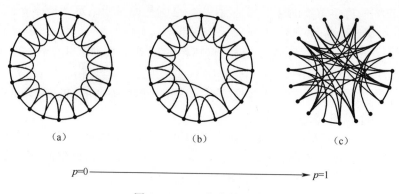

图 3-40　WS 小世界网络

示。在某个 p 值范围内，WS 小世界网络既有较短的平均路径长度（小世界特性），又有较高聚类系数（高聚集特性）。p 值在 $0.01\sim0.1$ 的网络即兼具这两方面的特征。

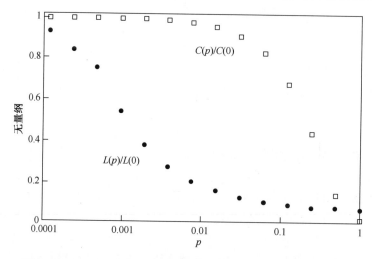

图 3-41　WS 小世界网络的聚类系数和平均路径长度随 p 的变化

　　WS 的重连机制有可能造成网络不连通，后来 Newman 和 Watts 又提出了随机化加边机制，这样得到的网络称为 NW 小世界模型。当 p 足够小和 N 足够大时，NW 小世界模型本质上等同于 WS 小世界模型。

　　对于 NW 和 WS 小世界模型的度分布，分析起来较复杂。结论是 WS 小世界模型的节点度类似 ER 随机网络，因此 WS 小世界网络是节点度近似相等的均匀网络。

4. BA 无标度网络

　　大量的实证研究表明，许多大规模真实网络的度不是服从泊松分布，而是服从幂律分布。在这样的网络中，大部分节点的度都很小，但也有一小部分节点具有很大的度，整个网络没有特征标度。由于这类网络的节点的连接度并没有明显的特征标度，故称为"无标度网络"。Barabási 和 Albert 注意到很多网络有一个动态生成过程，新的节点并不是随机连接到已有节点上。基于这两点提炼了网络的增长和偏好连接机制，提出了一个无标度网络模型，称为 BA 无标度模型[25]，产生了广泛影响。

　　该模型的构造主要基于现实网络的两个内在机制：

（1）增长机制：大多数真实网络是一个开放系统，随着时间的推移，网络规模将不断增大，即网络中的节点数和连边数是不断增加的。

（2）择优连接：新增加的节点更倾向于与具有较高连接度的节点相连，也就是"富人更富"的观点。

BA 无标度网络模型的构造算法：

（1）增长：在初始时刻，假定网络中已有 m_0 个节点，在以后的每一个时间步中，增加一个连接度为 m 的新节点（$m \leqslant m_0$），新增节点与网络中已经存在的 m 个不同的节点相连，且不存在重复连接。

（2）择优连接：在选择新节点的连接点时，一个新节点与一个已经存在的节点 i 相连的概率 Π_i 与节点 i 的度 k_i 成正比，即

$$\Pi_i = \frac{k_i}{\sum_j k_j}$$

经过 t 步后，就能够产生一个节点数 $N = m_0 + t$，有 mt 条边的网络。

例如，取 $m = m_0 = 2$，一个 BA 网络的演化生成过程如图 3-42 所示。初始网络有 2 个节点，每次新增加的一个节点按择优连接机制与网络中已经存在的两个节点相连。

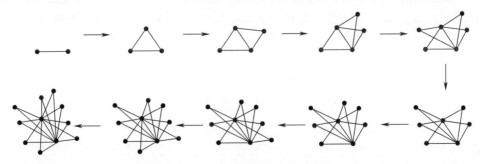

图 3-42　BA 无标度网络的演化过程

理论分析表明，BA 无标度网络经过充分长时间的演化后，度分布不再随时间变化，度分布稳定为指数为 3 的幂律分布。

BA 无标度网络的平均路径长度为

$$L \propto \frac{\log N}{\log \log N}$$

表明 BA 无标度网络具有小世界特性。

BA 无标度网络的聚类系数为

$$C = \frac{m^2(m+1)^2}{4(m-1)}\left[\ln\left(\frac{m+1}{m}\right) - \frac{1}{m+1}\right]\frac{[\ln(t)]^2}{t}$$

与 ER 随机图类似，当网络规模充分大时，不具有明显的聚类特性。

BA 模型的提出是复杂网络研究中的又一重大突破，标志着人们对客观网络世界认识的深入。后来许多学者对这一模型进行了改进[26]，如针对 BA 网络幂指数固定为 3 的局限，提出能够产生任意指定幂指数的模型；还有学者研究了更现实的一些因素，如非线性择优连接、加速增长、老化、适应性竞争等[27]。

3.7.4　复杂网络上的动态过程

复杂网络是复杂系统拓扑结构的模型,现实的复杂系统表现出丰富多样的行为,这些行为是由于系统要素(节点)相互作用的结果,因此为了理解真实系统的行为,还需要在网络模型的基础上,理解复杂网络上节点之间相互作用的机制,建立相互作用与网络整体性质之间的关系。

由于复杂系统内部相互作用的方式、相互作用规则千变万化,难以用统一的少数几类机制描述,因此一般都是针对某类现象进行抽象,建立相互作用模型,分析、计算、模拟复杂网络上的动态过程,得到对复杂系统的认识。研究较多的有复杂网络上的传播动力学、级联故障、网络的容错性与鲁棒性、网络博弈、网络同步等。

以复杂网络为基础,研究复杂系统的行为特性,确实发现网络结构对系统宏观行为有显著影响。以传染病传播问题为例,过去建立的以 SIR 为代表的经典模型假设人与人之间是均匀混合的,当考虑实际社会的交互结构时,如采用小世界、无标度网络刻画能够得到不同的结论,并且在传染病防控中得到部分证实。因此,采用结构观点,以网络为基础,研究复杂系统的行为得到广泛应用。

当然还要注意到,系统结构的统计特性并不能完全决定系统的行为。目前,常用的一些如幂指数、聚类系数、平均路径长度等测度指标是统计性的,已经发现某些统计指标相同的网络,还可能在精细结构上有所不同,这些差异有时会对系统特性产生明显影响。因此,仅凭粗粒化的统计特性不能完全准确地预测系统的行为,还需要考虑更多要素。

3.8　开放的复杂巨系统

对复杂性的研究有多种角度,发展出多种关于复杂系统的理论,形成了多个复杂系统研究学派。在著名科学家钱学森的带领下,一批中国学者在创建系统学的过程中,提出了"开放的复杂巨系统"这一概念,进行了初步的理论探讨,并提出处理复杂巨系统问题的从定性到定量的综合集成方法,进而发展为综合集成研讨厅(体系)[28]。开放的复杂巨系统理论开辟了复杂性研究的一条独特途径,具有鲜明的东方特色,其中蕴含的科学思想、解决问题的方法论等有重要价值。

3.8.1　钱学森对系统的分类

对研究对象进行完备的分类,是把握不同类型对象的特殊矛盾和特殊运动的前提,是进行深入研究的基础。系统科学研究对象是系统,对系统分类有两种基本方法:一是根据系统组分的基质特性划分,如物理系统、化学系统、生物系统、社会系统等;二是抛开系统组分的基质特性和相互作用的具体特性,把对象作为系统来区分,如封闭系统与开放系统、静态系统与动态系统等。第二种方法更符合系统科学本身的要求。

钱学森认为,流行的一些系统分类方法没有体现系统科学的特点,没有抓住系统的本质。为解决建立系统科学体系和系统学的问题,对系统分类问题进行了多年的思考和研讨,逐步形成了一种对系统进行完备分类的方法[29],如图 3-43 所示。

钱学森等学者认识到系统的组分数量规模对系统性质有明显影响,后来又考虑系统

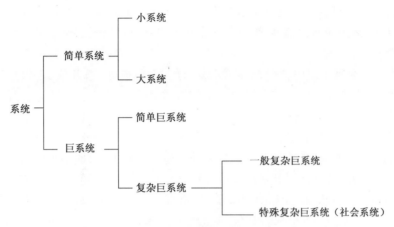

图 3-43 钱学森对系统的分类

内部要素的种类、相互作用方式、层次结构等对系统性质的影响,综合考虑这些方面对系统进行了分类。

首先,根据组成系统的子系统以及子系统种类的多少和它们之间关联关系的复杂程度,把系统分为简单系统和巨系统两大类。简单系统是指组成系统的子系统数量比较少,它们之间关系比较单纯。某些非生命系统如一台测量仪器,这就是小系统。如果子系统数量相对较多(如几十、上百),如一个大工厂,则可称作大系统。不管是小系统还是大系统,研究这类简单系统都可从子系统相互之间的作用出发,直接综合成全系统的功能。这可以说是直接的做法;没有什么曲折,只是在处理大系统时,要借助于计算机。

若子系统数量非常大(如成千上万、上百亿、万亿),则称作巨系统。巨系统的组分数量非常大,可能涌现出与简单系统不同的整体性。巨系统通常有微观和宏观层次的划分,通过聚合子系统的特性难以直接得到宏观特性,要求有新的研究方法。

在巨系统中,要素数量非常大,再按数量进一步划分意义不大,需要按照复杂性程度对巨系统进行进一步的划分。若巨系统中子系统种类不太多(几种、几十种),且它们之间关联关系比较简单,就称作简单巨系统,如贝纳德对流、激光系统。由于简单巨系统组分数量多,研究处理这类系统不能用研究简单小系统和大系统的办法,从组分间相互作用出发,直接综合得到整个系统运动特性的方法不行了,人们就想到统计力学的巨大成就,把亿万个分子组成的巨系统的功能略去细节,用统计方法概括起来,即从微观到宏观的综合统计方法。耗散结构理论和协同学就是采用这种方法处理简单巨系统的成功例子。

如果子系统种类很多并有层次结构,它们之间关联关系又很复杂(非线性、不确定性、模糊性、动态性等),这就是复杂巨系统。这些系统无论在结构、功能、行为和演化方面都很复杂,在时间、空间、功能上都存在层次结构。因此,复杂巨系统的"复杂"不是泛泛而论,而是包含组分的异质性、结构的层级性、过程的多阶段性和动态性、相互关系和作用的非线性等具体内涵。对复杂巨系统需要采用新的研究方法,钱学森提出定性与定量相结合的综合集成方法是一种可行的方法。

3.8.2 开放的复杂巨系统的一些观点

从组分规模和相互作用方面来刻画复杂性显然还不够。一些系统科学家,如普利高津指出开放性是耗散结构系统存在的必要条件之一,因此还需要考虑系统与环境的相互作用。复杂巨系统与环境的相互作用方式多种多样,开放性将促使系统的运行机制、行为方式和功能效益的改变。

在开放的复杂巨系统中,"开放"一词被赋予了新的内涵。"开放"不仅意味着系统与环境存在物质、能量、信息的交换,接受环境的输入和扰动,向环境输出,还有主动适应和进化的含义。首先构成系统的个体或子系统,能够通过主动行为获得信息,通过相互作用交换信息,具有一定的"预见性",能够在行动中学习,积累经验,获得知识,主动的、适应性的改变自己的行为,不断进步。在个体主动适应的基础上,形成整个巨系统在环境中的学习和适应性行为,通过进化更好地适应环境。

"开放"要求在分析、设计和使用系统时,重视系统对环境的影响,把系统运行和环境保护结合起来。"开放"还意味着系统不是既定的而是动态和发展的,会不断出现新现象、新问题,必须以开放的心态面对问题、处理问题。

开放的复杂巨系统在现实世界是广泛存在的,主要包括大脑系统、人体系统、社会系统、生物圈系统、地理系统和宇宙系统六种,它们之间形成嵌套关系,如图3-44所示。原则上,与总系统同维的分系统也是开放的复杂巨系统,如社会系统中的经济、政治、文化、军事等分系统也是开放的复杂巨系统。

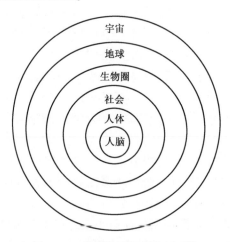

图3-44 典型的开放复杂巨系统

3.8.3 社会:特殊的开放复杂巨系统

不同的开放复杂巨系统之间还是有显著区别的。钱学森特别关注社会这个特殊的开放复杂巨系统,社会的基本组成是人,人本身也是开放复杂巨系统,这就使得社会系统具有其他系统没有的特殊性质。钱学森认为,过去对社会的研究是不够的,因为没有从复杂巨系统这个观点出发。为了研究、解决中国社会的问题,必须采用特殊复杂巨系统这个概念,把社会作为一个整体进行研究,发展一套特殊的理论、方法、技术,而不能"头脑简单",这方面有深刻的教训。

社会系统的特殊复杂性,首先表现在社会系统的基本组分是人,人是一个开放复杂巨系统,需要综合应用钱学森所讲的11大门类的科学知识,这是任何其他开放复杂巨系统所不具备的。如人的躯体是开放复杂巨系统,除生命现象的共同性外,需要人体科学来研究。人还具有意识,在进行着复杂的思维活动,需要思维科学。人的行为不是简单的刺激反应模式,不是简单的控制系统,需要行为科学。人是社会性动物,有复杂的人际关系,需要社会科学,等等。

由于以人为社会系统的基本组分,社会系统与环境的关系非常复杂。社会系统与自然环境是全方位开放的,须臾不能离开与自然环境交换物质、能量、信息。每个社会系统又对其他社会系统开放,相互进行物资、资金、技术、知识、信息、人才的交流,又相互制约。由于具有自觉能动性,人不但依靠环境,而且能动地开发、改造环境,有时会破坏环境,使得社会系统与环境的关系特别复杂多样。

由于以人为社会系统的基本组分,社会系统的内部异质性特别发达。在个体层面,人与人之间有多种差异,民族的、阶层的、地域的、家庭的等。社会分系统有经济的、政治的、文化的、宗教的、历史的、现实的、未来走向的不同。社会系统的层次结构特别复杂,具有多种多样的层次划分,而且不同层次的界限不清。不论从纵向还是从横向看,社会系统的结构复杂性是任何其他系统难以比拟的。

社会系统的非线性特别发达,系统内部的相互关系、相互作用都是非线性的,这些相互作用都是动态的,动力学系统的稳定性、鲁棒性表现得非常明显和复杂。社会系统有强烈的不确定性,人类社会受自然环境不确定的影响,自身还会产生政治、经济、意识的不确定性。

对如此复杂的社会系统,首先需要从整体上研究,把握社会系统的基本特征。钱学森根据社会形态这个概念从宏观上认识社会系统。社会形态是一定历史时期的社会经济制度、政治制度和思想文化系统的综合,是一定历史阶段上生产力和生产关系、经济基础和上层建筑的具体的、历史的统一。社会形态最基本的方面有经济的社会形态、政治的社会形态和意识的社会形态,这三个层面相互联系、相互作用,从而构成社会的有机整体,形成社会系统结构。

从社会进步和历史发展角度看,社会系统的三个侧面在不断地运动和变化中,飞跃式的变化就是革命。从社会发展和文明建设来看,相应于三个侧面也有三种文明建设。由于社会系统的三个层面相互联系、相互作用,三个文明建设也相互联系、相互作用。从这个角度看,三个文明建设必须协调发展,形成良性循环。因此,整体地、协调地规划、组织、管理它们的运行,把社会建设看作一个大规模工程。钱学森提出,把组织管理社会主义建设的技术称为社会工程,即社会系统工程,但范围和复杂程度是一般系统工程所没有的。

3.8.4　从定性到定量的综合集成方法

钱学森认为,解决开放复杂巨系统问题目前唯一有效的方法是使用从定性到定量的综合集成方法。从定性到定量综合集成方法有一个发展过程,20 世纪 70 年代末,钱学森提出把还原论方法和整体论方法结合起来的系统论方法。80 年代末至 90 年代初,经过长期研讨,提出"从定性到定量综合集成方法",把系统论方法的一般原则具体化。从定性到定量综合集成研讨厅体系是这一综合集成方法的实践形式[30]。

综合集成方法吸收了还原论方法和整体论方法的长处,同时弥补了各自的局限性,既超越还原论方法,也超越了整体论方法。在运用这个方法时,需要将系统分解,在分解后研究的基础上再综合集成到系统整体,实现 1+1>2 的飞跃,达到从整体上研究和解决问题的目的。

综合集成方法采用了人机结合、以人为主的技术路线。综合集成方法的实质是把专家体系、数据与信息体系以及计算机体系有机结合起来,构成一个高度智能化的人、机结合系统。人和计算机各有所长、相辅相成、和谐地工作在一起形成"人帮机、机帮人"的合作方式。这个方法的成功应用,就在于发挥这个系统的综合优势、整体优势和智能优势,它比单纯靠人(专家体系)有优势,比机器体系更有优势,它能把人的思维、思维的成果、人的经验、知识、智慧以及各种情报、资料和信息集成起来,从多方面的定性认识上升到定量认识。

综合集成方法实现信息、知识和智慧的综合集成。信息、知识和智慧是三个不同层次的问题,有了信息未必有知识,有了信息和知识也未必就有智慧。信息的综合集成可以获得知识,信息、知识的综合集成可以获得智慧。人类有史以来,是通过人脑获得知识和智慧的,现在由于计算机科学与技术的发展,我们可以通过人—机结合,人—网结合的方式来获得知识和智慧,在人类发展史上具有重大意义。

综合集成方法采用人机结合方式实现对复杂系统从定性到定量的认识。对复杂系统或复杂巨系统来说,由于其跨学科、跨领域的特点,对所研究的复杂性问题能提出经验性假设,通常不是一个专家,甚至也不是一个领域的专家们所能提出来的,而是由不同领域、不同学科专家构成的专家体系,依靠群体的知识和智慧,对所研究的复杂系统和复杂巨系统问题提出经验性假设与判断,这是定性的。但要证明其正确与否,仅靠自然科学中所用到的各种方法,就显得力所不及了。那么出路在哪里?这就是人—机结合,以人为主的研究方式。通过人—机结合,以人为主,实现信息、知识和智慧的综合集成,通过人机交互、反复比较、逐次逼近,实现从定性到定量的认识,从而对经验性假设的正确与否作出明确结论。然后还可提出新的经验性假设,继续进行定量研究。这种人—机结合的思维方式和研究方式具有更强的创造性和认识客观事物的能力,如图3-45所示。

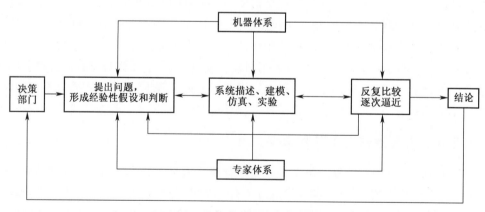

图3-45　综合集成方法的应用过程

3.8.5　综合集成研讨厅

从定性到定量综合集成研讨厅是实现综合集成方法的实践形式,运用这套方法的集体称为总体设计部。它是将有关的理论、方法与技术集成起来,构成一个供专家群体研讨问题时的工作平台[31]。不同的复杂系统或复杂巨系统,研讨厅的内容可能是不同的,即使同一个复杂系统或复杂巨系统,由于研讨问题的类型不一样而有不同的研讨厅。更进一步,研讨厅按照分布式网络和层次结构组织起来,就形成一种具有纵深层次、横向分布、交互作用的矩阵式研讨厅体系,为解决开放复杂巨系统问题提供了规范化、结构化的形式。这样的研讨厅体系实际上是人—机结合、人—网结合的信息处理系统,以及知识生产系统、智慧集成系统,是知识生产力和精神生产力的实践形式。

构建这样的研讨厅、研讨厅体系所用到的有关理论、方法、技术和研讨方式包括:

(1) 几十年来世界学术讨论的 Seminar 经验;

(2) C^3I 及作战模拟;

(3) 从定性到定量综合集成方法;

(4) 情报信息技术;

(5) 人工智能;

(6) "灵境"(人工虚拟现实(VR));

(7) 人—机结合智能系统;

(8) 系统学;

(9) 第五次产业革命(信息革命)中涌现出来的新技术。

研讨厅和研讨厅体系由以下三个部分构成:

(1) 专家体系:由参与研讨的专家组成,是复杂问题解决任务的主要承担者,专家要运用"心智",特别是"性智"。复杂系统或复杂巨系统的研究通常是跨学科、跨领域的交叉性和综合性研究,需要由不同学科、不同领域的专家组成专家体系。在实际应用中,专家体系还要考虑到部门结构、年龄结构等问题。人—机结合,以人为主,这个人就是指专家体系,因此,专家体系的整体水平和素质对研讨问题是非常重要的。由于研究的复杂系统或复杂巨系统不同,专家体系的结构也不一样,因此专家体系的结构是动态变化的。

(2) 机器体系:以计算机软、硬件和网络等现代信息技术的集成与融合所构成的机器体系,是研讨厅的重要组成部分。机器体系是为专家体系服务的,机器体系主要在定量分析阶段发挥作用。机器体系结构与功能的设计应结合所要研究的复杂系统或复杂巨系统的实际,以综合集成的思想和方法为指导来进行系统设计。在网络环境下,研讨厅是一个开放系统,机器体系以及与其联网的网上资源是支持复杂系统或复杂巨系统研讨所需要的各种资源基础,如数据和信息资源、知识资源、模型体系、方法与算法体系等。特别是在人—机交互过程中,机器体系应具有更强的动态支持能力,如实时建模和模型集成。这样的机器体系和专家体系结合起来,形成"人帮机、机帮人"的和谐工作状态。

(3) 知识体系:由各种形式的知识/信息组成。研讨厅是人—机结合的知识生产系统,知识扩大再生产所用到的知识资源就是人类知识体系。一个研讨厅所存储的知识资源可能是直接与所研究的复杂系统有关的那部分知识,其他知识如需要可通过网络方式从网上获取。专家体系和机器体系是知识体系的载体。

这三个体系构成高度智能化的人—机结合体系,不仅具有知识和信息采集、存储、传递、分析和综合的功能,更重要的是具有产生新知识和智慧的功能,既可用来解决理论问题,又可用来解决实践问题。图3-46为综合集成研讨厅。

应用综合集成方法必须有总体设计部这样的组织体系。总体设计部由熟悉所研究系

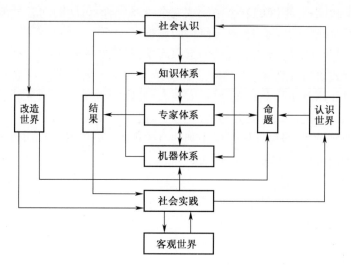

图 3-46　综合集成研讨厅

统的各方面专家组成,由知识面宽、有组织才能的专家负责领导,应用综合集成方法进行总体研究。总体设计部设计系统的总体方案和实现途径。将系统看作更大系统的组成部分,实现与更大系统的协调。然后把系统看作若干分系统有机结合的整体,首先对各个分系统从实现整个系统协调的观点来考虑,进行总体分析、总体论证、总体设计、总体协调,提出具有科学性、可行性和可操作性的总体方案。

参考文献

［1］Weaver W. Science and Complexity［J］. American Scientist,1948,36(4):536-544.

［2］Mitchell M. Complexity:A Guided Tour［M］. Oxford University Press,2009.

［3］刘秉正,彭建华. 非线性动力学［M］.北京:高等教育出版社,2004.

［4］Devaney R L. An Introduction to Chaotic Dynamical Systems［M］. Addioson-Wesey,1989.

［5］May R. Simple Mathematical Models with very Complicated Dynamics［J］. Nature,1976,261(5560):459-467.

［6］Holland J H. Hidden Order:How Adaption Builds Complexity［M］. Addison-Wesley,1995.

［7］Holland J H. Complexity :A Very Short Introduction［M］. Oxford University Press,2014.

［8］Holland J H. Signals and Boundaries:Building Blocks for Complex Adaptive Systems［M］. MIT Press,2012.

［9］Miller J H,Page S E. Complex Adaptive Systems. An Introduction to Computational Models of Social Life［M］. Princeton University Press,2007.

［10］Railsback S F. Concepts from Complex Adaptive Systems As a Framework for Individual-Based Modelling［J］. Ecological Modelling,2001,139(1):47-62.

［11］Holland J H. Studying Complex Adaptive Systems［J］. Journal of Systems Science & Complexity,2006,19(1):1-8.

［12］Wolfram S. Cellular Automata as Models of Complexity［J］. Nature,1984(311):419-424.

［13］Wolfram S. Statistical Mechanics of Cellular Automata［J］. Reviews of Modern Physics,1983,55(3):

601-644.

[14] Langton C G. Computation at the Edge of Chaos [J]. Physica D,1990,42:12-37.

[15] Reggia J A,Armentrout S L,Chou H H,et al. Simple Systems that Exhibit Self-Directed Replication [J]. Science,1993,259(2):1282-1287.

[16] Schiff J L. Cellular Automata:A Discrete View of the World [M]. Wiley & Sons,Inc,2011.

[17] Langton C G. Self-Reproduction in Cellular Automata [J]. Physica D,1984,10:135-144.

[18] Byl J. Self-Reproduction in Small Cellular Automata [J]. Physica D,1989,34:295-299.

[19] Sayama H. Introduction of Structural Dissolution into Langton's Self-Reproducing Loop[A]. Adami C,et al. (ed.). Proceedings of the Sixth International Conference on Artificial Life [C]. Los Angeles,California,MIT Press,1998,114-122.

[20] Wolfram S. A New Kind of Science [M]. Wolfram Media,2002.

[21] 李劲,肖人彬. 涌现计算综述 [J]. 复杂系统与复杂性科学,2015,12(4):1-13.

[22] Newman M. Networks:An Introduction [M]. Oxford University Press,2010.

[23] Milgram S. The Small World Problem [J]. Psychology Today 1967,1(1):60-67.

[24] Watts D J,Strogatz S H. Collective Dynamics of 'Small-World' Networks [J]. Nature,1998,393(6684):440-442.

[25] Barabási A L,Albert R. Emergence of Scaling in Random Networks [J]. Science,1999,286(5439):509-512.

[26] Barabási A. Scale-Free Networks:A Decade and Beyond [J]. Science,2009,325(5939):412-413.

[27] Dangalchev C. Generation Models for Scale-Free Networks [J]. Physica A,2004,338(3):659-671.

[28] 钱学森. 创建系统学:新世纪版[M]. 上海:上海交通大学出版社,2007.

[29] 钱学森,于景元,戴汝为. 一个科学新领域——开放的复杂巨系统及其方法论 [J]. 自然杂志,1990,13(1):3-10.

[30] 戴汝为. 从定性到定量的综合集成法的形成与现代发展 [J]. 自然杂志,2009,31(6):311-314.

[31] 李耀东,崔霞,戴汝为. 综合集成研讨厅的理论框架、设计与实现 [J]. 复杂系统与复杂性科学,2004,1(1):27-32.

第4章

系统方法论

系统工程的研究对象是复杂的大系统,这些系统往往具有多层次、多属性、多目标等特点,跨越多个不同的专业领域,在具有高度不确定性的环境中开发与运行,需要协调复杂的社会关系。面临这样的系统工程任务时,必须在正确的方法论的指导下,采用适当的方法,选择适当的技术,运用适当的工具,才能有效地推进工作,最终获得满意的结果。

方法论是指人们运用一定的哲学思想来处理问题的步骤、方法、原则和工具。系统方法论是指在一定的系统理论框架指导下,认识和解决系统问题的一整套思想、原则、流程、方法和工具。它是系统工程思考和处理问题的一般方法和总体框架,这在系统工程工作中是非常重要的。

4.1 系统方法论的演进

系统方法论一直是系统理论研究和系统工程实践中的重要问题。随着系统理论的发展和系统工程实践经验的积累,系统方法论也在不断演进。在 20 世纪 50—60 年代,为解决大型工程项目的组织与管理,发展了以霍尔(Hall)三维结构体系为代表的硬系统方法论(Hard System Methodology,HSM)。英国著名系统工程专家切克兰德(P. B. Checkland)将系统分析、系统工程、运筹学等领域中问题明确、机理清楚,主要解决"怎么做"的方法论归类为硬系统方法论。随着系统工程向社会领域的拓展,在面对社会、经济、环境等问题时,由于过分强调目标明确和定量化,硬系统方法论在这些领域应用并不成功。到了 80 年代,系统工程领域开始反思,认为过去的硬系统方法论过分依赖定量模型,定性思考不够,忽略了人的因素,需要新的方法论。

在 20 世纪 80 年代系统反思浪潮中出现了许多系统方法论,影响较大的有切克兰德提出的一套适合社会经济领域问题的软系统方法论(Soft System Methodology,SSM)。软系统方法论是交互式、参与式的,支持不同的参与者认识、分析、缓解共同关心的问题情境。除 SSM 外,其他类似方法如战略假设表面化与检验(Strategic Assumptions Surfacing and Testing,SAST)、问题结构法(Problem Structuring Method)、战略选择发展与分析(Strategic Options Development and Analysis,SODA)、超对策(Hypergame)、批判式系统启发(Critical Systems Heuristics,CSH)等。

在 20 世纪 90 年代,当考虑社会经济环境等更为复杂的战略性问题或者成堆的问题

(堆题 mess)时,需要从一批方法论中选择合适的方法论。Jackson 提出了批判性系统思考(Critical Systems Thinking,CST)方法论,为选择具体的方法论提供了框架。在这一时期,西方系统学者主要强调思考方式、交互过程和人的参与。在东方,日本的系统与控制论专家椹木义一等提出西那雅卡(Shinayaka)系统方法论,在定量建模中加入定性方法。后来他的学生中森在西那雅卡的基础上,提出 i 系统方法论。我国学者在系统方法论方面也做出显著贡献,钱学森提出处理开放的复杂巨系统问题的从定性到定量的综合集成研讨厅;顾基发和朱志昌等结合系统工程实践要求的"懂物理、明事理、通人理",提出了物理—事理—人理方法论;王浣尘提出旋进原则方法论;王众托提出元决策理论,等等。

进入 21 世纪,对复杂系统的研究取得了很大进展,揭示出复杂系统的一些关键特性,如适应性、多元性、自组织等,对如何处理复杂系统工程问题带来新的挑战。另外,体系(系统之系统)与体系工程也为系统方法论的发展提出新的要求。因此,目前系统方法论仍需要进一步发展。

4.2 硬系统方法论

硬系统与软系统的概念是切克兰德首先提出的,后来得到广泛接受。硬系统偏重工程领域,系统的内部机理明确,可用精确的数学模型描述系统的结构和行为。一般具有明确的问题定义,系统工程人员解决问题的基本工作就是选择一组方案,在一定的时间和一定成本要求下,实现预期目标。与此对应的解决问题的方法论就是硬系统方法论,它致力于选择一种有效的方式,达成预先定义良好的目标。传统意义上的系统分析、系统工程、运筹学等所运用的方法论就属于这一类。

4.2.1 霍尔三维结构体系

在硬系统方法论中,美国系统工程专家霍尔于 1969 年所提出的三维结构具有代表性[1]。它以时间维、逻辑维、知识维组成的立体空间结构来概括表示系统工程的各阶段、各步骤以及所涉及的知识范围。它将系统工程活动分为前后紧密相连的 7 个阶段和 7 个步骤,并同时考虑为完成各阶段、各步骤所需的各种专业知识,为解决复杂的系统问题提供了一个统一的思想方法。霍尔的三维结构体系如图 4-1 所示。

1. 时间维(工作阶段)

对于一个具体的工作项目,从制定规划一直到系统更新为止,按时间顺序全部过程可划分为 7 个阶段:

(1)规划阶段:调研、程序设计阶段,目的在于谋求活动的规划与战略。

(2)拟订方案:提出具体的计划方案。

(3)研制阶段:做出研制方案及生产计划。

(4)生产阶段:生产出系统的零部件及整个系统,并提出安装计划。

(5)安装阶段:将系统安装完毕,并完成系统的运行计划。

(6)运行阶段:系统按照预期的用途开展服务。

(7)更新阶段:为了提高系统功能,取消旧系统而代之以新系统,或改进原有系统,使之更加有效地工作。

2. 逻辑维(解决问题的逻辑过程)

运用系统工程方法解决工程问题时,在每个阶段所要进行的工作内容和解决问题的逻辑过程,一般可分为7个步骤:

(1)摆明问题:通过系统调查,尽量全面地搜集有关的资料和数据,把问题讲清楚。

(2)系统指标设计:确定系统应达到的目标,设计评价系统功能的指标,以利于衡量所供选择的系统方案。

(3)系统综合:主要是按照问题的性质和总的功能要求,形成一组可供选择的系统方案,方案是按照问题的性质和总的功能要求,形成的一组可供选择的系统方案,方案中要明确待选系统的结构和相应参数。

(4)系统分析:分析系统方案的性能、特点、对预定任务能实现的程度以及在评价目标体系上的优劣次序。

(5)最优化:根据分析的结果,对方案的参数进行调整,达到最优效果。

(6)决策:在分析、评价和优化的基础上做出裁决并选定行动方案。

(7)实施计划:根据最后选定的方案,将系统付诸实施。

以上7个步骤只是一个大致过程,其先后并无严格要求,而且往往可能要反复多次,才能得到满意的结果。

3. 知识维(专业科学知识)

从事系统工程除了需要为完成上述各步骤、各阶段所需的某些共性知识外,还需要其他学科的知识和各种专业技术,霍尔把这些知识分为工程、医药、建筑、商业、法律、管理、社会科学和艺术等。各类系统工程,如军事系统工程、经济系统工程、信息系统工程等,都需要使用其他相应的专业基础知识。

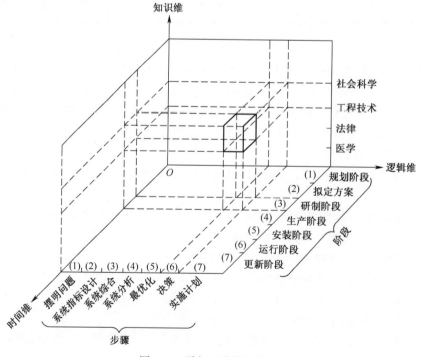

图4-1 霍尔三维结构体系

三维结构体系形象地描述了系统工程的工作框架。对其中任一阶段和每一步骤又可进一步展开,形成分层次的树状体系。将7个工作阶段和7个逻辑步骤归纳在一起,列成表(表4-1),就构成了活动矩阵,运用活动矩阵就能清楚地表示在每个阶段每个步骤所要进行的活动。

表 4-1　活动矩阵

逻辑维 时间维	1 摆明问题	2 系统指标设计	3 系统综合	4 系统分析	5 最优化	6 决策	7 实施计划
1. 规划阶段							
2. 拟定方案							
3. 研制阶段							
4. 生产阶段							
5. 安装阶段							
6. 运行阶段							
7. 更新阶段							

霍尔三维结构方法论强调明确目标,核心内容是最优化,并认为现实问题都能够归纳成系统工程问题,应用定量分析手段获得最优解。

该方法论具有研究方法上的整体性,技术应用上的综合性,组织管理上的科学性和系统工程工作的问题导向性等特点,是系统工程方法论的重要基础内容。霍尔的三维结构模式的出现,为解决大型复杂系统的规划、组织、管理问题提供了一种统一的思想方法,因而在世界各国得到了广泛应用。

4.2.2　霍尔三维结构体系应用案例

霍尔三维结构体系在很多领域都得到了成功应用,下面简单介绍它在中国三峡工程中的应用。长江是中国第一大河、世界第三大河,全长6300多km,流域面积180万km²,流域内人口约3.5亿人。长江的治理开发对我国国民经济具有重要的意义。长江上游地区干支流由于山高坡陡,水量充沛,水利资源蕴藏丰富,治理开发的任务主要是修建综合利用水库,防洪灌溉,结合发电航运和农田基本建设,大力开展水土保持,改善生态环境。中下游地区地势较为平坦,沿江广大地区以及支流尾闾地区为我国经济文化科学技术发达地区,但处于长江干支流洪水严重威胁之下,极有可能发生大面积的毁灭性灾害。因此,治理开发的任务首先要解决防洪问题,整治河道,保障广大城乡人民安全发展,排涝灌溉,航运发电,建设好商品粮棉油基地,积极为工农业生产城乡经济全面发展而服务。

长江干流洪水控制关键在修建三峡工程,三峡以上干流洪水是长江洪水的主要来源。控制上游洪水,对解决中下游防洪具有关键性作用。三峡工程是长江治理规划的主体,但是在长江上游修建大型水利工程,涉及防洪、发电、航运、生态、移民、文物保护、国防安全等诸多方面的问题,这些问题相互交织,难以得到完全清楚的认识。因此,围绕三峡工程进行了长期的论证,1992年获得中国全国人民代表大会批准建设,1994年正式动工兴建,2003年开始蓄水发电,2009年全部完工。三峡工程作为一项特别复杂的系统工程,可以用霍尔三维结构体系的方法论进行归纳。

在时间维,三峡工程经历了规划、设计、研制、建造、安装、运行、更新等各个阶段。

(1)规划阶段。早在1919年,孙中山先生在《建国方略》中就提出建设三峡工程的设想。在国民政府时期,为开发三峡水力资源进行了勘测和设计工作。1944年,美国垦务局设计总工程师萨凡奇到三峡实地勘查后,提出了《扬子江三峡计划初步报告》,即著名的"萨凡奇计划"。1946年,国民政府资源委员会与美国垦务局正式签订合约,由该局代为进行三峡大坝的设计,中国派遣技术人员前往美国参加设计工作。后来因为内战爆发,该计划不了了之。

中华人民共和国成立后,全面开展长江流域规划和三峡工程勘测、科研、设计与论证工作。1955年12月,周恩来在北京主持会议,正式提出三峡水利枢纽有着"对上可以调蓄,对下可以补偿"的独特作用,三峡工程是长江流域规划的主体。1956年,毛泽东主席在武汉畅游长江后写下了"更立西江石壁,截断巫山云雨,高峡出平湖"的著名诗句。1970年,中央决定先建作为三峡总体工程一部分的葛洲坝工程。1984年4月,国务院原则批准由长江流域规划办公室组织编制的《三峡水利枢纽可行性研究报告》,后来又组织了多次论证。1992年4月3日,七届全国人大第五次会议通过《关于兴建长江三峡工程的决议》,决定将选择适当时机组织实施。三峡工程采取"一次开发、一次建成、分期蓄水、连续移民"的建设方式。

(2)初步设计。

总目标:解决发电、防洪、供水、航运四个方面问题。然后对目标进行分解和量化。协调目标,提出实现目标的具体的方案。为实现方案,需要在技术、经济和社会方面、环境方面提供保障。根据具体方案,对工程成本费用和效益提出更加详细的计算。

大坝正常蓄水位:最初为230m、235m(最终确定为坝顶185m高程,正常蓄水位175m);坝址最初设在南津关,最终设在湖北省宜昌市三斗坪镇。

(3)研制阶段。该阶段属于实施系统工程(生产安装)之前,技术性很强、工作量最大的阶段,需要结合大批相关工程技术人员合作完成,需要提出实施该系统的详细研制方案,并提出详细的实施(生产或施工,包括往后各阶段)计划。具体包括:提出可供施工的蓝图,如大坝、船闸、厂房、机电设备、输变电工程等方面的各项研究工作以及最终拿出可供施工和生产的图样;按照预想的进程和可能性,提出包括库区移民以及工厂的搬迁安置、施工进度、水轮发电机组、辅助设备、输变电设备的研究等,进而提出何时完成第一期工程和第二期工程,何时全面投产发电等详细实施计划。

(4)大坝建造与设备制造阶段。

该阶段的工作:①根据系统研制阶段所提出的方案和生产计划,生产出系统的零部件和所有的设备和装置。②提出系统的安装计划。完成大坝以及全部水工结构的建筑,船闸、厂房的建设,水轮发电机组、输变电设备、中央控制台、配电室以及其他各种机电设备的制造。③提出未来的安装计划。④安置库区移民。

时间维的第五、六、七阶段分别为安装、运行、更新。

各项工作在时间上可以交叉并行:研制阶段就可部分进行建造,建造阶段就可部分安装,安装阶段就可部分进行运行。

在逻辑维,三峡工程的每个阶段都要进行明确问题、探寻目标、方案综合、方案分析、优化、决策、实施等过程。在实践工作中,系统综合、系统分析和系统优化存在循环、不断递进的过程,即在系统分析和系统优化的过程中可能产生系统方案,或者对模型进行修正。

在知识维,对于进行三峡大坝这样的大规模复杂系统问题,科技工作者除了必须具备水利、水电、防洪、防沙等专业知识外,还应具备法律、经济、管理科学、社会科学、环境科学、信息技术和相应的工程技术知识,才能有效地完成这项复杂系统工程的研究,并解决相应的问题。

4.3　软系统方法论

4.3.1　软系统问题

在系统工程的早期阶段,人们处理的主要是一些工程系统,这些系统问题明确、结构良好,需要解决的是"怎么做"。后来系统工程推广到社会、环境、公共管理等领域,在处理这些系统时"问题是什么"反而成了问题,实际上人们面临的是"议题",这些问题涉及许多人和组织的利益,他们的要求、价值观、信念不一定相同,甚至可能冲突。这些问题不明确、结构不清晰的问题是"软"问题。

对于软系统问题,"确定目标、选择方案、达成目标"的硬系统方法论不能有效地发挥作用。在20世纪70年代,一些处理软问题的方法论逐渐形成。软系统方法论强调通过人的交流讨论,对问题的实质有所认识,逐步明确系统的目标,经过不断的反馈,逐步加深对系统的了解,如果感到问题得到改善或对问题有了进一步的理解,就认为达到了目的。软系统的研究要带着一定的思想原则和概念去观察和理解问题,研究者的文化环境、世界观和社会习俗都会产生影响[2]。

4.3.2　切克兰德SSM方法论

处理软问题的方法很多,如德尔菲法、情景分析法等。英国系统工程专家切克兰德和B. Wilson等学者提出并发展的软系统方法论(SSM)有较大影响[3]。这一方法论不具备已知是什么,回答怎么做的工程性特点,它的核心是调查学习,探索改善。SSM使用四种智力活动,即感知—判断—比较—决策构成了各个阶段联系在一起的学习系统。SSM的主要内容包括7个逻辑步骤[4],如图4-2所示。

SSM的7个步骤分布在现实世界和精神世界。在处理问题的过程中,需要在两个世界之中切换。具体步骤如下:

(1)考察问题的情境。因为在开始阶段对有什么问题并不明确,只是感觉到有问题而不安。首先应该对问题情境做出全面了解,避免匆忙选定一个问题急于解决它。对问题情境的了解不是轻而易举的,应该尽量了解系统中的要素和系统中的过程,识别它们之间的关系。

(2)表达问题的情境。把问题情境的考察结果用丰富图表述出来,此时不急于用形式化语言进行表述,而是采用自然语言、各种图形、图像等进行生动的表述。由于观察角度、价值观、思维方式等的不同,这种表述可能是多种多样的,越是丰富多样,就越能充分

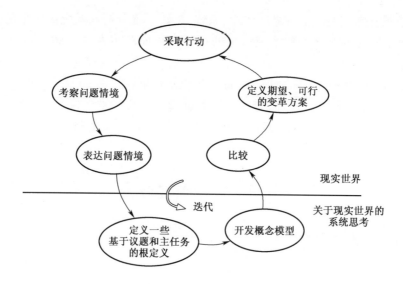

图 4-2 切克兰德的 SSM

了解问题的真实情境。

（3）进入精神世界，对相关情境进行根定义，即可以从哪些不同视角审视这个问题？根定义通常用一句话来表述系统转变过程，并包含有 6 个基本成分。根定义经常包括的要素简写为 CATWOE，它们分别是：

C——系统的利害承担者（Customers）；

A——系统的执行者（Actors）；

T——变换过程（Transformation Process），系统从输入到输出的转换过程；

W——世界观（Weltanschauung，World View），Weltanschauung 是德语世界观的意思，对世界的总体看法、价值观、伦理道德观等；

O——系统的所有者（Owners）；

E——系统的环境约束（Environmental Constraints），对解决方案有制约和影响的因素。

利用上面的 CATWOE 要素，就把问题情境相关的人类活动系统的基本情况确定下来了。

（4）开发概念模型。在根定义的基础上，对系统的活动进行描述，形成概念模型。它不涉及系统的实际构成，而只是在概念上的说明。这些模型可以采用自然语言，也可以使用一些图形工具。

（5）比较。回到现实世界，将概念模型与现实情境进行比较。通过比较，发现二者之间的差异，进行模型的修正。一般来说，能够建立的概念模型不止一个，通过比较发现各个模型的长处和短处，取长补短，会得到更切合实际的模型。在比较过程中，也会发现认识上的分歧，可以进行公开、自由的讨论、辩论。

（6）提出必要、可行的变革方案。这里的变革，既包括组织或运行上的改变，也包括人的认识和态度上的改变。

（7）采取行动。实施变革方案，通过实施变革方案，又得到新的情境，于是又进入下一轮。

这种方法论在开始提出时是从步骤(1)开始顺序执行的。后来经过实践发现有时候可能从任何一个阶段开始,中途可能会有反复。也可能变革之后还不满意,还要继续进行上述步骤。总之,这种方法论强调的就是不断反馈和学习。

4.4　物理—事理—人理系统方法论

4.4.1　物理、事理与人理

物理—事理—人理(WSR)系统方法论是中国学者顾基发和英国学者朱志昌1994年提出的一种具有东方文化特点的系统方法论,他们在借鉴西方系统方法论的基础上,结合从事系统工程实践过程中对物理、事理和人理的理解,提出一种综合类系统方法论。WSR核心特点是强调系统实践活动是物质世界、系统组织和人的动态统一,因此解决系统问题,要考虑物理、事理和人理,才能获得对考查对象的深层理解,以便采取恰当可行的对策[5,6]。

在WSR方法论中,物理是指涉及物质运动的机理,它既包括狭义的物理,又包括化学、生物、地理、天文等。通常要用到自然科学的知识来回答"物"是什么。事理是做事的道理,主要解决如何去安排,通常要用到运筹学、管理科学的知识,主要是回答"怎样去做"的问题。人理是指做人的道理,主要用来回答"应当怎样做"和"最好怎样做"的问题。实际生活中处理任何事和物都离不开人去做,而判断这些事和物是否恰当也得由人来完成。人理的作用可以反映在世界观、文化、信仰、宗教方面。物理、事理和人理的主要内容如表4-2所列。

表4-2　物理、事理和人理的主要内容

	物理	事理	人理
对象与内容	客观物质世界法则、规则	组织、系统 管理和做事的道理	人、群体、关系 为人处事的道理
焦点	是什么 功能分析	怎样做 逻辑分析	最好怎样做 可能是人文分析
原则	诚实 追求真理	协调 追求效率	讲人性、和谐 追求成效
所需知识	自然科学	管理科学、系统科学	人文知识、行为科学

4.4.2　物理—事理—人理方法论工作过程

WSR方法论的一般工作过程包括7个步骤[5]:理解意图,制定目标,调查分析,构造策略,选择方案,协调关系,实现构想,如图4-3所示。

其中协调关系贯穿于整个过程。协调关系不仅仅是协调人与人的关系,还可以是协调每一步中的物理、事理、人理的关系,协调意图、目标、现实、策略、方案、构想之间的关系,协调系统实践的投入、产出与成效的关系。这些协调都是由人完成的,着眼点与手段应根据协调对象的不同而不同。当然,这个过程不一定完全按照图上的顺时针顺序进行,应根据领域和对象灵活变化,在每一步所应用的方法也是灵活变化的。

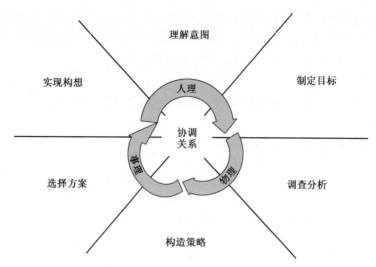

图 4-3　WSR 方法论的工作过程

　　WSR 每个步骤的相应任务和方法如表 4-3 所列。可以看出，WSR 是一种元方法论，在不同阶段针对不同工作性质选用适当的方法论。

表 4-3　WSR 工作过程中的任务与方法

工作步骤	主题内容			方法与工具[①]
	物理	事理	人理	
理解意图	尽可能了解服务对象（顾客）的所有目标及现有资源情况	了解目标的背景、目标间的相互关系、目前系统组织和运行方式、目前工作实行的评价准则	与各层用户沟通，考查顾客对目标的期望或认同程度，了解用户的观点，特别是有决策权的领导的观点	头脑风暴、研讨会、CATWOE 分析、认知图、习惯域、群件等
形成目标	列出所有可行的和实用的目标、评价准则和各种约束	弄清目标间的关系准则，如优先次序和权重	弄清各个目标所涉及的人、群体及相互关系	头脑风暴、目标树、统一计划规划、ISM、AHP、SAST、CSH、SSM
调查分析	调查学习实践对象的领域知识和系统当前运行状况，获取必要的数据信息	根据目标调查分析资源间的关系、约束限制，获取用户的操作经验和知识背景	文化调查，了解谁是真正的决策者及其对目标的影响，系统当前运行操作人员的利益分析，对获取数据的影响，对当前目标的影响	德尔菲法、调查表、文献调查、历史对比、交叉影响法、NG 法、KJ 法、事件访谈法
构造策略	根据调查分析结果和设计目标，制定整体目标和分目标的实现基本框架和技术措施	整合关于所有目标的框架与技术支持，定义整体系统的性能指标，给出若干具体方案	在整体和分布构造中嵌入用户（特别是领导）的思考点和不同用户群的关系	系统工程方法、各种建模方法和工具、综合集成研讨厅

---

　　① 方法与工具中应用了多种方法：AHP——层次分析法；CATWOE——SSM 中根定义时思考的 6 个方面；CSH——启发式系统批判法；IP——交互式规划；ISM——解析结构建模；NG——名义小组；SAST——战略假设表露与检验；CSCW——计算机支持协同工作；GDSS——群决策支持系统。

（续）

工作步骤	主题内容			方法与工具
	物理	事理	人理	
选择方案	分析策略构造中描述的初步方案,考虑模型方法必要的支持数据	设计、选择合适的系统模型以集成各种相关物理模型,方案的可行性分析和验证	在系统模型中恰当的突出策略所包含的人的视点、利益等	NG法、AHP、GDSS、综合集成研讨厅
实现构想	设计方案的全面实现,分别安排人、财、物,监测实施过程	实施过程的合理调度,方案的证实	实施工程中人力资源的调度,方案与人群的利益关系,结果的认可	各种统计图表、统筹图、路线图
协调关系	整个工作过程中物理因素的协调,即技术的协调	对目标、策略、方案和系统实践环境的协调,如处理模型和知识的合理性,可视为知识协调	工作过程在目标、策略、方案、实施和系统实践环境(文化等因素)等方面的观点、理念和利益等关系的协调,配合物理与事理的协调,可认为是利益协调	SAST、CSH、IP、对策论、综合集成研讨厅、群件、CSCW

4.5 全面系统干预

在 20 世纪 80 年代经过系统反思后,出现了大量硬系统方法论和软系统方法论,自然地出现了一个问题:在特定的情境下,应该如何选择系统方法? 因此出现了一类综合性方法论或称之为元方法论、多方法论。批判性系统思考(Critical Systems Thinking,CST)首先用于解决方法论选择的问题[7],更进一步认识到组合运用多种方法论甚至根据需要定制方法论具有实际价值。许多系统学者认为多方法论事实上已经得到广泛采用。在西方,比较有影响的综合性方法论是 Flood 和 Jackson 等提出的全面系统干预(Total Systems Intervention,TSI),用于帮助人们在不同情境下选择适当的系统方法论。

4.5.1 五种系统隐喻

早期的系统思想以为系统来自于现实世界,是客观的。Flood 和 Jackson 指出,人们是通过各种隐喻来构造系统的,使用不同的隐喻,人们看到系统的不同风貌。常用的系统隐喻有机器隐喻、有机体隐喻、神经控制隐喻、文化隐喻和政治隐喻(政治隐喻又分为团队、联盟、监狱三种隐喻)。一个问题并不只对应一种隐喻,可以结合多种隐喻。通过构建不同的系统隐喻,来组织我们关于问题情境的思考。

(1) 机器隐喻:机器由许多部件组成,每一个部件有其特定的功能。机器按一定的程序运转,完成既定的任务。所以系统的机器隐喻强调要素的有效性及对要素的控制。机器隐喻是前系统隐喻。

(2) 有机体隐喻:因为系统思想诞生于生物学,所以最早的系统隐喻是有机体隐喻。与机器不同,因为有机体是开放的,它追求的是生存而非其他目标,所以开放、适应和生存是有机体隐喻的特征。当环境很复杂,充满大量竞争者时,可采用系统的有机体隐喻。

(3) 神经控制隐喻:与有机体隐喻同步发展的另一系统隐喻是神经控制隐喻。该隐喻强调积极的学习而不是对环境的消极适应。它促使自我评价、基于学习与创新的动态目标追求以及对信息的注意。

(4) 文化隐喻:有机体与神经控制隐喻都忽略了组织是一个社会现象,而文化是作为社会的组织所共享的感觉、思维和行为方式。文化决定了组织的反应。文化是一个强有力的系统隐喻。

(5) 政治隐喻:当组织中存在政治斗争时,就需要用系统的政治隐喻。政治涉及利益、冲突和权力因素。政治隐喻下存在对组织的一元、多元和强制三种看法,分别对应团队、联盟和监狱三种隐喻。

4.5.2 问题与方法论分类

不同的系统方法论适合于不同的问题。Jackson 提出对问题分类的方法,分类依据是参与人类型与系统复杂程度。首先对解决问题的参与人根据价值观等进行分类,参与人的性质构成第一个维度。参与人分为三种情景:

(1) 一元:在问题情景中,所有参与人有相似的价值观、信仰和兴趣,它们有共同的目的,以这样或那样的方式参与到如何实现共同目标的决策中。

(2) 多元:在问题情景中,所有参与人基本兴趣兼容,但价值观和信仰不完全相同。需要有适当的场所进行讨论、表达不同意见甚至发生冲突。经过讨论、争论,能够相互理解,达成妥协。参与人至少可以临时同意采取有效的方式,通过一致行动推动问题的解决。

(3) 强制:在问题情景中,所有参与人基本没有共同兴趣,价值观和信仰冲突,不可能达成妥协,因此没有指导行为的一致目标。最有权势的人做决策,采取这样或那样的高压措施强迫他人服从指令。

第二个维度是系统的复杂性,分为简单系统和复杂系统。简单系统只有少量的结构良好的交互,系统稳定,受外部干预少。复杂系统包含大量松耦合的子系统,对环境的扰动有适应行为。

根据这两个维度,将问题分为简单一元、简单多元、简单强制,复杂一元、复杂多元、复杂强制六类。

由于 Jackson 将问题分为六类,相对应的系统方法论也分为六类,并且与一定的系统隐喻相对应,如表4-4所列。

表 4-4 Jackson 系统方法论分类

	一元	多元	强制
简单系统	简单一元 机器隐喻、团队隐喻 包括系统分析、系统工程、系统动力学、运筹方法等	简单多元 联盟隐喻 包括社会系统涉及、SAST 等	简单强制 监狱隐喻 包括 CSH
复杂系统	复杂一元 有机体、神经控制、团队隐喻 包括有生命系统诊断、一般系统理论、社会技术系统思考	复杂多元 文化隐喻、联盟隐喻 包括 IP、SSM	复杂强制 监狱隐喻 目前缺乏方法论

4.5.3　全面系统干预的逻辑

系统隐喻与方法论体系是全面系统干预(元方法论)的基础。全面系统干预是 Flood 与 Jackson 在《创造性解决问题——全面系统干预》一书中提出的[8]。全面系统干预的逻辑步骤包括创造、选择和实施,如图 4-4 所示。

创造阶段的工作是研究者从不同的视角来观察组织或问题情景,尽可能全面地了解问题的各个方面,帮助管理人员对组织或问题情景进行创造性的思考。根据系统隐喻,找出对组织混乱的问题情景有洞察力的系统隐喻及要处理的议题。

选择阶段的工作是挑选与系统隐喻匹配的主要系统方法论与辅助系统方法论。

实施阶段的工作是用选出的方法论干预问题情景,提出组织变革的建议。结果是获得协调一致的干预。

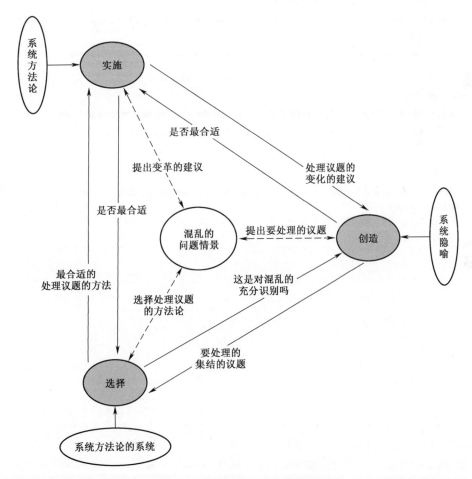

图 4-4　全面系统干预逻辑步骤

全面系统干预是一种创造性解决问题的方法,它为管理者、决策者及咨询者提供了多种感知问题困境多样性的方法。全面系统干预根据其最适配的"理想类型"问题情境来思考和组织已有的系统方法论,而成功使用该方法的关键是要按照对问题情境的感知来选择适当的方法论,同时要随时准备认可可能存在的对问题情境的其他不同的感知。当人们在决定采用某种方式来考查问题情境时,就在局部地表述着这个问题情境;而当人们在采用与这个局部表述相关的方法论时,就在处理着这些相互牵连的问题群的某个方面,因此,需要时时审视对问题情境的其他感知,并保留其他的问题处理方法,这样,当相关个体认为对问题情境特征的表述应当改变时就会有备无患。TSI 的熟练使用者的确能够同时处理关于问题情境的不同观点,使用"主导的"方法论和"辅助的"方法论以覆盖所关注的主要问题和其他重要问题。

 参考文献

[1] Hall A D. The Three-Dimensional Morphology of Systems Engineering [J]. IEEE Transactions on Systems Science and Cybernetics,1969(5):156-160.

[2] Checkland P. Soft Systems Methodology:A Thirty Year Retrospective [J]. Systems Research & Behavioral Science,2000,17(S1):S11-S58.

[3] Checkland P. Systems Thinking,Systems Practice [M]. John Wiley & Sons. ,1999.

[4] Wilson B. Soft Systems Methodology:Conceptual Model Building and Its Contribution [M]. John Wiley& Sons,Ltd,2002.

[5] 顾基发,唐锡晋. 物理事理人理系统方法论 [M]. 上海:上海科技教育出版社,2006.

[6] 顾基发. 物理事理人理系统方法论的实践 [J]. 管理学报,2011,8(3):317-322.

[7] Flood R L, Romm N R A. Critical Systems Thinking:Current Research and Practice [M]. Plenunfi Press,2006.

[8] Flood R L. 创造性解决问题——全面系统干预 [M].杨建梅,庄东,陈安琪,等译. 上海:上海科技教育出版社,2008.

第5章

系 统 分 析

在面对复杂系统时,往往需要对问题情境进行诊断,提出解决问题的方案,分析解决方案的效果,为决策者提供决策依据,这样的工作就是系统分析。系统分析是一种具有普遍意义的求解大规模复杂系统问题的科学方法,包含一系列的原则、步骤、方法、工具。系统分析作为一种一般的科学方法论,广泛运用在各个领域之中。应用系统分析方法可以解决社会、经济、工程、管理等领域的问题,特别是在解决有风险、不确定、需要综合考虑相关人员的利益、价值观等复杂问题方面,有不可替代的作用。

5.1 系统分析概述

5.1.1 系统分析概念

对系统分析(System Analysis,SA)一词有狭义和广义两种理解。狭义的系统分析是系统工程过程的一个重要环节,强调对系统进行"分析",即将系统分解为多个组成部分,然后对各个组成部分进行详细研究,从而获得对系统的深入认识的过程。广义的系统分析近似等同于系统工程,包括提出问题、明确目标、开发解决方案、评价备选方案优劣、为决策提供参考甚至制定实施计划等工作内容,实际上是采用整体观点解决问题的所有活动的统称。在这一过程中不仅包括分析,还包括综合,从这个意义上来说,系统分析这个术语是不准确、不恰当的,但是由于人们长期使用这个术语,已经约定俗成,形成习惯。本书对"系统分析"采用广义的理解。

系统分析是美国著名智库兰德(RAND)公司在第二次世界大战后发展起来的一种认识解决复杂问题的科学方法,是在运筹学的基础上发展起来的。运筹学用于解决目标明确、变量关系简单的近期问题,属于"战术"层面。而系统分析用于解决更为复杂和困难的远期问题,涉及政治、经济、文化等多方面因素,有些因素难以量化,具有一定的"战略"感觉,往往需要进行政策分析。美国系统工程专家 Gibson 认为,系统分析处理的是大规模系统(Large Scale System,LCS)问题,这些大规模系统都具有政策成分,政策成分是指不同的人对系统的目标、性能指标等往往有不同的标准和判断[1]。

20 世纪 60 年代,系统分析获得了进一步发展,学者们认为系统分析是一种研究方法,具有本身的内容,不是简单的对运筹学的扩展,可以通过目标、可行方案集、模型、效应、评价准则等连成一体,借助数学模型和计算机,处理大规模的问题。70 年代,认为系统分析与决策紧密联系,解决层次较高、难度较大的大系统问题。80年代,认为系统分析不仅解决多层次、大规模的复杂系统问题,而且考虑以人为中心的系统行为。21世纪,更强调系统分析是运用建模及预测、优化、仿真、评价等技术对系统进行定性与定量相结合的分析。

可见,系统分析含义比较模糊,没有一个清晰、明确,得到普遍接受的严格定义。学者们对系统分析的理解不尽相同,对系统分析的描述也有所区别。下面列举几个有代表性的定义:

兰德公司认为:系统分析是一种研究方略,它能在不确定的情况下,确定问题的本质和起因,明确咨询目标,找出各种可行方案,并通过一定标准对这些方案进行比较,帮助决策者在复杂的问题和环境中做出科学抉择。

E.Quade认为:系统分析是一种战略研究方法,是在各种不确定条件下帮助决策者处理复杂问题的方法。通过调查全部问题,找出目标和可供选择方案,按效果进行比较,采用恰当评价准则,发挥专家们的见解,帮助决策者选择一系列方案的一种系统方法。

S.Nikoranov认为:系统分析要解决的基本问题是选择一个最适用替代方案,使得高层决策者能更有效地控制和利用资源。这种替代方案选择必须保证完整性和可测性,必须采用数学模型和计算机技术。该定义具体内容有11项,即问题提出、对问题各相关因素估计、目标和约束系统确定、制定评价准则、该问题所特有的系统结构确定、系统分析中的关键因素和不利因素、选择可能替代方案、建立模型、提出求解过程流程、进行计算并求得具体结果、评价结果和提出结论。

汪应洛认为:系统分析是运用建模及预测、优化、仿真、评价等技术对系统的各有关方面进行定性与定量相结合的分析,为选择最优或满意的系统方案提供决策依据的分析研究过程[2]。

综合多位学者对系统分析的认识,可以认为系统分析是采用整体观点认识、解决大规模系统问题的一种定量与定性相结合的科学方法,在对现实复杂情境调查研究的基础上,挖掘、发现系统问题,明确提出应追求的目标,开发解决问题的备选方案,对方案的效果进行预估,根据一定的评价准则对方案进行排序,为决策者提供决策依据。

系统分析的适用对象是大规模系统问题。大规模系统包含大量要素,要素之间有复杂的相互作用,大规模系统问题往往具有以下属性:

(1)政策性:系统具有一定的社会性或"政策性",系统的效果如何不能仅仅通过简单计算得到,往往需要根据个体、组织、社会的立场、偏好、信仰、价值观等进行判断。例如,提高某项税收的税率效果如何,不仅仅是计算税收金额那么简单,还需要权衡对各个收入阶层、地区、国家的效果。

(2)多层次:大规模系统的要素构成数量多、种类复杂,要素之间相互作用复杂,往往具有子系统,形成多层结构。系统与社会、经济、环境、技术许多因素等有相互交织。

(3)难描述:大规模系统构成复杂、相互作用也多种多样,很难完全通过建立定量模型进行精确描述。

(4)部署安装时间长:由于建设成本高、技术复杂、资源消耗大,大规模系统的安装部署往往需要较长时间,一般需要几年甚至几十年。需要考虑分阶段实施、各阶段相互衔接,新旧系统的替换更新需要精心安排。

（5）完全测试困难：大规模系统因为成本高,制造安装周期长,难以事先建立完整的系统原型,很难在系统安装完成前对系统进行全面的试验、测试。早期设计阶段的问题在后期改正困难,因此必须高度重视初步的分析和设计。

这样的大规模系统很多,典型的如城市地铁运输系统、载人航天工程、中国制造业产业升级、南水北调工程、超大城市大气污染治理、社会保障制度改革和军队体制编制调整等。

5.1.2 系统分析要素

系统分析人员面对的具体问题千变万化,不同领域的系统各有特点,采用的具体方法也不尽相同。但系统分析过程还是有一定的规律可循的,无论实际问题如何变化,系统分析过程中总会出现一些关键要素,理解这些关键要素是成功进行系统分析的必要条件。常见的系统分析要素有问题、目的及目标、解决方案、模型、评价、决策者等。

1. 问题

系统分析总是从问题开始的,在现实生活中,个人或机构对正在运行的系统有时会感到不安或不满,或者期望实现更能满足需求的系统,这种对现状的不满或对未来的预期导致问题的产生。系统分析源于问题,系统分析人员与利益相关者需要进行沟通、交流,在存在什么问题上达成一致见解,从而推动系统分析项目的产生。在早期阶段得到的对问题的认识并不是认识问题的终点,还要在系统分析过程不断深化、明确对真正问题的认识,始终面向问题,寻找解决问题的方案,最终使得问题得以解决。

2. 目的及目标

目的是对系统的总要求,是系统的使命和价值所在。目标是根据系统目的确定的更为具体的指标。目的是整体的、唯一、含糊的,而目标是多样化的、从属、具体的。对系统目的的准确把握,构建恰当的系统目标是建立系统的依据,也是系统分析的瞄准点。只有正确理解系统的目的,建立全面合理的目标体系,才能制定出有针对性的解决方案,才能获得对方案进行优劣评价的准则。由于实际问题的复杂性,组织的使命陈述有时流于形式,对系统的预期并不明确,因此系统的目的并非显而易见,可能需要深入挖掘。另外,构建能够体现系统目的的目标体系也面临很多困难,需要解决目标的准确性、可测度性、完备性等问题,有时目标之间存在冲突,如何协调相互冲突的目标不是单纯的技术问题。

3. 解决方案

方案是为达到系统目的而采取的各种手段和措施的总和。提出解决问题的方案是系统分析的主要功能。对于比较复杂的现实问题,解决方案不是唯一的,需要构造多个备选方案,对方案进行评估和筛选。这些方案在性能、费用、效益、时间、安全性、保障性等方面互有优劣。方案的效果一般需要建立模型,综合运用定性与定量方法,才能比较具体地估计出各个方案在不同方面的表现。通过分析和比较,确定方案的优先顺序,还需要制定出实施方案的计划、措施。

4. 模型

模型是对实际系统本质关系的简化、抽象表达。在系统分析的各个阶段,根据分析目的要求和当前可获得的数据情况,构建系统的模型,刻画系统要素之间的相互作用机制,呈现输入与输出之间的关系,为认识系统规律、预估系统特性提供便利的研究工具。模型的形式多种多样,运用模型的目的可以是理解、分析、预测、控制等,模型的精细程度只要够用就好。在系统分析过程中,经常要建立系统的结构模型、数学模型、仿真模型,用来预测各个方案的性能、费用和效益,或者对方案参数进行优化设计。

5. 评价

评价的基本任务是准确刻画各个备选方案达成系统目的的程度。由于各个备选方案在性能、成本、效益等方面互有优劣,如何确定最佳方案,需要采用系统综合评价。进行系统评价,需要确定评价准则,选择合适的评价方法,采用评价尺度进行指标映射,综合得到各个方案的优劣次序。系统评价是主观和客观的结合,反映的是决策者的价值偏好,需要了解决策者的内在价值准则,采用隐性内在价值显性化手段,结合定量计算,得到合理的评价结果。

6. 决策者

决策者是系统问题中的利益主体和行为主体,对方案的实施后果承担责任。决策者在系统分析过程中扮演重要角色,决策者与系统分析人员的合作是保证系统分析工作成功的关键。在系统分析的初期,问题和目标的确定需要得到决策者的认可;对系统进行的调查、干预,系统内各种资源的动用,需要得到决策者的授权;备选方案的可行性、合理性需要决策者的理解;最终方案的选择是决策者的权力;实施计划也要得到决策者的批准。

5.1.3 系统分析过程

系统分析的基本步骤有:认识问题、确定目标及指标、谋划备选方案、模型化、评价备选方案、决策、制定实施计划。这些具体步骤有各自的目标、方法、工具,它们组合在一起,形成一个基本的工作过程。但是决策前的几个工作步骤可能要经过多次迭代,直到达到决策者的要求为止。

系统分析的一般过程如图 5-1 所示。

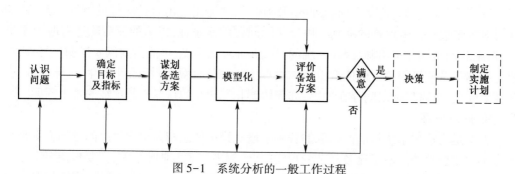

图 5-1 系统分析的一般工作过程

1. 认识问题

系统分析项目来源于客户认为存在某些问题,由于现实系统的复杂性,客户往往不能清晰地定义问题,或者客户提出的问题并不是真正的问题。客户与系统分析人员的关系类似病人与医生的关系,病人感到身体不适,对自己的症状有所了解,如感到发烧、无力、头疼等,但对真正的病因并不了解,医生需要通过与病人的对话获取发病前后的信息,借助医学技术手段进行探查,对这些信息进行综合分析,才能找到真正的症结所在。同样,系统分析人员需要对系统以及相关环境因素进行调查,与客户进行多轮的对话沟通,采用科学手段进行探查,才能比较清晰地阐明问题。

阐明问题是系统分析的关键一步,如果在系统分析开始阶段未能清楚地阐明问题,则后续工作缺乏针对性,最终是否解决了问题也无法判断。另外,如果在开始阶段没有发现真正的问题,则后续工作就是浪费,对于新建系统则失去意义,对系统的改进也必然没有效果。

认识问题阶段的主要任务是明确问题的本质或特性、问题存在范围和影响程度、问题产生的时间和环境、问题的症状和原因等[3]。为了认识问题,首先需要进行情况评估,对问题相关因素进行全面认识,为问题表达提供基础。情况评估工作包括对过去状态的认识、对现在状态的认识、对未来状态的认识三个部分的内容,回答过去是什么、现在是什么、未来是什么三个问题。了解影响过去、现在、未来的主要因素,寻求期望状态和现在状态之间的差距,从而发现问题所在。情况评估的基本内容如图5-2所示。

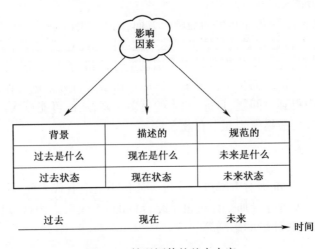

图5-2　情况评估的基本内容

在对问题有了初步认识之后,需要界定问题的范围和界限。可以采用系统定义矩阵(表5-1)作为工具,在系统分析人员和客户之间进行沟通。系统定义矩阵包括范围和界限两部分内容,范围部分列出具体的需求、目标和准则,界限部分列出参数、变量和约束。在需求和约束之间进行比较、匹配,发现内部不一致性,进行调整,通过反复比较、调整,明确问题的范围和界限。

表5-1　系统定义矩阵

范　　围			界　　限		
需求	目标	准则	参数	变量	约束

认识问题的阶段成果是阐明需要解决的问题,并保证客户与系统分析人员在问题定义上已经达成共识。阐明问题的核心是描述有效需求和主要约束,有效需求描述了客户有证据支持的、可实施的、能度量的需求,而需求满足过程受到技术、经济、时间等约束。

例如,病人与医生的例子中,最终的问题陈述可能是"通过口服药物方式,花费不超过几百元,在几天时间内使病人消除症状,恢复健康状态"。

2. 确定目标及指标

系统分析的第二步是明确系统的目的、构建系统的目标,往往采用目标树的方式详细刻画系统的目标体系。目标反映的是一幅有组织的未来图景,是系统分析工作努力的方向。同时,根据这些目标产生一组判断系统实施有效性的准则,这些准则用在评价阶段,用于衡量系统实现预期目标的程度。

目标体系涉及很多方面,比较常见的有利润、成本、市场、性能、质量、可靠性、适应性等,需要根据具体情况进行选择。开发目标体系需要与利益相关者共同进行,因为决策者以及利益相关者对目标可能有不同的价值判断,目标之间还可能有冲突,需要进行协商协调,充分考虑各方的利益,尽量达成一致。

3. 谋划备选方案

系统分析包括诊断问题和解决问题两个方面,问题诊断完成后,还需要给出解决问题的方法、途径、措施。备选方案就是解决问题和达成目标的建议或设计。谋划备选方案是一个反复迭代的过程,在初步分析阶段应采用创造性思维,探索尽可能多的粗略方案,对方案进行定性评估,筛选出初步可行方案。然后对初步可行方案进行详细分析,预估方案的效果,在此过程中得到对问题、目标、约束的更多认识,从而可能再次谋划备选方案。这一过程反复进行多次,最终得到几个有效方案。

4. 评价备选方案

在对几个有效方案进行充分研究的基础上,通过模型化获得对各个方案在多方面的后果的估计。根据评价准则对方案进行评价。评估小组应有代表性,除项目组成员外,还有客户代表、利益相关者等参加。评价也是综合性的,不仅考虑内部效应,还要考虑外部效应,如对社会的影响、环境的影响等。

5. 决策

系统分析人员经过多次迭代,通过定性与定量相结合的分析、评估,得到对问题的清晰阐述、对各个方案的优劣有充分认识,就可以撰写系统分析报告,提交给决策者,供决策者参考进行决策。系统分析人员不能代替决策者进行决策,决策者在系统分析报告的基础上,综合更多因素最终做出决策结论。如果决策者对报告的关键内容存在疑虑或有不同见解,则可能需要系统分析人员重新进行分析。

6. 制定实施计划

系统分析人员不能以提交系统分析报告为工作目标,而是以实施最佳方案、达到预期目标为追求。如果仅仅以完成报告为目标,则会在工作过程中有意或无意地忽略实施中的问题,在确定目标、谋划方案、评价方案中缺乏对实施过程的关注,导致方案的可执行性差。实际大规模系统的制造、安装、部署、运行、保障、退出等是一个长期过程,需要面对大量的技术、经济、社会、环境、安全、人员等问题。通过制定实施计划,可以对系统整个生命周期过程有深入了解,对可能出现的问题有所准备,从而保证方案的可执行,产生应有的效益。

5.1.4 系统分析 10 条重要原则

系统分析不是单纯的技术活动,而是融管理、组织、技术、沟通为一体的具有综合性、创造性、探索性的复杂活动。系统分析的一般过程为从事这项复杂活动提供了逻辑框架，但要获得成功，还需借鉴以往的经验。John Gibson 等在 *How to Do Systems Analysis* 一书中总结了成功进行系统分析的十条重要原则，有很好的实用性、指导性。

1. 以客户为中心

无论什么样的系统分析项目，必须以客户为中心，可能有些项目的客户不太明显，但客户总是存在的。在系统分析的全过程必须以客户为中心，来观察、思考、分析问题，系统分析的最终目的是满足客户的需要。树立以客户为中心的理念，有助于系统分析人员避免主观臆断，避免完全从分析人员的立场和角度看问题。很多系统分析人员会不自觉地采用工具导向原则，而不是问题导向原则，对真实的问题进行变形、裁剪，使之符合自己的技术特长，导致脱离实际。采用客户为中心的观点，是实现系统分析项目目标最有效率、效费比最高的基本途径。

2. 客户对自己的问题并不了解

一般认为系统中的人（客户）对系统有深入的了解，实际并非如此。由于这一原则与常识相违背，初级系统分析人员往往很难理解这一原则，但富有经验的系统分析人员对此有深刻的体会。其原因在于：第一，客户往往不是一个人，而是很多人，系统分析人员与多个客户人员接触，听取他们对问题的看法。由于这些人员在职位、经验、利益、知识、态度等方面有很大不同，对问题的看法各异，往往对问题的了解并不准确，也不一致，系统分析人员必须做出自己的判断。第二，客户往往有意或无意撒谎。客户由于利益、观点、态度等方面的原因，可能会故意掩饰问题，提供虚假的信息，甚至误导分析人员；或者因为傲慢、偏见、保守、粗心等原因无意之中提供不真实、不准确的信息。因此系统分析人员必须了解这一理念，客户对问题的描述仅供参考，还需要通过实际调查分析，独立判断问题所在。

3. 最初提出的问题过于具体，需要进行概括

在项目初期，系统分析人员与客户交流后，能够明确陈述客户所关心的问题，但在很多时候，这一最初的问题陈述往往过于具体。系统分析人员应该对最初的问题进行概括，采用更广阔的视角，从更高的层次提出问题。但在进行问题概括的过程中，不能无限拓宽、提升，需要考虑客户的兴趣，也要权衡客户的权限和时间、资金、资源等方面的约束。如果超出客户的兴趣范围，就将遭到客户的强烈反对，如果没有解决问题所需的条件，问题就没有意义，因此需要将问题抽象到适当的高度，得到客户的支持和认可。

例如，某交警大队发现辖区内无信号交叉路口 A 经常出现拥堵，认为是没有信号灯导致的，因此最初的设想是在此处安装信号灯，提出的问题是如何对 A 路口的信号灯进行最优配时设计（Q1）。系统分析人员经过初步研究后，认为仅在 A 路口安装信号灯并不能真正解决问题，只会将问题转移到邻近路口，应从区域内多个交叉路口的相互影响角度考虑，因此问题变为如何对区域（包括 A 路口在内）内的多个路口进行交通控制，以提高区域的通行效率（Q2）。交警大队对此问题有兴趣，经过粗略的时间、费用估算，认为可以接受，从而将问题确定为 Q2。当然，从理想的角度，交通拥堵问题有多个原因，涉及城市规划、上下班制度、汽车拥有量、自行车出行环境等，但对于提出问题的交警大队来说，在太高的层次上考虑问题，超出了自身的责任范围，无力解决这样的问题。

4. 客户不理解性能指标概念

系统分析人员隐含地采用最优化的思想解决问题,但通常人们并不习惯采用最优化方式处理工作。采用最优化思想的基本工作方式是确定总目标,设计可以定量刻画目标达成程度的性能指标,寻求指标最优的方案,然后实施最优方案。但人们常规的工作方式是离散化改良,即首先遵循传承下来的固定模式,不定期地在局部尝试改进,观察效果如何,如果有效果,则做出局部改进,形成新的固定模式。这样的局部改进可能停留在局部最优状态,难以发现远处的更佳状态。

这两种思维方式在系统分析人员和客户之间形成了障碍。在获得对目标的共同理解之后,系统分析人员需要提出定量的性能指标,此时客户往往难以理解这一概念,他们往往只要求对现状有所改进即可。在政治、法律、管理等领域,人们习惯采用模糊的、口号式的目标,没有采用性能指标进行定量测度的概念,在目标和性能指标之间也难以建立紧密关系。

5. 是分析人员,不是决策者

系统分析人员在从事一项系统分析任务时,一般会经历三个情感阶段。在项目初期感到紧张和恐惧,对客户的名气、资历、地位、薪酬感到敬畏,对是否能帮助客户解决问题非常疑虑。经过一段时间的调查、交流、分析后,往往发现客户犯了一些常识性错误,并产生鄙视心理,并在交流、汇报中表现出来,使客户感情受到伤害。第三个阶段往往对决策者产生认同,不自觉地将自己带入到决策者角色中,难以保持客观公正的立场。为此,系统分析应以小组方式工作,避免个人过于主观,产生分析偏差。同样,作为系统分析人员,必须将问题内化,小心照顾客户的感受。在做出决策后,冲锋在前,将报告中的转换计划付诸实施。

6. 满足时限要求和资金预算要求

系统分析面对的是病态问题,问题与问题之间连成问题网,因此在系统分析工作中经常需要拓宽和概括,由此导致需要更多的时间、更多的数据、更多的工作。但是,除非有充分的理由,系统分析人员应该在给定的时间范围和预算约束下完成系统分析工作,提交最终的分析报告。客户对系统分析有时会产生误解,对于问题概括、拓宽等工作技巧,往往认为是回避解决真实问题,或者是为争取更多时间、更多经费而玩花样。

但是如果需要对方案进行敏感性分析和关键事件分析,则有充分的理由向客户提出延期和增加经费。敏感性分析研究系统参数在设定点发生变化时,系统最优解的变化情况。如果发现某些参数比较敏感,应告知客户要对这些参数进行仔细研究。关键事件分析法是针对前提假设可能发生的偏离和较大的变化,分析可能造成的影响。系统分析报告中应包括关键事件的影响排序。

7. 采用以目标为中心的方法,避免时间顺序法或以技术为中心

人们解决问题的一种自然方式是按先后顺序,从起点开始,一步步向后推进,直到终点,这就是时间顺序法。对于病态结构问题,时间顺序法存在重大缺点:从前向后展开过程中会出现大量分支,也缺乏终止分支的判断依据;因为没有明确的终点,探索方向不明,这种方法的效果没有保证,工作效率低下。而以目标为中心的方法,首先明确目标,从目标开始,逆向进行,倒推影响目标实现的关键要素,为关键要素设定规范,继续进行,直到回到起点。这种方法始终聚焦目标,在分析过程中只揭示对目标有影响的分支,因此效率较高,效果也有保证。

　　案例:NASA 火星探测器与地球之间的实时电视通信链路(Real–Time Television Link,RTTV)可行性研究。如果采用时间顺序法,探索过程如图 5-3 所示。在这样的过程中需要对大量分支进行探索,在其他分系统规格未确定之前,难以确定 RTTV 系统的规格。

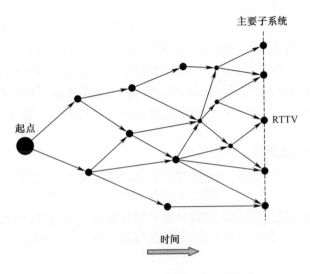

图 5-3　时间顺序法分析 RTTV 可行性

　　采用目标为中心的方法,从 RTTV 需要达成的目标开始逆序进行。只分析影响 RTTV 关键性能指标的子系统,根据 RTTV 的性能要求,推出对这些关联子系统的要求,逆向进行下去直到起点,如图 5-4 所示。

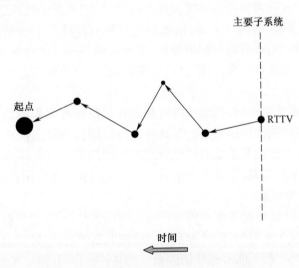

图 5-4　以目标为中心分析 RTTV 可行性

8. 在分析过程和最终方案中考虑非用户

　　系统的实施和运行会影响用户之外的人,因此在系统分析过程中,要求对系统可能影响到的人群、社区、组织等充分考虑,必要时进行调查研究,了解非用户的期望、态度、价值观等,在实施方案中充分考虑非用户可能的反应,尊重他们的利益诉求,不能想当然地将分析人员的价值观投射到非用户身上。

例如,中国对二甲苯(PX)产能不足,但PX化工项目的建设遭受了当地居民的强烈反对,尽管建设方对PX的安全性做出了大量解释,但反对情绪依然存在。当地居民的强烈反对,使得PX项目的建设举步维艰。

9. 没有万能的计算机模型

从本质上说,计算机模型和数学公式一样,输入和计算机内部的程序(公式)决定了它的输出。但是,外行人士对计算机存在不正确的认识,过高估计了计算机的能力,期望计算机能解决所有问题。实际上计算机模型有明确的目标,采用一些基本假设,只能对一定范围内的问题进行解答。如果目标或假设变化了,模型可能不再有效。另外,要提高计算机模型的详细程度或增加一项新的能力,可能需要巨大的工作量,而不是写几行代码那样简单。

10. 仔细辨别谁扮演什么角色

系统分析要涉及多种角色,如系统分析人员、客户、决策者、利益相关者、赞助者等,这些角色有时重合,有时分离。辨明谁扮演哪个角色,有时并不容易。例如,在项目汇报时,往往有很多听众,根据他们的位次能够分辨他们权力的大小、职位的高低,但并非职位最高的一定就是决策者。在系统分析中,还可能有影子角色,这些人从不露面,但可能对系统分析有重要影响。

5.2　系统环境分析

系统不是孤立存在的,而是存在于环境之中,环境因素与系统之间有复杂的相互作用。一方面,系统的存在需要外部环境提供支持,环境因素对系统功能的正常发挥、对系统的发展变化有显著影响;另一方面,系统的运行将对环境产生输出,影响环境的变化。因此在系统分析过程中,需要进行环境分析,划分系统与环境的边界、辨识环境与系统的相互作用,为认识系统的目标和功能、预估方案的效果,以及确定方案评价准则提供基础信息。

环境是存在于系统之外的,是与系统有相互作用的所有因素的总和。环境是系统需求的来源,也是系统功能的作用对象。系统环境分析的目的是认识系统与环境的相互关系,了解环境对系统的影响和系统对环境可能产生的后果。系统环境分析的主要工作就是辨识系统环境的组成要素,了解环境要素与系统之间的相互作用。

1. 辨识系统环境因素

环境因素的确定,是通过考察系统与环境之间的相互作用,找出对系统有重要影响的环境因素集合。系统无法控制,但又和系统有密切关系的自然、经济、社会、军事、政治、法律、技术、信息等领域中都可能有这样的因素。在具体操作时,需要进行定性判断,找出其中与系统联系紧密、影响较大的因素,列入系统的环境范围。环境因素既不能太多,也不能太少。如果环境因素太多,则会导致分析过于复杂,投入资源过多,难以及时得到本质性的认识。如果环境因素太少,则可能遗漏重要因素,导致分析结果错误。

例如,某企业计划在某地建设一家分厂,从事饮料生产。在初步选址后,需要辨识环境因素。在社会方面,需要考虑当地劳动力供应、居民收入水平、就业政策、环保要求等;在技术方面,需要考虑水源地、交通、电力等情况;在供应链方面,需要考虑供应商、批发商、零售商、物流公司等关联企业。

2. 划定系统与环境的边界

划定系统边界就是要明确哪些因素属于系统内部,哪些属于系统外部。有时候区分因素属于系统内部还是外部并不那么简单明了。因为在系统分析早期,获得的信息有限,目标与约束可能会相互转换、组织的能力还不完全清晰,导致边界划分面临一定的困难。在确定要素的内部/外部属性时,可以考虑以下准则:

(1) 开发控制权:系统开发人员是否对这一实体有开发权? 开发人员能够影响这一实体的需求吗? 开发人员为这一实体的开发提供资金吗? 通过回答这些问题,可以得到关于待开发实体的认识,如果开发人员对实体拥有控制权,则属于系统内部;否则,属于系统外部。

(2) 运行控制权:实体一旦建成投入运行,或者是正在运行的实体,对于这样的实体,谁拥有运行控制权? 如果提出系统分析问题的组织拥有控制权,则这样的实体可以纳入系统内部;否则,属于外部实体。

3. 系统与环境的相互关系

系统与环境之间存在物质、能量、信息的交换。对系统外部实体(环境因素)与系统的关系进行详细分析,有助于深入了解系统与环境的相互作用方式、特点和要求。可以采用环境图描绘外部实体与系统的相互作用。

环境图中的要素包括三部分:系统、外部实体、外部实体与系统的相互作用。系统用黑箱表示,在环境分析时不对系统内部进行详细探究,将系统作为一个整体看待,关注它与环境的交互。外部实体用方块表示,是系统的输入源或系统的输出目的地。交互用箭线表示,表示物质、能量、信息的流动,箭线上可以详细标注流动的具体事物,如图 5-5 所示。

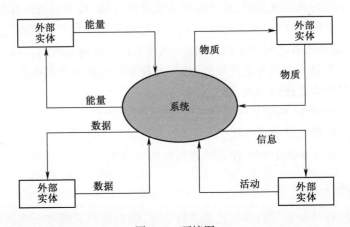

图 5-5　环境图

采用环境图可以清晰地表示系统与环境的相互关系,便于系统分析人员与客户之间进行沟通。例如,要求绘制环境图分析计算机与环境的关系,与计算机相关的外部实体包括用户、维修人员、电力设施、机房环境,计算机与这些外部实体的交互关系如图 5-6

所示。

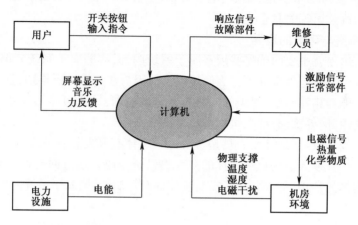

图 5-6 计算机与环境的相互作用

5.3 系统目标分析

在对问题有初步了解之后,接下来是对系统进行目标分析。通过目标分析,明确利益相关者期望系统所要达到的状态,并对总体性、概括性、较模糊的需求和期望进行详细分解,转化为一系列可以明确度量的具体目标,找到目标度量方法,构成完整的目标体系。目标分析是系统分析过程中非常关键的一步,系统目标决定了系统的发展方向和成败,只有选择了正确的目标,才有可能解决真正的问题,也就是说"做正确地事"要比"正确地做事"重要得多。

系统目标分析过程也是深刻揭示利益相关者价值观的过程,不同的利益相关者对系统分析项目有不同的期望和要求,关注的角度也有所区别,对相同的指标有不同的价值判断。因此在系统分析过程中,系统分析人员需要与利益相关者共同合作,进行多轮沟通交流,协调不同利益相关者之间的矛盾冲突,争取建立得到普遍认可的目标体系。

系统目标分析是一个反复迭代过程,这一过程主要包括三个基本步骤:

（1）与利益相关者进行沟通,建立目标清单;

（2）整理目标清单,构建目标系统递阶结构(目标树);

（3）确定目标测度或测度准则。

下面对三个基本步骤中的工作方法进行介绍。

5.3.1 建立目标清单

目标分析的第一步是与利益相关者进行交流,听取他们对项目所要达成目标的认识,进行分析、提炼后记录下来。这一阶段的目的是了解利益相关者的关心和期望,收集目标陈述,不对具体目标进行比较和判断。经过足够的交流后,对利益相关者提出的目标进行规范化整理,目标的基本表达形式是"动词+名词+限定短语"。如"提高企业的盈利能力""降低生产成本""获得市场主导地位"等。通过这种规范形式,了解所要达成的目标、达成目标所要采取的行动以及达成目标的前提条件等。收集足够全面的目标后,对所有提出的目标进行分析判断,舍弃一些明显不合理的目标,或者合并一些相似的目标,建立目标清单。

Hall 总结了系统分析中经常出现的一些目标,包括:

(1) 利润目标:利润等于收入减去支出,用资金度量。在一些项目中,利益相关者期望尽快获得大利润;在另一些项目中,期望获得长期利润。

(2) 市场目标:企业一般关心市场地位,有时考虑单位时间投放到市场的产品或服务数量,有时用市场份额度量。市场目标可能独立于利润目标。

(3) 费用目标:由于预算限制,几乎所有项目中费用都是一个重要的因素。有时将最小初期成本作为目标,但要注意低成本意味着低性能。更多时候需要考虑寿命周期费用最小化。

(4) 质量目标:质量既有客观性又有主观性。对于主观性的质量,有时需要提供系统原型,征求用户对产品的质量感受。

(5) 性能目标:性能一般是系统的主要目标,希望性能最大化。具体性能与系统有关,如通信信道的性能包括带宽、信噪比等,交通工具的性能包括速度、载货量、舒适性等。

(6) 可靠性目标:可靠性考虑在正常环境中,特定时间内系统或部件正常工作的概率。

(7) 竞争性目标:在军事或商业领域,有些系统的成功与竞争双方有关。在这种情况下,目标陈述必须采用相对竞争者是否占优的方式。

(8) 兼容性目标:系统必须与所处的环境共同工作,有时还要保持后向兼容,与旧的遗留系统共同工作。

(9) 适应性目标:对环境变化,系统能够多大程度适应。

(10) 灵活性目标:系统是否能有新用途。

(11) 持久性目标:由于技术进步很快,一些系统会很快过时,持久性目标就是避免系统很快过时。

(12) 简单性目标:采用简单设计原则的系统容易制造,用户容易学习使用,管理人员在安装和培训方面花费较少,这样的系统受欢迎。

(13) 安全性目标:所有系统都应该考虑安全性,但强调到何种程度还有争议。

(14) 时间目标:与时间有关的目标总会出现。时间与其他类型的目标有交互作用,一些目标是时间的函数或者需要指定时间限制。

5.3.2 构建目标树

根据目标清单可以构建目标系统递阶结构,一般用目标树的图示形式做出清晰直观的目标体系。目标树的建立可以采用自上而下的方式,首先区分不同目标所属的层级,然后分析上下层目标之间的关系,在不同层级目标之间建立关系,还可以对目标树进行修饰,包括增加逻辑关系、指定目标的拥有者等。

对所有目标进行分层,可以采用直接判断的方式,也可以借助目标分层矩阵来进行判断。设目标分层矩阵为 A,矩阵的行和列由所有目标组成,然后对任意行 i 和任意列 j 的目标进行两两比较,如果目标 i 的层级低于目标 j,则矩阵元素 $a_{ij}=1$,否则为 0,如表 5-2

所列。最后对各行元素加总,根据加总结果对目标所属层级做出判断。加总值越小,层级越高。

表 5-2　目标层级比较矩阵

	目标 1	目标 2	目标 3	目标 4	目标 5	目标 6
目标 1	0	0	0	0	0	0
目标 2	1	0	0	0	0	1
目标 3	1	0	0	1	0	0
目标 4	1	0	0	0	0	0
目标 5	1	0	0	1	0	0
目标 6	1	0	0	0	0	0

根据该矩阵,经过计算分析,得到目标树,如图 5-7 所示。

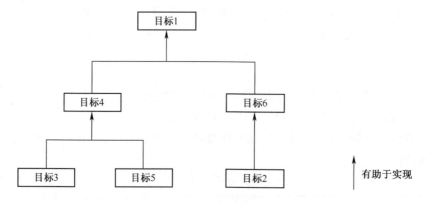

图 5-7　目标树

在目标树中,居于顶层的是总体性目标,这些目标往往难以测量,随着层级由上而下,目标越来越具体,也越来越容易度量。低层目标是实现高层目标的手段,或者实现低层目标有助于实现高层目标。因此,也可以利用上下层目标之间的目标—手段关系,发展目标—手段分析法,自顶向下构建目标树。

目标—手段分析法:从高层目标开始,针对高层目标,寻求实现高层目标的手段,以此构造支持高层目标实现的下层目标,按此逻辑逐步向下进行,直到获得具体可实施的手段,作为最底层目标,构成目标树。图 5-8 对增强居民幸福感进行目标—手段分析,首先以增强居民幸福感为目标,寻找主要手段,包括提高人均收入、完善保障体系、改善生活环境;然后以这些为目标寻找实现手段,依次重复进行,最终得到目标体系。

对于目标,还可以分析高层与低层目标之间的逻辑关系,有与(AND)、或(OR)、异或(XOR)三种逻辑关系。"与"关系表示所有低层目标都实现才能导致高层目标实现,"或"关系表示低层目标至少实现一个就导致高层目标实现,"异或"关系表示一个低层目标实现导致高层目标实现,但低层目标只能实现一个,另一个不能实现。对于目标,还可以增加所有者标注,指明哪个利益相关者拥有该目标。

目标树初步构建完成后,需要进行逻辑测试,以保证目标树完备、合理。可以进行五

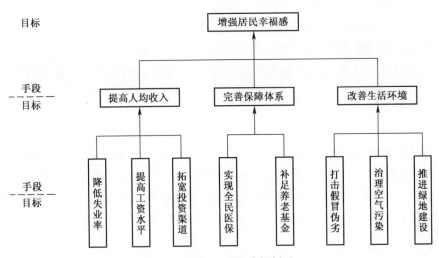

图 5-8　目标—手段分析例子

种逻辑检验:首先,查看目标树的任一分枝,判断高层目标是否是低层目标的原因(Why); 其次,检查低层目标,判断低层目标是否是实现高层目标的方法(How);然后,查看分枝某一层的所有目标,判断这些目标对于实现高层目标是否足够(Enough);接着,仍然查看该层的所有目标,判断这些目标对于实现高层目标是否多余(Extras);最后,系统分析人员要找到每个目标的拥有者(Owner)。

5.3.3　目标的度量

建立目标树后,还需要开发所有目标的度量方法,只有可度量的目标才能用于评估达成期望的程度。在目标树上高层的目标较难找到直接的、具体的度量方法,而低层的目标容易找到度量方法。因此,往往综合采用低层度量的某种组合作为对高层目标的度量。

目标的基本度量要求是定量的、易于测量的、具有清晰的定义。一般的目标度量涉及对人员、资金、物料、时间等的计数。其他常见的度量分类有可靠性、维修性、保障性、可用性等。

目标的度量包括目标、度量名称、度量定义、度量单位。对于每个目标,给出度量名,在度量定义中清晰说明如何进行度量,在度量单位中说明度量采用的单位。对于高层目标,还需说明如何综合运用低层度量。例如,对于新机场项目,其中一个目标是最大化机场容量满足未来需求,采用的度量名为年度服务量,定义为每年可以实现的飞机起降次数,单位是架/年。

5.4　谋划备选方案

在对问题有了一定认识,建立目标体系并提出目标度量指标后,就进入谋划备选方案阶段。备选方案就是为了达成目标所需采取的活动或活动组合。在谋划备选方案过程中要充分探索问题的解空间,不能急于结束探索活动,除了提出常规的解决方案外,要采用创造性思维方式,努力寻求能够创造性解决问题的方案。谋划方案是系统分析中的关键环节,因为是否能够达成目标以及在多大程度上达成目标取决于方案的质量。

谋划方案主要依靠个人或群体的定性思考。不同的个体或群体思考方式千差万别,常见的谋划方案的思考模式有三种(每种模式有多种支持工具):一是无结构搜索模式,即完全自由的进行搜索,试图发现解决问题的方法,如头脑风暴法。二是系统检查要素的各种组合,首先将问题分解为各种要素,尝试对这些要素进行各种组合,从而发现创造性的组合方式,形成解决方案,如形态方格法。三是将要素总装为完整的解决方案,直接提出完整的解决方案,这种方式在面对复杂问题时局限较大。

采用群体方式谋划备选方案有一定的优势,因为个人思考问题常常有局限,不同个体之间可以相互补充。另外,通过个体之间的对话协商,可以相互激励和启发,有助于产生创造性想法。常见的群体方式谋划备选方案的方法有头脑风暴法、德尔菲法、形态方格法、亲和图法等。

5.4.1 头脑风暴法

头脑风暴法出自"头脑风暴"一词。头脑风暴最早是精神病理学上的用语,指精神病患者的精神错乱状态而言的,如今的含义是无限制地自由联想和讨论,其目的在于产生新观念或激发创新设想。头脑风暴法常用于寻求问题的创造性解决方案。正确运用头脑风暴法,可以有效地发挥集体的智慧,这比一个人的设想更富有创意。

头脑风暴法采用小组会议形式进行,会议设主持人1名,主持人不对发言进行评论,成员人数几名或十几名。设记录员1名,在头脑风暴进行过程中及时将与会人员的发言记录下来,会议持续时间一般 60~90min。

头脑风暴法分为会前准备、会议进行、会后整理三个阶段。在会前准备阶段,需要选择会议场地,组织参会人员。在准备会议场地时,应考虑能够尽量排除干扰,以保持会议持续进行,场地要简单,避免过于复杂的装饰,在会场准备足够大的白板(黑板),能够记录下大家的见解。参会人员最好由不同专业、不同岗位的人员组成,成员应能清晰表达见解、富有想象力。主持人是会议的关键,要求主持人对要研究的问题有充分的了解,能够激发大家的热情,善于引导激励,能够把握会议进展。

会议进行前,首先由主持人明确宣布主题,使参会人员对主题有正确的理解。说明头脑风暴法的基本规则,如果有人缺乏经验,则可以先用一个实际问题进行体验,完全理解规则后,再进入主题。

为使与会者畅所欲言,互相启发和激励,达到较高效率,必须严格遵守下列原则:

(1)禁止批评和评论,也不要自谦。对别人提出的任何想法都不能批判,不得阻拦。即使自己认为是幼稚的、错误的,甚至是荒诞离奇的设想,也不得予以驳斥;同时不允许自我批判,在心理上调动每一个与会者的积极性,彻底防止出现"扼杀性语句"和"自我扼杀语句"。诸如"这根本行不通""你这想法太陈旧了""这是不可能的""这不符合某某定律"以及"我提一个不成熟的看法""我有一个不一定行得通的想法"等语句,禁止在会议上出现。只有这样,与会者才可能在充分放松的心境下,在别人设想的激励下,集中全部精力开拓自己的思路。

(2)目标集中,追求设想数量越多越好。只强制大家提设想,越多越好。会议以谋取设想的数量为目标。

（3）鼓励巧妙利用和改善他人的设想。这是激励的关键所在。每个与会者都要从他人的设想中激励自己，从中得到启示，或补充他人的设想，或将他人的若干设想综合起来提出新的设想等。

（4）与会人员一律平等，各种设想全部记录下来。与会人员，不论是该方面的专家、员工，还是其他领域的学者，以及该领域的外行，一律平等。各种设想，不论大小，甚至是最荒诞的设想，记录人员也要认真地将其完整地记录下来。

（5）主张独立思考。不允许私下交谈，以免干扰别人思维。

（6）提倡自由发言，畅所欲言，任意思考。会议提倡自由奔放、随便思考、任意想象、尽量发挥，主意越新、越怪越好，因为它能启发人推导出好的观念。

（7）不强调个人的成绩，应以小组的整体利益为重。注意和理解别人的贡献，人人创造民主环境，不以多数人的意见阻碍个人新观点的产生，激发个人追求更多、更好的主意。

会后整理阶段。在头脑风暴阶段，主要追求产生尽可能多的解决问题的方法，不进行评判和筛选。在头脑风暴会议结束后的一两天内，主持人应向与会者了解大家会后的新想法和新思路，补充会议记录。然后将大家的想法整理成若干方案，再根据创新性、可实施性等标准进行筛选。经过多次反复比较和优中择优，最后确定1~3个最佳方案。这些最佳方案往往是多种创意的优势组合，是集体智慧综合作用的结果。

5.4.2　书面头脑风暴法

书面头脑风暴是头脑风暴的一个变种。在头脑风暴中，人们进行口头交流，而在书面头脑风暴中改为文字交流。小组成员把观点写在纸上，然后互相交换，写下更多的观点。

如果满足下述情况，则使用书面头脑风暴法代替头脑风暴法：

（1）主题有争议或使用言语头脑风暴会情绪化；

（2）参与者感到匿名产生观点更加安全；

（3）言语头脑风暴明显被一部分人主导，为了鼓励平等参与；

（4）一些小组成员认为深思比语言头脑风暴更好；

（5）观点看起来很复杂，需要详细的解释。

书面头脑风暴法具体操作方式如下：

小组成员围绕一张桌子坐下，在桌子中间是一叠纸，每张纸上事先写好触发问题。成员拿到一张纸，写下对该问题的一条观点，然后放回中间。一般对每个问题，每位成员最多写下四条观点。如此重复进行，直到所有成员对所有问题做出足够多的回答。

第一轮结束后，将所有观点整理公布出来，主持人领导小组进行讨论。如果有必要，可以再进行一轮书写，对上一轮的观点进行改进和完善。这样的过程可以进行多轮，直到满意为止。

5.4.3　形态方格法

形态方格法是 F. Zwicky 教授提出的一种具有系列组合特征的思考方法，也称形态盒法。Zwicky 认为思维惯性阻碍了创新，采用形态方格法可以将人们从自己设置的思维枷锁中解放出来[4]。形态方格法用于多维度、非定量的复杂问题，通过构造系统的全部可能组合，使人关注到惯性思维之外的组合方式，从而发现创新性组合，在工程设计、政策分析等很多领域得到广泛应用[5]。

形态方格法的工作步骤如下：

（1）确定系统的功能子系统。从功能而不是技术的角度思考，系统应包括哪些功能子系统，这些子系统应该是相互独立的。

（2）对于每个功能子系统，列出所有可能的技术实现形态。

（3）将各功能子系统及其可能形态排列成矩阵形式。

（4）从每一功能子系统中各取出可能形态做任意组合，对每一组合进行详细检查，努力保证组合能够实现。

（5）从这些任意组合中剔除确实无法实现的组合，余下的就是新构想的可能来源。

例如采用形态方格法设计个人交通工具：首先，从功能角度考虑，个人交通工具需要包括推进、支撑、转向、客舱四个功能子系统；然后，对每个功能子系统，不考虑实际约束，也不考虑其他功能子系统，采用头脑风暴法等创造性思考方式，寻找所有可能的技术实现方式，支撑部分的可能形态有气垫、磁场、钢轮、橡胶轮胎、反重力、滑行、漂浮、热气球等，找到每个功能子系统的所有可能形态；最后，将所有功能和形态排列成矩阵形式，如表5-3所列。

表5-3　个人运输工具形态方格

推进	支撑	转向	客舱
喷气	气垫	机械	钢制
喷水	磁场	火箭	织物
内燃	钢轮	光能	玻璃
电力	…	…	…
…	…	…	…

从每个功能子系统中选择一种形态，构成一个方案组合。此时不对组合是否可行做评价，而是尽量寻找技术细节，试图实现该组合。因为创新可能就隐藏在初看起来不可行的组合之中。对所有组合进行仔细思考后，就能够发现一些非常有价值的方案。

5.4.4　亲和图法

亲和图法又称为KJ法，是东京工业大学教授川喜田二郎（Jiro Kawakita）创建的，KJ是他姓名的缩写。川喜田二郎在多年的野外考察中总结出一套科学发现的方法，即把乍看上去根本不想收集的大量事实如实地捕捉下来，通过对这些事实进行组合和归纳，发现问题的全貌，建立假说或创立新学说。后来他把这套方法与头脑风暴法相结合，发展成包括提出设想和整理设想两种功能的方法，这就是亲和图法。

亲和图法的主要特点是在比较分类的基础上由综合求创新。将未知的问题、未曾接触过领域问题的相关事实、意见或设想之类的语言文字资料收集起来，并利用其内在的相互关系做成归类合并图，以便从复杂的现象中整理出思路，抓住实质，找出解决问题的途径。

亲和图法适用于迅速掌握未知领域的实际情况，找出解决问题的途径。对于难以理出头绪的事情进行归纳整理，提出明确的方针和见解。成员间互相启发，相互了解，促进为共同目的的有效合作。

亲和图法的工作步骤如下：

（1）确定对象（或用途）。亲和图法适用于解决那种非解决不可，且又允许用一定时间去解决的问题。对于要求迅速解决、"急于求成"的问题，不宜用亲和图法。

（2）收集语言、文字资料。收集时，要尊重事实，找出原始思想（"活思想""思想火花"）。收集这种资料的方法有三种：

① 直接观察法，即到现场去看、听、摸，获得感性认识，从中得到某种启发，立即记下来。

② 面谈阅览法，即通过与有关人谈话、开会、访问，查阅文献，集体头脑风暴法等来收集资料。

③ 个人思考法（个人头脑风暴），即通过个人自我回忆，总结经验来获得资料。通常，应根据不同的使用目的对以上收集资料的方法进行适当选择。

（3）把所有收集到的资料，包括"思想火花"，都写成卡片。

（4）整理卡片。对于这些杂乱无章的卡片，不是按照已有的理论和分类方法来整理，而是把自己感到相似的归并在一起，逐步整理出新的思路来。

（5）把同类的卡片集中起来，并写出分类卡片。

（6）根据不同的目的，选用上述资料片段，整理出思路，写出报告。

亲和图法的应用基础是 A 型图（亲和图），通过不断积累和应用 A 型图来发现问题并辅以其他方法解决问题。A 型图的主要作用是按照亲缘关系把相互接近、彼此相容的语言、文字资料汇集在一起，通过归纳整理，画成表示思维联系、启发思路的图，通过对图的分析来发现新问题。A 型图的整理结构如图 5-9 所示。

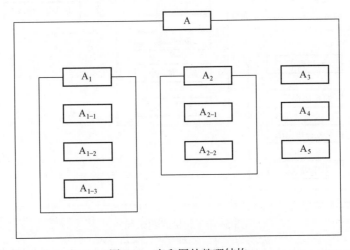

图 5-9　亲和图的整理结构

亲和图的建立是采用自底向上归纳方式进行的。基本过程是将卡片根据亲和性（语言相似性）进行分组，分组可以是多层的。每个分组找到简洁的描述，最后对所有卡片的内容进行归纳，用主题卡做出概括。

案例：某型号相机投放市场后反响不太好，用亲和图法找出问题所在。

首先小组进行头脑风暴，得到表 5-4 所列信息。

表 5-4　相机存在的问题有关信息

信　息	信　息
1. 按钮太小	10. 按钮太多
2. 需要手动调焦	11. 缺少详细教程
3. 体积太大	12. 要求双手操作
4. 把持部位不防滑	13. 没有备用电池
5. 充电时间长	14. 显示屏太小
6. 重量太大	15. 更换镜头复杂
7. 无法单手拿取	16. 待机时间短
8. 需要设置的参数太多	17. 操作界面复杂
9. 只有英文说明书	18. 缺少动画演示

整理为 A 型图,如图 5-10 所示。

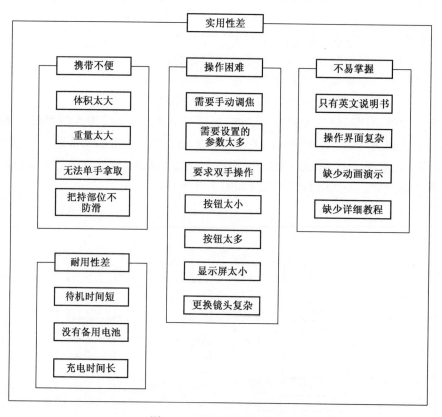

图 5-10　相机问题亲和图

根据亲和图可以对相机存在的问题高度概括,发现根本问题是实用性差,表现在携带不便、操作困难、不易掌握、耐用性差四个方面。进一步可以针对这些问题,探寻问题产生的原因,进而得到改进方案。

5.4.5　方案筛选

系统分析人员通过方案谋划活动,通常会产生大量的初步方案。由于时间、预算、技术等原因的限制,不可能对所有方案进一步的深入分析,因此需要对初步方案进行比较、分析、判断,筛选出几个有价值的方案作为有效方案,进行详细的分析与设计。方案筛选的基本思想是淘汰不能达到最低要求的方案,不需要对方案的优劣程度进行准确的计算和排序。

对于大量的初步方案可以先进行分类,根据某项准则将它们归并到不同的分类中,然后从每一类中选出代表性方案进行可行性研究,这样可以节约大量时间和精力。如果发现某个代表性方案不可行,该类方案就不可行。在分类过程中,有时某些方案会跨越几个分类,需要选择两个以上的代表性方案。分类的标准考虑方案的根本属性,根据这些根本属性进行划分,或者根据方案的体系架构或技术标准进行分类。例如,为了改进某企业的盈利能力,提出大量方案。根据这些方案的属性划分为组织变革、战略调整、产品改进、加强营销、降低成本等几类,从每类方案中选出代表性方案进行研究。

对方案的可行性研究,首先需要确定可行性准则,不同的问题背景需要采用不同的准则。常见的准则包括经济、技术、安全、环境、社会影响等方面。经济可行性主要考虑成本、效益情况,在一定的预算约束下,方案是否能够获得足够的回报,确定可接受的基本回报水平。在技术可行性方面,主要判断方案是否能够物理实现,是否能够正常运行,采用的技术成熟程度如何。在安全性方面,考虑方案存在哪些方面的风险因素、风险因素是否可控、风险发生后损失如何、是否可减缓或挽救。在环境方面,考虑方案对环境的要求,运行过程中环境有什么影响,是否可接受。在社会方面,涉及法律、国家地区政策、文化等因素,方案必须符合有关法律规定,满足政策要求,与社会文化特征基本一致。

对各个方案在各个准则下的情况进行判断,明确是否达到最低要求。综合结果可以用矩阵形式表达(表5-5)。如果一个方案在所有准则下均可行,则方案可行;如果至少有一个准则不满足,则方案不可行。根据可行性分析结果,淘汰不可行方案,得到可行方案集合,进入下一步详细分析和设计。当然方案提出、筛选、详细设计是一个迭代过程,可能需要进行多轮。

表5-5 方案可行性分析矩阵

准则\方案	经济	技术	安全	环境	法律
方案1	是	是	是	是	是
方案2	是	是	是	否	是
...	...	...	...	...	...
方案n	是	否	是	是	是

5.5 系统分析常用技术

系统分析一般是多人参与的跨专业项目,小组成员分工合作,采用定性与定量相结合的方式搜集信息、整理思路、谋划方案、建模仿真、决策评估等。从事系统分析工作没有通用的技术方法,而是根据问题的不同、所处的阶段、个人偏好等采用合适的技术。但是有一些技术在系统分析中经常用到,掌握这些常用技术,对推进系统分析进程,促进团队合作有很好的帮助作用。

5.5.1 思维导图

1. 思维导图简介

思维导图是系统分析人员整理思想、谋划方案、沟通交流的常用工具。思维导图是一种简单易用的组织性思维工具,它模拟人类大脑处理事物的自然方式,采用从中心发散的形式,使用线条、符号、词汇和图像,将枯燥无序的信息组织成为彩色的、容易记忆的、具有高度组织性的图。

思维导图是 Tony Buzan 于 20 世纪 60 年代提出的[6],在全世界得到了推广应用。它依据全脑的概念,按照大脑自身的规律进行思考,全面调动左脑的逻辑、顺序、条例、文字、数字,以及右脑的图像、想象、颜色、空间、整体思维,使大脑潜能得到充分开发,从而极大地发掘人的记忆、创造、身体、语言、精神、社交等各方面的潜能。思维导图能够增强使用者的记忆能力、立体思维能力(思维的层次性与联想性)、总体规划能力。

思维导图可以用于工作、学习和生活中的任何一个领域,增强思考的有效性和准确性。作为个人可用于计划、项目管理、沟通,组织、分析解决问题等;作为学习者可用于记忆、笔记、写报告、写论文、做演讲、考试、思考、集中注意力等;作为职业人士可用于计划、沟通、项目管理、会议、培训、谈判、面试、评估、头脑风暴等。

2. 绘制思维导图

在个人进行思考或团队共同解决问题时,通过思维导图的绘制,能够促进思考的条理性和创造性。绘制思维导图分为五个步骤:

(1)从一张白纸的中心开始绘制,周围留出空白。从中心开始,可以使人们的思维朝各个方向自由发散,更自由、更自然地表达自己。

(2)用一幅图像或图画表达中心思想。一幅图画抵得上 1000 个词汇,它能帮助人们运用想象力。尽量采用有趣的图画,图画越有趣,越能使人们精神贯注,也越能使大脑兴奋。

(3)从中心出发,绘制分支。采用联想方式,找出与中心思想有关的事物,绘制主要分支,从中心延伸出去。继续从主要分支出发展开联想,绘制二级分支,依此类推,画出所有分支。

(4)在每条线上使用一个关键词。对每个分支找到一个高度凝练的词。单个的词汇使思维导图更具有力量和灵活性。每一个词汇和图形都像一个母体,繁殖出与它自己相关的、互相联系的一系列"子代"。当使用单个关键词时,每一个词都更加自由,因此也更有助于新想法的产生。而短语和句子却容易扼杀这种火花。

(5)自始至终使用图形。对于每个词汇,尽量绘制一个表达它含义的图形,"一幅好图胜过千言万语",图形要有趣。

在绘制过程中注意以下两点:

(1)在绘制过程中使用颜色。颜色和图像一样能让大脑兴奋。颜色能够给思维导图增添跳跃感和生命力,为创造性思维增添巨大的能量,而且它很有趣。

(2)思维导图的分支自然弯曲,而不是像一条直线。因为大脑会对直线感到厌烦,曲线和分支就像大树的枝杈一样更能吸引眼球。

图5-11是运用思维导图策划演讲的实例。中心主题是策划演讲，主分支包括思维导图、优势、准备、规定等，从一级分支又展开二级分支、三级分支。通过图形、词汇将它们关联起来。

图5-11　思维导图实例

3. 思维导图的绘制工具

思维导图可以完全用手工绘制，只需要一张白纸与几支彩色水笔和铅笔，手工绘制过程是一个思考、记忆过程，通过文字、画图、填色等操作，能够激活大脑潜能。目前也有大量思维导图绘制软件，如 MindManager、XMind、FreeMind、iMindMap 等，这些软件有些是商业化的，有些是免费软件。这些软件都能支持思维导图的绘制，一些软件还提供了丰富的模板和图形库，为绘制提供了便利。

思维导图作为一种思维组织工具得到普遍应用，在厘清思路方面有较好的效果。但是思维导图的实际效果受商业宣传的影响较大，在系统分析中还要注意到它有局限之处。思维导图的主要局限：它是一种树状的信息分层可视化展示，结构比较固定，不适合分支间交互关系比较复杂的信息展示；只能以一个关键点为主，局限性很强。另外，如果完全按思维导图的规则来做，制作一张思维导图非常费时间。

因此，从中心主题开始，绘制完成思维导图后，不是分析的终点，而是分析的起点。还需要结合综合判断，注意从其他角度对问题进行分析思考，采用其他分析方式为补充，如流程图、鱼骨图、SWOT分析等，将多个视角综合起来，得到对系统的完整认识。

5.5.2　鱼骨图分析法

1. 鱼骨图简介

鱼骨图分析法是系统分析人员进行因果分析时经常采用的一种方法，其特点是简捷实用，比较直观。鱼骨图是日本管理大师石川馨（Kaoru Ishikawa）发明的，故又名石川图，它是一种基本的质量管理工具[7]。它采用类似鱼骨的结构表示原因—结果之间的关系，将问题或缺陷(后果)标在"鱼头"，"鱼骨"表示分析的主要方面，在"鱼骨"上长出"鱼刺"，上面按出现机会多寡列出产生问题的可能原因，由此形成因果逻辑关系。鱼骨图基本结构如图5-12所示。

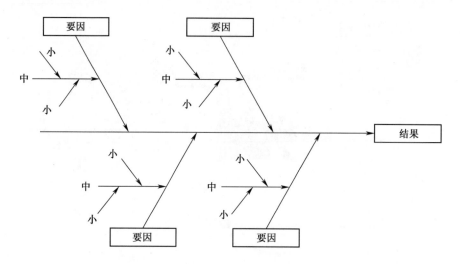

图5-12　鱼骨图基本结构

鱼骨图是一种定性分析工具，可以帮助人们找出引起问题潜在的根本原因：

(1) 它使人们问自己：问题为什么会发生？使项目小组聚焦于问题的原因，而不是问题的症状。

(2) 能够集中于问题的实质内容，而不是问题的历史或不同的个人观点。

(3) 以团队努力，聚集并攻克复杂难题。

(4) 辨识导致问题或情况的所有原因，并从中找到根本原因。

(5) 分析导致问题的各原因之间相互的关系。

(6) 采取补救措施，正确行动。

2. 使用鱼骨图工作步骤

(1) 明确存在的问题。首先对团队成员讲解会议目的，然后认清、阐明需要解决的问题，并就此达成一致意见。把问题(后果)写在右端，圈起来。从左向右用粗线画出主骨，加箭头标志，指向问题。

(2) 根据问题性质，选择合适的分类，确定大骨和大要因。大骨上分类书写3~6个大要因，用方框圈起来。例如，对于生产问题，一种可能的分析大要因包括人员、设备、材料、方法、环境等。对于管理问题，大要因是人、事、时、地、物等。大要因采用中性描述，不说明好坏。

(3) 对引起问题的原因进一步细化，画出中骨、小骨，尽可能列出所有原因。针对任何一个问题，研究为什么会产生这样的问题？针对问题的答案再问为什么？这样深入几个层次，依次形成中骨、小骨、孙骨的"要点"。对所有问题探索完成后，对鱼骨图进行优化整理。

(4) 根据鱼骨图进行讨论，深究要因。考虑对后果影响的大小和对策的可能性，深究要因(不一定是最后的要因)。

鱼骨图通过整理问题与它的原因的层次来标明关系,因此能很好地描述定性问题。鱼骨图的实施要求工作小组负责人有丰富的指导经验,整个过程负责人尽可能为小组成员创造友好、平等、宽松的讨论环境,使每个成员的意见都能完全表达,防止小组成员将原因、现象、对策互相混淆,并保证鱼骨图层次清晰。

3. 鱼骨图应用案例

某地区林地频繁发生火灾,森林消防部门需要探究火灾原因,为下一步行动提供决策依据。采用鱼骨图分析法,首先明确问题为林地火灾频发,然后经过讨论确定大要因为火源、燃烧介质、日常管理、防火设施。接下来对每个大要因深入探究,得到所有要点。绘制鱼骨图如图 5-13 所示。

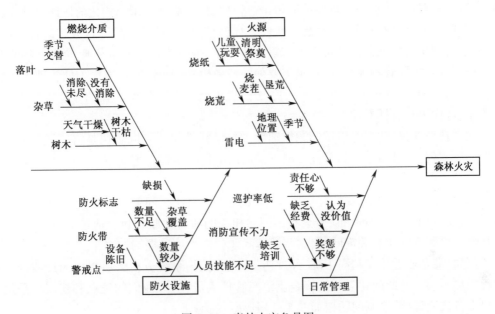

图 5-13 森林火灾鱼骨图

借助鱼骨图,结合地区森林消防实际情况,分析小组找出根本原因为防火带缺失,为下一步行动提供了方向。

5.5.3 访谈技巧

在系统分析过程中,访谈是一种重要的工作形式。访谈是系统分析人员获得有关信息的重要方式,一般采用面对面交流方式,也可采用电话、网络交流等形式。访谈的主要目的是收集数据、获取信息,了解进一步获取信息的来源。此外,还可以了解相关人员,特别是项目的决策者、利益相关者的情感、态度、价值观。同时借助面对面的交流,系统分析人员与客户之间建立信任关系,这些对系统分析的成功都有一定影响。正式的访谈工作一般在项目启动后立即进行,在项目开展过程中还会穿插很多正式与非正式的交流。

访谈看似简单,却蕴藏许多学问和技巧。访谈是以获得和理解关于一个特定题材的信息为目的的一系列提问和回答。访谈主要有两个目的:一是对相关问题进行全方位的了解,从而可以在设计阶段提供实际又可供操作的方案;二是借助访谈和客户建立相互信任关系,为项目后继开展打下良好的基础。

总体来讲,访谈步骤可分为访谈准备阶段、访谈实施阶段和访谈整理阶段[8]。

1. 访谈准备阶段

在访谈前首先要明确本次访谈的目的,以便在访谈的过程中可以清楚地知道所谈内容是否是所需要获取的信息。访谈目的有很多种,包括建立彼此之间的信任、了解组织文化、了解公司业务及岗位职责、收集相关数据资料等。

访谈目的一旦确立,就要选择访谈对象,了解访谈对象的岗位职责、工作安排、个人风格等,约定访谈时间、地点。然后根据访谈目的、针对访谈对象的特点准备访谈提纲。

访谈提纲是准备工作中的重要一环。尤其对于访谈经验不足的人员来说,不确定提纲就很难控制话题,其结果很可能是花费大量的时间却得不到想要的信息,访谈效率很低。访谈提纲的设计有一个重要的原则是逻辑性要强,通常采用结构化的访谈提纲,其具体的实现方式主要取决于访谈者想要获取怎样的信息。一般情况下,若被访谈者是高层管理人员,则访谈提纲的设计更多地偏重企业文化、企业战略等较为宏观、全局性的问题;若被访谈者是中层管理人员,则提纲需要偏重业务模式、业务流程、部门内的管理工作等;若被访谈者是基层管理者或者普通员工,访谈提纲就要考虑目前存在的一些表象上的问题为主,这样更具有针对性。

在准备访谈提纲时,可以用问题树辅助进行结构性思考。问题树是将问题的所有子问题分层罗列,从最高层开始并逐步向下扩展形成树状结构。把一个已知问题当成树干,然后开始考虑这个问题和哪些相关问题或者子任务有关。每想到一点,就给这个问题(也就是树干)加一个"树枝",并标明这个"树枝"代表什么问题。一个大的"树枝"上还可以有小的"树枝",依此类推,直至找出问题相关的所有关联项目。通过分析问题树,可以找出需要回答的所有关键问题,这些关键问题就成为访谈提纲的主体。

例如,某企业近几年利润下降,经过初步调查之后,系统分析人员提出通过改变生产过程增加利润。就此问题需要访谈企业生产管理人员,听取他们的观点和建议。采用问题树准备访谈提纲,绘制问题树如图 5-14 所示。

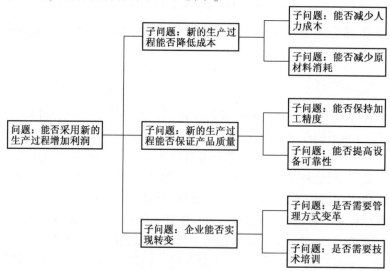

图 5-14 生产过程改变的问题树

访谈一般由两个以上人员组成,因此需要组建访谈小组。首先,对小组成员明确阐述访谈目的,在小组内部取得共识。对小组成员进行分工,明确谁负责提问,谁负责记录,为小组成员分配不同的问题。

2. 访谈实施阶段

这个阶段,除了需要注意问与听的技巧外,同时还需要注意控制场合,如环境因素对访谈的信息收集带来的影响等。这里所说的环境因素包括访谈地点、座位、灯光等。首先,访谈地点要选择在双方都能接受的地方进行,灯光也不能过于昏暗,明亮甚好。其次,座位的选择更有要求。视线心理学的经验告诉人们:面对面的坐向容易产生紧张、对立的关系。其化解办法是彼此横向或斜向而坐,以让彼此的视线斜向交错,减弱对应性,可以避免尖锐的对立状态。同时,也要注意双方谈话的距离,一般保持在 1.5~2m 较佳。

选择好的环境之后,在直奔访谈主题之前,一般要准备一段开场白。好的开场白能很大程度地验证被访谈者所提供资料的可靠性。其主题可以是对方熟悉的事情,也可以简单地介绍自己,通报访谈的目的,并说明将在访谈过程中进行记录(必要时阐明保密性原则)等。这样不但可以消除对方的紧张情绪,而且能建立相互之间的初步信任关系。

做好访谈工作,具有高度的艺术性,与访谈者的文化修养、专业知识、人际沟通技巧有很大关系。麦肯锡的专家总结了访谈成功的 7 个技巧:

(1) 让被访者的上司安排会面。让被访者的上司安排会面,被访者就会比较重视,认真接待系统分析人员,尽量满足系统分析人员的采访要求。

(2) 两个人一起进行采访。在与被访者进行语言交流的同时,往往无法及时进行记录,这时如果有另一个人进行记录,有助于保存完整的信息。同时,也可以获得对相同信息的不同观点,避免误解。

(3) 聆听,不要指导。在多数访谈中,访谈目的并不是获得对于某个问题的答案,而是获得尽可能多的信息。因此在访谈中系统分析人员主要扮演倾听者的角色,只需适当回应受访者,保持对话顺利进行下去就可以,不需要对受访者进行指导。如果对话难以进行,则可以多问一些开放性问题,打开受访者的思路。

(4) 复述、复述、复述。一些受访者的说话方式可能不太有条理,意思表达不够清楚。在这种情况下,对受访者的话语可以从稍微不同的角度进行复述,由受访者确认是否是他想要表达的意思。这就为受访者更正或补充他的真实意图提供了一次机会,有助于避免或消除误解。

(5) 采用旁敲侧击的方式。对于一些敏感问题,不宜直接提问,因为可能会引起受访者的警惕或反感,从而拒绝回答,受访者一旦采用拒绝态度,对话就很难进行下去。因此,不妨采用迂回战术,从侧面提问,获得感兴趣的信息。

(6) 不要问得太多。在与受访者会面之前,在采访提纲上列出 3~5 个重要问题,在访谈中得到关于这几个问题的信息就算完成访谈任务。不要问太多问题,因为一些信息可以推断出来。另外,也不要穷追不舍,过多的问题会导致受访者厌烦,从而态度消极,敷衍了事。

(7) 采用考伦坡的策略。考伦坡是一部电视剧中的侦探,他在对嫌疑人的讯问结束,走到门口要离去的时候,常常又转回身来再问一个问题。因为这时受访者已经心理放松,往往会说出真正的答案。因此在访谈时,可以使用这一策略。也可以过几天后顺便拜访被访者,得到一些重要信息。

3. 访谈整理阶段

访谈结束后,尽快整理访谈记录,撰写访谈纪要。主要是把原始的访谈记录进行整理,及时补充落记的要点,并加入背景资料(尽量引用被访谈者的原话)。必要时可以回想:被访谈者是个什么性格的人,回答问题时的语气,他们对本项目是什么样的心态,支持还是反对,以及是否把顾问看成救命稻草,迫切地希望解决一些问题等。

然后,向项目小组成员介绍访谈情况,汇集不同成员对访谈的认识和理解,从访谈中找出关键信息,考虑哪些观点是可行的。在充分沟通的基础上,做正式的访谈纪要,访谈纪要保证信息和数据的真实性和客观性,并能充分反映受访者的观点。访谈纪要大致形式如图 5-15 所示。

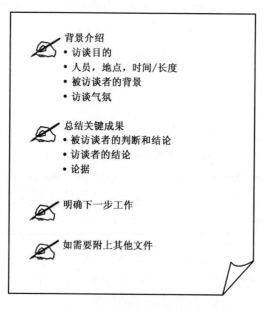

图 5-15　访谈纪要大致形式

5.6　系统分析报告写作

在系统分析过程中,无论是在系统分析小组内部还是外部,都需要进行有效的沟通。沟通的方式既可以是口头的,也可以是文字的。文字形式比较正式、容易保存,如备忘录、简报、详细报告、汇报文稿等。

在系统分析的各个阶段,需要撰写多种形式的报告,如在阐明问题阶段会撰写问题分析报告,中间阶段有进展报告,项目结束时会提交详细的系统分析报告等。因此如何撰写报告,达到有效沟通目的,是系统分析人员一项重要的工作技能。

5.6.1　金字塔原理

管理咨询专家明托(B. Minto)总结从事企业咨询工作的经验,提出一种写作、思考、解决问题的逻辑,命名为金字塔原理[9]。金字塔原理是指对思想进行不同层次的组织,形成金字塔式结构,最高层思想是中心思想,高层思想是对低层思想的概括,每一组的思想在逻辑上属于同一范畴。每一组中的思想都必须按照逻辑顺序组织。

金字塔写作方式"从结论说起",自上而下将思想、论据组织成金字塔结构,如图5-16所示。

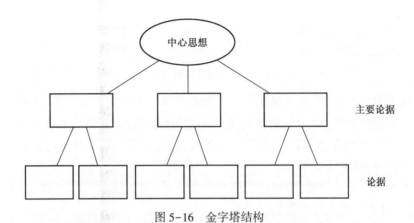

图5-16 金字塔结构

对于一篇报告,首先要有明确的中心思想。中心思想需要满足 TOPS 要诀,TOPS 是四个单词的词头:T——有的放矢(Targeted),必须针对所要分析的具体问题,满足需求方的内心期望;O——贯穿整体(Over-Arching),指全篇报告都围绕这个中心思想展开;P——掷地有声(Powerful),中心思想对人形成一定的震撼,具有冲击力;S——言之有据(Supportable),指中心思想的得出是有充分论据支持。

在金字塔结构中,主题和子主题之间形成纵向关系。纵向应该形成疑问/回答式的对话,从而使读者带着极大的兴趣了解你的思维发展。每个主题就是一个"思想",其中包含新的信息,在向读者传递信息的时候,就会引发读者的疑问,如"为什么会这样?""怎样才能这样?""为什么你这样说?"等。读者带着这些疑问继续阅读,在下一层次中横向地对该问题做出回答。在下层的回答中仍然是在传递新的信息,从而使读者又产生新的疑问,从而继续在下一层次寻求回答。

某个主题的下一层次是对上层主题的回答,这些回答之间形成横向关系。横向上同属一组的主题之间必须满足某种逻辑要求,共同完成对上层主题的回答。这些主题之间必须具有明确的演绎关系或归纳关系,但不能同时既有演绎关系又有归纳关系。在组织思想时,归纳和演绎是仅有的两种可能的逻辑关系。

演绎性思想组合是由几项承前启后的论述组成的。演绎推理是一个线性的推理方式,从前面的一系列论述最终得到后面的结论,从而证明主题的正确性。推理可以是最简单的三段论式的,也可以形成一个连环的推理过程,如图5-17所示。演绎推理逻辑严密,对于有拒绝心理的读者有较好的作用。但是对于软系统问题,往往很难建立严密的演绎逻辑。另外,如果演绎论证的链条较长,只要其中一个环节不被接受,则面临整个论证无效的风险。对于过长的论证过程,读者或听众往往不能完全理解论证过程,无法建立完整清晰的论证逻辑。

归纳论证是将一组事实或思想归结为一类,并对其相似性做出表述。选择归纳法回

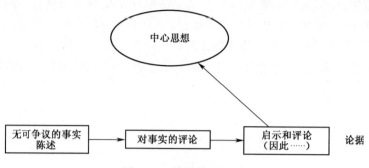

图 5-17　演绎推理论证

答由某个思想引起的疑问,必须保证该组论据在逻辑上具有共同点。归纳论证的结构如图 5-18 所示。在归纳过程中通常保持主语不变、改变谓语,或者保持谓语不变、改变主语。归纳论证便于读者记住要点,即使一点被否定,其他要点还是具备论证效力。在关键句层次上,采用归纳论证便于读者阅读和理解,在关键句以下层次,对于比较简短的部分也可以采用演绎论证。当然,归纳论证的结论来自于一组主题相似的共性,并不构成必然的逻辑走向,对于一些人可能有勉强之感。

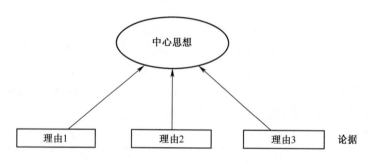

图 5-18　归纳论证的结构

5.6.2　构建金字塔结构

要构建金字塔式报告结构,按整体思路划分,有自上而下和自下而上两种方式。自上而下方式是从中心主题开始,从最顶层向下扩展,按疑问/回答方式组织思想,形成论证结构。自下而上方式是首先罗列出所有思想,然后逐步归纳,最终提炼出中心思想。

自上而下构建金字塔结构的基本步骤如下:

（1）确定文章主题;

（2）确定文章的读者,回答读者的问题;

（3）判断问题是否成立;

（4）确定主题的回答引起的次级问题,确定回答次级问题采用演绎还是归纳;

（5）在更次层级上重复以上步骤。

自下而上构建金字塔结构的基本步骤如下:

（1）列出所要表达的要点;

（2）分析各个要点的逻辑关系;

（3）归纳更高层要点;

（4）在更高层级上重复以上步骤。

下面结合一个例子说明自下而上构建金字塔结构的过程。例如,某个家庭准备出售所拥有的一套二手房,要做一些准备工作。首先列出出售二手房所需进行的所有准备工作,如图5-19所示。

图5-19 出售二手房的工作列表

对上述列表进行归纳,可以归纳为几个更高层次的要点,分别是修理房屋外部、清理房屋内部、准备售房广告。对这三个要点又归纳为最高层要点:准备出售二手房。从而形成金字塔结构,如图5-20所示。

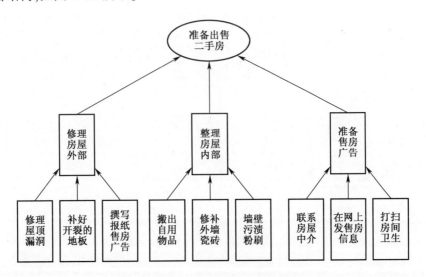

图5-20 卖二手房的金字塔结构

金字塔结构是组织各种报告的有效方式,这一点已经在实践中得到印证。系统分析人员在组织报告时,应认真考虑是否采用金字塔结构。

参考文献

[1] Gibson J E, Scherer W T, Gibson W F. How to Do Systems Analysis[M]. Hoboken, NJ, USA: John Wiley & Sons, Inc. , 2007.

[2] 汪应洛. 系统工程:第4版[M].北京: 机械工业出版社,2011.

[3] Sage A P, Rouse W B. Handbook of Systems Engineering and Management[M].John Wiley & Sons,2009.

[4] Zwicky F. Discovery, Invention, Research -Through the Morphological Approach[M].Toronto: The Macmillian Company,1969.

[5] Alvarez A, Ritchey T. Applications of General Morphological Analysis From Engineering Design to Policy Analysis[J].Acta Morphologica Generalis,2015,4(1): 1-40.

[6] Buzan T. 思维导图使用手册[M].丁大刚,张斌,译. 北京: 化学工业出版社,2011.

[7] Tague N R. The Quality Toolbox:2nd Edition[M].ASQ Quality Press,2005.

[8] 埃森・M・拉塞尔. 麦肯锡方法[M]. 赵睿,陈甦,岳永德,译. 北京:华夏出版社,2001.

[9] 巴巴拉・明托. 金字塔原理[M].王德忠,张珣,译. 北京:民主与建设出版社,2002.

第6章

系统开发框架

人类为了生存和发展,不断创造、改进各种各样的工程系统,以满足人类的需求。随着社会发展和技术进步,一些工程系统已经非常复杂,如交通运输系统、载人航天系统、大型水利工程等。这些工程系统包含大量的要素,要素之间有复杂的相互关系。这些工程系统存在于自然环境之中,与自然系统有复杂的双向作用。这些工程系统与社会系统有紧密关系,受经济、政治、文化、组织等各种因素的影响。

开发运行大型工程系统,需要采用系统工程的框架、逻辑、方法和技术。在系统工程实践过程中,人们发展建立了多种不同的系统开发框架,这些框架有一些共同特点,也有一定的差异,在系统工程实践中,需要选择适当的系统开发框架,并根据实际需要进行定制和剪裁。

6.1 系统工程的价值

6.1.1 大型工程系统的特点

大型工程系统的开发本身也是一个复杂的系统。系统的开发和运行往往涉及多个利益方,不同的利益方对它们有不同的期望、要求和价值准则,开发团队必须与多个利益方进行沟通协调。系统的开发往往涉及多个专业领域,如机械、电子、信息、控制、可靠性、维修性、安全性,甚至涉及心理、社会、文化等专业领域,不同专业人员之间必须高效协作。系统的开发与运行涉及大量的机构和人员,其开发、运行过程往往跨越几年甚至几十年,需要进行有效的协调。

大型复杂系统的开发必须从整体着眼,充分考虑各个方面,进行综合权衡,在性能、费用、进度、保障、安全等多个方面寻求最佳平衡点。大型工程系统的这些特点推动了系统工程学科的建立和发展,大型工程系统的开发已经进入系统时代,系统工程人员在大规模复杂系统的开发中发挥引领作用,从技术角度引导、管理、控制、协调系统的开发与运行过程,保证所开发的系统满足用户需求。

系统工程的主要作用是领导复杂系统的工程化,它是项目管理中不可缺少的部分,与传统工程学科有明显区别,它有四个特点:

(1) 采用整体观点看系统;

（2）关注客户的需求和运行环境；

（3）引导系统的概念设计；

（4）在各个工程专业之间进行协调和沟通。

在系统时代，大型工程系统的开发是一种团队行为，相关的人士必须认识到各种专业之间以及经济因素、生态因素、政治因素和社会因素之间关系的重要性。现在的工程需要在系统设计研制的早期就综合考虑这些因素，而其结果也肯定将影响这些因素。相对的，这些因素也会给设计过程施加约束。因此，技术专家不仅具备狭义的工程领域的知识，而且具备与系统产生背景相关的综合知识。

6.1.2 对系统工程的理解

简单地说，系统工程是用于系统设计、实现、技术管理、运行使用和退役的专业学科。它处理的对象是系统，系统作为一个整体所产生的价值来自于各组成部分之间的相互联系和相互作用，但不是各组成部分特性功能的简单加和。因此，如何从整体出发，对系统进行分析、设计、制造、试验、评估，对复杂的系统开发过程进行有效管理，就是系统工程的重要职责。

系统工程的定义有多种，对系统工程的理解也是在不断进化的，因此需要从多个维度来理解和认识系统工程。

1. Sage 对系统工程的理解

A. P. Sage 是美国著名系统工程专家，他认为需要从结构、功能、目的的角度理解系统工程，并从这三个角度对系统工程进行了定义[1]。

（1）从结构视角看，系统工程的结构要素是表达、分析与解释。结构视角的定义：系统工程是一门管理技术，帮助利益相关者从需求视角、机构视角、价值视角考虑问题，对所提出的策略、控制方法、系统改进的效果进行表达、分析和解释。

（2）从功能角度看，系统工程在系统开发运行中需要发挥一定的作用。功能角度的定义：系统工程是对系统工程的方法和工具进行适当组合，通过运用适当的方法论过程和系统管理过程，一般是采用面向过程的框架，解决真实世界的问题（通常是大规模和大范围问题）。

（3）从目的角度看，系统工程是帮助组织实现满足要求的系统。目的角度的定义：系统工程的目的是对信息和知识进行组织和管理来帮助客户，这些客户期望开发管理、指导、控制、规制活动的策略，这些活动与整个系统的预测、规划、开发、生产和运行有关，使得整个系统保持总体质量、统一、集成，以及性能、可信赖、可靠性、可用性和可维修性满足要求。

综合以上考虑，Sage 认为系统工程是一项管理技术（图 6-1），它对系统寿命周期过程进行控制，涉及并导致系统的定义、开发和部署，实现高质量、可信赖、效费比高的系统，以满足用户的需要。

Sage 认为系统工程分为三个层次：系统管理、系统工程过程或方法论、系统工程方法、工具或技术。系统管理是战略层的系统工程，主要考虑产品发展方向、长期市场策略等。系统工程过程或方法论主要是分阶段的系统工程过程，遵循这样的过程进行系统分析、设计、开发、建造、部署、退役等。系统工程还有很多方法和工具，如决策分析、风险管

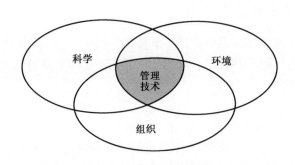

图 6-1 系统工程是管理技术

理、可靠性维修性保障性(RMS)等。系统工程的层次划分如图 6-2 所示。

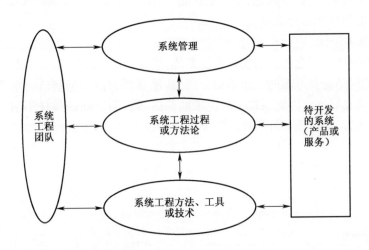

图 6-2 Sage 对系统工程的层次划分

2. INCOSE 对系统工程的定义

国际系统工程协会(INCOSE)在系统工程手册中对系统工程进行了定义,它认为系统工程是一个视角、一个流程、一门专业[2]。分别给出以下定义:

(1)一个视角:系统工程是一门专注于整体(系统)而绝不是各个部分的设计和应用的学科。这涉及从问题的整体性来审视,将问题的所有方面和所有变量都考虑在内,并将社会和技术方面相关联。

(2)一个流程:系统工程是一种自上而下的综合、开发和运行真实系统的迭代过程,以接近于最优的方式满足系统的全部需求。

(3)一门专业:系统工程是一种使系统能成功实现的跨学科的方法和手段。系统工程专注于:在系统开发周期的早期阶段,就定义客户需求与所需要的功能,将需求文件化;然后在考虑完整问题,即运行、成本、进度、性能、培训、保障、试验、制造和退出问题时,进行设计综合和系统确认。系统工程以提供满足用户需求的高质量产品为目的,同时考虑了所有用户的业务和技术需求。

6.1.3 系统工程的基本理念

系统工程的基本理念是将系统看作一个整体,关注的是如何成功实现系统的使命任务。也就是说,个别目标必须服从整体目标,局部利益必须服从整体利益。

1. 系统整体的成功

系统工程的关注焦点是整个系统的成功,从系统开发的早期阶段开始就关注整个系统是否能满足用户需求、能否实现目标、能否在现场顺利运行、能否在长期运行过程中满足预期要求。为了实现这一目的,在系统工程的早期阶段就需要深入理解用户的问题,提炼真正的需求,了解环境条件和相关系统,探索恰当的技术路线。在开发过程中,协调整体与部分的关系,进行目标分解与功能分配,设计接口和交互方式,保证各部分能够协调一致,实现整体目标。在设计阶段,充分考虑运行过程中的可靠性、维修性、保障性、安全性等问题,以及报废、更新等问题,在技术性能、可用性、经济性、安全性等多个方面进行综合权衡,实现能够成功运行的系统。

2. 追求总体最优

系统工程的核心理念是追求实现最优系统,但并不是单纯追求性能最优,而是总体最优。技术性能仅是需要考虑的一个重要方面,其他重要方面包括经济可承受、及时交付、易于维护、环境友好等。因此系统工程追求的是诸多方面之间的最佳平衡。以性能与成本为例,一般而言,要实现更好的性能需要更高的投入,但是随着投入的增加会出现边际收益递减,这是一个基本规律。因此可以采用收益/成本(效费比)的值作为指示,选择效费比最高值附近的成本、性能,作为最佳平衡点,如图6-3所示。

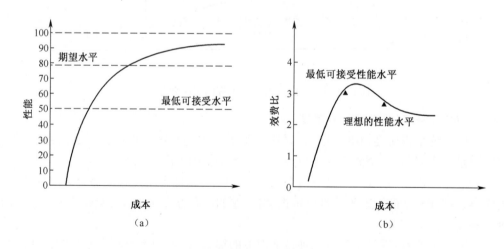

图 6-3 性能—成本权衡

另外,即使是在性能方面,追求的也是各方面性能的总体平衡。由于系统的性能包括多个方面,这些性能指标之间存在此消彼长的关系,片面追求某个单一性能指标的最优,将会导致系统整体性能降低甚至无法接受。例如,民航飞机的性能指标有最大速度、燃油消耗水平、爬升能力、噪声等多个方面,必须在这些性能指标之间寻求平衡。

3. 团队工作

在系统设计和研制过程中,通过专业综合和团队方法保证所有设计目标以有效和高效的方式实现。这要求完整理解多个不同设计学科及其相互联系,包括实施系统工程过程的方法、技术和工具。系统工程人员需要对所开发的系统拥有一定深度的知识,才能协调专业工作。系统工程人员的知识结构在横向应该较宽,对所涉及的各个专业都有了解,在深度上对各个专业的了解应该到达部件级别,也就是说对部件的整体性质、关键因素、接口特性有完整的认识,对部件的内部不需有更多了解[3]。系统工程专业所需知识如图6-4所示。

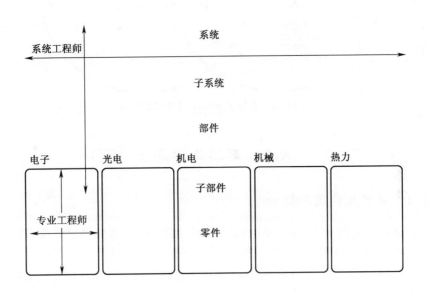

图 6-4　系统工程专业所需知识

6.1.4　系统工程与项目管理的关系

大型工程项目往往起源于客户需求拉动或技术发展推动,在初期阶段首先明确需求,进行系统概念探索。一旦决定将新概念付诸实施,就需要建立庞大的组织,投入大量资金,多个专业机构和人员进行分工合作,耗费较长时间,才能将概念转变为可运行的系统。这些有明确起点和终点的复杂工程活动往往称为项目。

大型复杂项目需要专门的管理机构和人员负责项目的实施过程管理,对从项目的投资决策开始到项目结束的全过程进行计划、组织、指挥、协调、控制和评价,以实现项目的目标,即项目管理。

系统工程是项目管理的内在部分,系统工程的专注点是项目的工程活动,包括设定系统的目标、引导系统的设计、开发、试验、部署等各阶段活动,确保最终产品满足用户需求。项目的资金管理、合同管理、客户关系管理等与系统工程有关,但不属于系统工程领域。

《NASA 系统工程手册》中也明确指出[4],系统工程应置于项目管理背景之下。项目管理中有两个同样重要的领域:系统工程和项目控制。这两个领域有重叠部分,系统工程为重叠部分提供技术层面的输入,而项目控制主要提供规划、费用、进度等方面的输入。系统工程与项目控制的关系如图6-5所示。

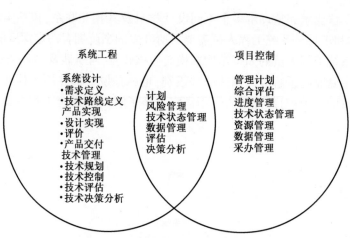

图 6-5　系统工程与项目管理的关系

6.2　系统生命周期

6.2.1　系统生命周期概念

任何系统都会经历一个发生、发展和消亡的过程。一个系统经过分析、设计和实施,投入使用若干年,由于新情况、新问题的出现,人们又提出新的目标,要求设计更新的系统,原有系统报废或升级。这种周而复始、循环不息的过程就是系统的生命周期。

Blanchard 给出系统生命周期(System Life Cycle)的定义:系统生命周期是看待系统或提议系统的一种视角,将系统的存在划分为多个阶段,包括系统概念化、设计与开发、生产和/或构建,分发,运行,维护和保障,退役,消亡或报废[5]。

1. 系统生命周期阶段

对于人造系统来说,系统的生命周期是指从提出建立或改造一个系统开始,经过一系列的阶段,包括概念探索、设计、开发、制造/生产、部署、运行、直到废弃的整个过程。系统工程工作涵盖系统生命周期的各个阶段,通过协调领域专家的参与,从需求确定、精心策划系统方案的开发、系统运行到系统退役。按生命周期阶段展开工作是一种有效的阶段化开发方法,在每个阶段系统工程人员的任务性质有所不同,所发挥的作用也不同。

对系统划分生命周期阶段,不同的机构和个人有不同的划分方法。例如,国际标准化组织发布的 ISO/IEC 15288 将系统生命周期划分为概念阶段、开发阶段、生产阶段、使用/保障阶段、退役阶段。

按生命周期阶段展开系统开发工作具有突出的优点:①生命周期法强调系统开发过程的整体性与全局性,是在整体优化的前提下考虑具体的分析设计问题,这是一种自顶向下的开发方法,有助于实现系统的总体目标;②生命周期法是一种时间分解方法,通过各个阶段的划分,界定每个阶段的任务,提供完成任务的方法和工具,有助于降低问题的复杂性,提高问题解决的效率;③在阶段转换甚至在某个阶段内部的特殊节点,安排评审工作,设置决策门,可以保证阶段工作的质量,避免问题向下一个阶段传播,有助于提高项目开发的成功率。

2. 决策门

系统生命周期模型对系统阶段进行了划分,在展开系统开发工作时,需要在系统生命周期的各个阶段转换处,甚至在某个阶段内部的一些关键点,设置里程碑事件。里程碑是一个具有特定重要性的事件,通常代表项目工作中一个重要阶段的完成。在里程碑处,通常要按计划进行评审,根据评审结果做出决策,因此也称为决策门。每个决策门都需要设定进入和退出的准则。决策门确保开展新活动所需要的预先安排的活动已按要求完成并处于技术状态管理之下。

决策门是系统生命周期内的主要决策点。决策门的主要目标是:

(1) 确保业务和技术基线的详细阐述可接受,并能引至满意的验证和确认;

(2) 确保可以进行下一步活动,继续进行的风险可接受;

(3) 继续促进买方和卖方的团队工作;

(4) 使项目活动同步。

决策门的描述应明确,包括的基本要素有:决策门的目的,主持者和主席,出席人员,地点,议程以及如何实施决策门,待评估的证据,决策门产生的活动,关闭评审的方法。

决策门的类型有多种,任何项目至少包括批准继续进行和交付项目的验收两类决策门。在每个决策门中,决策选项包括:

(1) 可接受——继续进行项目的下一阶段;

(2) 有保留的接受——继续并回应某些活动;

(3) 不可接受——不继续进行,延续本阶段工作,在准备就绪后重新评审;

(4) 不可接受——返回到前一阶段;

(5) 不可挽回——终止项目。

当决策门完成时,一些制品(如文件、模型、产品等)已经获得批准,成为开展未来工作的基础,如果项目规模较大、周期较长,则需要对这些制品进行技术状态管理。

3. 基线

对于比较复杂的大型工程项目,伴随生命周期过程,往往需要对系统进行技术状态管理(也称为配置管理或构型管理等)。技术状态是指在技术文件中规定的并在产品中达到的物理特性和功能特性。技术状态管理是指应用技术和行政管理手段对产品技术状态进行标识、控制、审核和纪实的活动。

在实施技术状态管理中涉及技术状态项目和基线两个基本管理要素。技术状态管理主要是针对技术状态项目的基线实施管理。技术状态项目是技术状态管理的基本单元。基线是指在产品生命期内的某一特定时刻,被正式确认并作为今后研制生产、使用保障活动的基准,以及技术状态改变判定基准的技术状态文件。技术状态管理中,一般要考虑功能基线、分配基线和产品基线,它们的区别如表6-1所列。

表6-1 三种主要基线的区别

基 线	主 要 内 容	文件形式	制定时间	制定单位
功能基线	规定任务和技术要求 对各功能段分配要求 规定接口关系、约束条件	系统规范	论证阶段	用户或 承制方

（续）

基　　线	主　要　内　容	文件形式	制定时间	制定单位
分配基线	规定各分系统或设备、计算机软件项目技术要求	研制规范（研制任务书）	方案阶段	承制方
产品基线	规定生产、试验、验收技术要求	产品规范	工程研制阶段	承制方
	规定制造工艺(如焊接、铸造等)技术要求	工艺规范		
	规定制造中使用的原材料或半成品生产技术要求	材料规范		
	其他			

6.2.2　系统生命周期模型

在系统工程领域有多种关于系统生命周期的模型,这些模型来自不同的专业领域,是对所在领域系统工程工作的总结,有的是行业规范。这些模型在生命周期阶段的具体划分上有所区别,但大的框架相似,都遵循系统从无到有的基本过程,大概都包括系统定义、开发、制造、运行、退役等几个阶段。系统生命周期模型划分为几个阶段,可以根据具体项目需要,由系统工程人员对其进行剪裁。下面介绍几种比较有影响的生命周期模型。

1. ISO/IEC 15288 系统生命周期模型

ISO/IEC 15288 是国际标准化组织发布的系统与软件生命周期标准,目前该标准最新的版本是 2015 版[6]。它是一个描述系统生命周期的通用框架,定义了一整套相关的流程和术语,这些流程可以用在任何层次的系统。ISO/IEC 15288 目的是提供一组定义的流程来促进采购方与供应方以及其他利益相关方之间在系统生命周期过程中的沟通。它以流程为核心,也可以采用生命周期阶段观点,并没有限定生命周期阶段的划分方式,但在技术报告 ISO/IEC TR9760 中提出了一种阶段划分方法。无论是阶段观点还是流程组观点,往下都由流程构成。ISO/IEC 15288 的基本框架如图 6-6 所示。

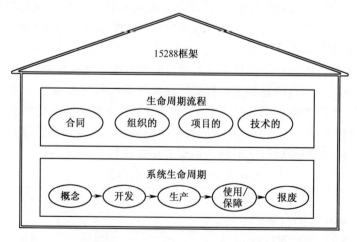

图 6-6　ISO/IEC 15288 的基本框架

ISO/IEC 15288 以流程为核心定义了系统生命周期的体系结构。流程是一组关联紧

密的活动,用于将输入转换为输出。流程(ISO/IEC TR 24774 中进行了详细定义)描述包括以下属性:

(1)标题(title):指明该过程作为一个整体所覆盖的范围。

(2)目的(purpose):描述执行该过程所要到达的目标。

(3)输出(outcome):描述成功执行该过程所得到的可观察的结果。

(4)活动(activity):一组内在一致的组成过程的任务。

(5)任务(task):为了产生预期输出而进行的需求、推荐或允许的行为等。

流程的规范结构如图 6-7 所示。

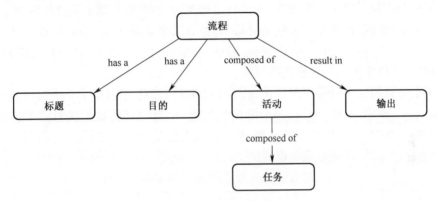

图 6-7 流程的规范结构

ISO/IEC 15288:2015 系统生命周期流程将整个生命周期定义为 4 个流程组、28 个流程。4 个流程组分别是协议流程组、组织项目使能流程组、技术管理流程组和技术流程组,如图 6-8 所示。

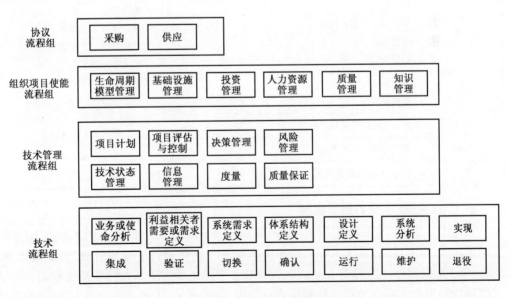

图 6-8 ISO/IEC 15288 流程组

协议流程组是定义两个组织间建立协议所必需的活动,包括采购和供应两个流程。

组织项目使能流程组确保组织通过启动、支持和控制项目来获得并提供产品或服务的组织能力。组织的项目使能流程提供支持项目所需的资源和基础设施,并确保满足组织目标和达成协议。

技术管理流程组用于建立和演进项目计划、执行项目计划、按计划评估项目的成果和进度,以及控制项目的执行,直到项目完成。按照项目计划或不可预知的事件的要求,项目流程可以在生命周期的任何时候和任何项目层级被引用。

技术流程组用于定义系统需求,以将需求转换成有效的产品,必要时允许产品再生产,使用产品来提供所要求的服务,持续提供这些服务并在产品退役时处置产品。技术流程能够使系统工程师协调工程专家、系统利益相关者、运营商与制造商之间的交互。技术流程组有 14 个流程,包括业务或使命分析、利益相关者需求定义、系统需求定义、体系结构定义、设计定义、系统分析、实现、集成、验证、切换、确认、运行、维护、退役,它们是系统实现过程中,从技术角度频繁使用的流程。

系统生命周期也可以采用阶段描述,在 ISO/IEC 15288 中列出了 6 个阶段,分别是概念、开发、生产、使用、保障、退役,每个阶段都设置一个决策门,提供决策选项,如表 6-2 所列。需要注意的是,所有阶段可重叠,使用阶段和保障阶段是并行的。无论是划分为阶段,还是流程组,低层都是由流程组成的。

表 6-2　一般系统生命周期阶段

阶　段	目　的	决　策　门
概念	细化利益相关者的需求 探索可行的概念 提出有望实现的解决方案	
开发	细化系统需求 创建解决方案的描述 构建系统 验证并确认系统	决策选项 ①继续进行下一阶段 ②继续并回应某些活动 ③延续本阶段工作 ④返回到前一阶段 ⑤终止项目
生产	生产系统 检验和验证	
使用	运行系统以满足用户需求	
保障	提供持续的系统能力	
退役	存储、归档或废弃系统	

2. DoD 5000.2 采办周期模型

近几十年来,美国在大型国防项目采办方面居于世界先进地位,在很大程度上归功于美国国防部(DoD)按照系统工程思想和技术对采办过程进行了规范管理,其重要依据是 DoD 5000 系列指令。在 DoD Instruction 5000.2 中描述了国防采办管理系统框架,将国防采办项目的生命周期分为物质性解决方案分析、技术开发、工程和制造开发、生产与部署、使用与保障五个阶段[7]。用户需求以及技术机会和资源是整个生命周期过程的一部分,但没有包含在采办过程之中。DoD 5000.2 中采办管理框架如图 6-9 所示。

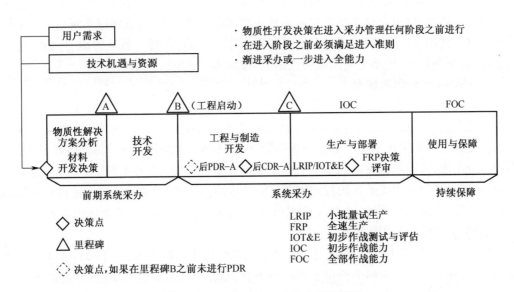

图6-9　DoD 5000.2中的采办管理框架

1）里程碑与决策门

在大型国防项目采办管理过程中,在一些关键的事件点安排多种评审和决策门。有三个重要的评审作为里程碑,分别给定编号A、B、C。这三个重要的里程碑分别给出了进入和退出条件。例如在里程碑A,项目的需求文档必须得到军方评审委员会的批准,才能进入下一个阶段。除了这三个里程碑外,整个生命周期过程还有四个决策点,分别是物质性开发决策(Material Development Decision,MDD)、初步设计评审(Preliminary Design Review,PDR)、关键设计评审(Critical Design Review,CDR)和全速率生产决策(Full-Rate Production,FRP)。

2）采办生命周期阶段

物质性解决方案分析阶段的目的是评估可能的物质性解决方案,最终达到里程碑A的进入条件。该阶段起始于物质性开发决策评审,如果认为新的需求无法由非物质性解决方式满足,而是必须由物质性方案解决,则进入采办程序,MDD是进入采办流程的起点。

技术开发阶段的目的是减少技术风险,确定和成熟能够进入全系统的适当技术集。技术开发是一个持续的技术发现和发展过程,是科技界、用户和系统开发者之间密切协作的反映。在迭代过程中,一方面要评估技术的可行性,另一方面要细化用户的需求。

工程与制造阶段的目的是开发系统或实现能力增加,完成全系统集成,开发可承受、可执行的制造过程,在保证保障性的前提下最小化后勤开销,实现人机集成,完成关键性能指标保护性设计,演示集成能力、互操作能力、安全性和实用性。

生产与部署阶段的目的是实现满足使命任务要求的作战能力。通过作战试验和评估,决定系统的效能和适用性。重要工作包括小批量试生产、全速生产与部署。小批量试生产(LRIP)要完成制造开发,确保有适当的生产能力,生产出可供测试评估的适量产品。经过FRP评审,建立完全的生产能力,能够以完全速度制造产品,并实现部署。

使用与保障阶段的目的是执行保障计划,供应备品、备件处于就绪状态,保障装备满足作战性能需求,以追求整个生命周期系统效费比最佳的方式,持续保障系统运行。退役阶段包含于此阶段中,退役阶段的目的是在系统生命终期,在遵守各项安全、环境等要求的法律、政策条件下,使系统退出运行或销毁、报废等。

3. NASA 生命周期模型

美国国家航空航天局(NASA)组织过多项大型复杂的航空航天项目,如阿波罗登月计划就是系统工程成功的典范。NASA 在大型复杂工程项目管理方面有丰富经验,NASA 的大型工程项目均采用系统工程方法进行管理。NASA 总结项目管理经验,出版了 NASA 系统工程手册,指导承包商按照系统工程要求进行项目开发。NASA 对工程/项目进行了生命周期阶段划分,明确了各阶段的主要目的和活动,在系统的演进过程中进行一系列的评审和决策,确保系统质量。NASA 的系统生命周期模型在航空航天项目中得到广泛应用,是非常成熟的生命周期模型。

NASA 将工程/项目定义为规划论证和实施执行两个大的阶段,对于飞行系统和地面保障项目,在上面两个阶段的基础上再进行细分,划分为 7 个递进的阶段,分别是 A 前阶段、阶段 A、阶段 B、阶段 C、阶段 D、阶段 E 和阶段 F。每个阶段由关键决策点进行区分,工程项目必须通过关键决策点评审才能进入下一阶段,否则需要归零重新开始或者可能被终止[4]。NASA 项目生命周期如图 6-10 所示。

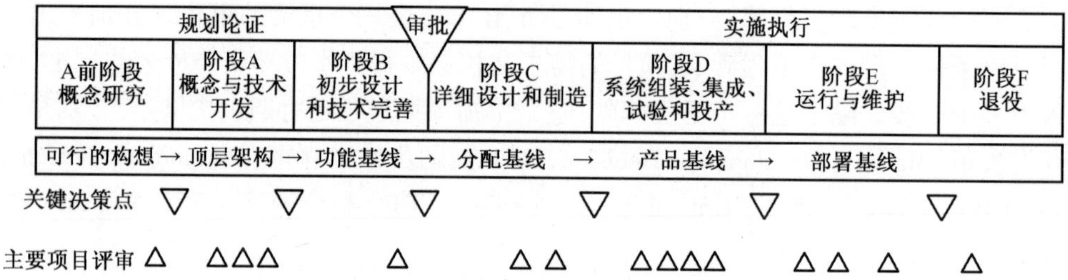

图 6-10　NASA 项目生命周期

NASA 系统生命周期各阶段的目的和典型输出如表 6-3 所列。

表 6-3　NASA 系统生命周期各阶段的目的和典型输出

阶　段		目　的	典型输出
规划论证阶段	A 前阶段: 概念研究	广泛探索关于使命任务的设想和方案,从中选择新的工程和项目。确定所期望系统的可行性,开发使命任务概念,草拟系统级需求,辨识潜在技术需求	以仿真、分析、研究报告、模型和样机形式表达的可行系统概念
	A 阶段: 概念和技术开发	判断新的所建议重要系统的可行性和渴望程度,建立与 NASA 战略规划相一致的初始基线。开发最终的使命任务概念、系统级需求,确定需要开发的系统结构技术	以仿真、分析、工程模型和样机形式表达的系统概念定义和权衡研究定义
	B 阶段: 初步设计和技术完善	足够详细的定义项目,建立能够满足使命任务需求的初始基线。开发系统结构最终产品(以及使能产品)的需求,完成所有系统结构最终产品的初步设计	以样机、权衡研究结果、规范和接口文档和原型表达的所有最终产品

（续）

	阶　　段	目　　的	典型输出
实施执行阶段	C 阶段： 详细设计和制造	完成系统(以及相关的子系统,包括运行系统)的详细设计,制造硬件、编码软件。产生所有系统结构最终产品的详细设计	最终产品的详细设计、最终产品的部件制造、软件开发
	D 阶段： 系统组装、集成、试验和投产	将产品装配、集成为系统,同时逐步确信它能满足系统需求。投入并准备运行。进行系统最终产品的制造、装配、集成和测试,并转换使用	在使能产品支持下准备就绪可以运行的系统最终产品
	E 阶段： 运行和维护	执行使命任务,实现最初辨识的需求,维持对需求的保障。执行使命运行计划	所期望的系统
	F 阶段： 退役	执行在 E 阶段开发的系统退役/报废计划,对回收的数据和样本进行分析	系统退出

4. V 形生命周期模型

上面几种生命周期模型是一种顺序划分方式,随着时间推移,系统顺次经历各个阶段。尽管在这些模型中也强调了评审决策的作用以及迭代的可能,但基本思想是线性的。实际系统的开发不可能一次顺利完成,因此有人提出不同模式的系统生命周期模型。

V 模型(Vee Model)将系统生命周期各阶段组织成一个 V 字形的结构,由左右两边组成,如图 6-11 所示。V 模型强调在需求开发期间定义验证计划的必要性,与利益相关者不断确认的必要性,以及不断进行风险和机遇评估的重要性。V 模型强调需求驱动的设计和测试。所有的设计和测试必须能回溯到一个或多项需求,而每一项需求至少有一项设计要素和可接受测试与之对应。

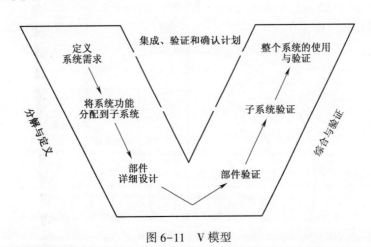

图 6-11　V 模型

V 模型的左边是分解与定义过程,代表系统需求定义、功能分解分配,进行自顶向下的设计和开发。V 模型的右边是综合与验证过程,从部件、子系统到系统逐级的构建、集成,并根据早期制定的验证和确认计划进行验证。并不是所有验证和确认都在右侧进行,实际上在左侧也有一些验证确认工作。V 模型的构型目的是强调系统定义、设计过程与系统实现、集成过程的相对应层级之间有验证、确认关系。

使用 V 模型进行系统开发,可以控制项目成本。由于在项目早期就关注测试验证计划,有助于保证初始需求在开发过程中自始至终得到贯彻。采用 V 模型的项目开发过程透明,多处采用标准化方法,可以尽早发现偏差,减少项目风险。但是 V 模型比较适用于系统早期开发过程,对于系统运行和维护以及退役阶段没有覆盖。

5. 螺旋模型

螺旋模型是一种风险驱动的开发过程模型。该模型是 Barry Boehm 最早提出的软件系统开发过程模型,它将瀑布模型和快速原型模型结合起来,强调了其他模型所忽视的风险分析[8],特别适合于大型复杂系统。对于软件集中的系统,它可以指导多个利益相关者的协同工作。它有两个显著的特点:一是采用循环的方式逐步加深系统定义和实现的深度,同时降低风险;二是确定一系列里程碑,确保利益相关者都支持可行的和令人满意的系统解决方案。

螺旋模型采用一种周期性的方法来进行系统开发,每次都要经历一些阶段,研制出一个原型,在进入下一周期时进行风险评估。在每个周期中,可以看作一种过程模型生成器,需要根据项目的风险特点,采用相对应的过程模型,因此增量模型、瀑布模型、原型模型等都可以成为它的过程特例。

通常螺旋模型的一个周期由确定目标、识别与消除风险、开发与测试、制定下一周期计划四个阶段组成,这四个阶段进行迭代。确定目标阶段确定软件目标,选定实施方案,弄清项目开发的限制条件。风险识别与消除阶段识别所选方案面临的风险,考虑如何消除风险。开发测试阶段根据方案进行开发与验证。制定下一步计划阶段由客户对阶段产品进行评审,提出改进意见,制定下一步计划。软件开发过程每迭代一次,软件开发前进一个层次。螺旋模型如图 6-12 所示。

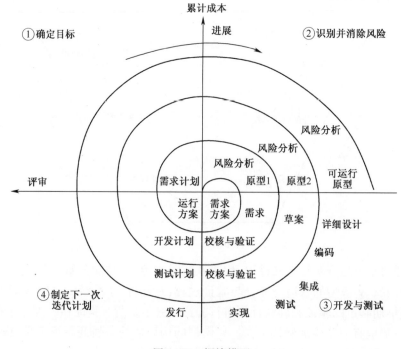

图 6-12　螺旋模型

螺旋模型将大的复杂项目以小的分段形式构建,采用多次迭代方式开发,能够降低技术复杂性,逐步明确用户真实需求,避免大的方向偏离。在开发过程中,客户始终参与项目开发,掌握项目开发的最新信息,能够及时进行沟通,保证项目开发沿着正确的方向进行。这种分段开发模式,在设计上有灵活性,在需要变更或技术调整的情况下能够快速适应。螺旋模型也有一些缺点,对风险管理能力要求较高,需要具备丰富的风险评估经验和专门知识。如果迭代次数太多,将导致成本上升,不能及时交付。

6.3 系统工程框架

系统生命周期模型根据系统的成熟程度不同划分不同的阶段,一般从概念开始,经过开发、制造、部署、运行,直至退役。在系统生命周期的不同阶段,系统工程所发挥的作用也在变化,所应用的方法、工具、技术也有所不同。为了把握系统工程过程在不同生命周期阶段的特点、目的、主要活动,一些系统工程学者对生命周期进行了更概括的划分,对不同阶段中的系统工程任务进行了详细讨论。

6.3.1 Sage 的系统工程过程

A. P. Sage 将系统生命周期概略划分为系统定义(Definition)、系统开发(Development)和系统部署(Deployment)三个阶段,简称 DDD 模型,如图 6-13 所示。系统定义阶段识别用户需求,确定系统概念;系统开发阶段将系统概念模型转变为可实现的技术原型;部署阶段将技术原型转换为实际运行的物理系统。这三个阶段构成了系统生命周期的普遍性框架,对于这三个大的阶段可以用不同的方式展开,分解为更详细的阶段。

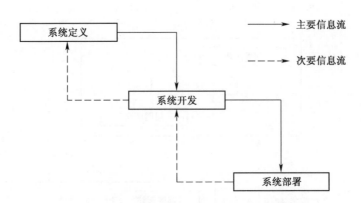

图 6-13 系统生命周期的定义、开发、部署阶段

在系统生命周期的每一阶段,都需要解决特定的问题,实现预期目标。系统工程解决问题有问题阐述(Issue formulation)、问题分析(Issue analysis)、问题解释(Issue interpretation)三个基本步骤,如图 6-14 所示。

问题阐述的主要任务是辨识用户期望,定义系统的需求,确定为满足需求所应达到的目标,识别解决问题时系统所面临的约束,探索、提出能够解决问题的可行方案。

问题分析的主要任务包括了解候选方案在一些重要方面可能产生的影响,也包括对

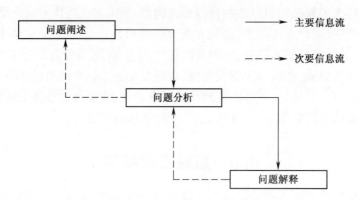

图 6-14　系统工程解决问题的步骤

这些候选方案进行细化和改进。

　　问题解释的主要任务是使人们能够对候选方案根据它满足需求的程度进行排序,选出最佳方案予以实施,或者对这些方案进行深入分析。

　　在系统生命周期的每个阶段,可以应用系统工程解决问题的三个步骤,这样就形成了系统工程过程的结构框架,如图 6-15 所示。

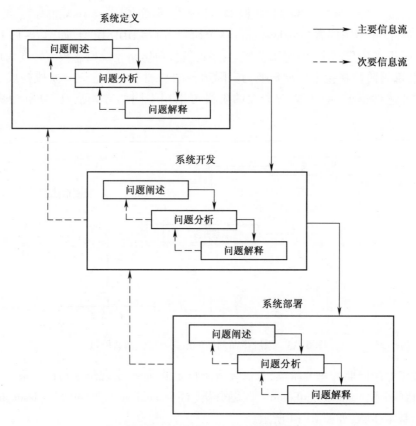

图 6-15　Sage 的系统工程的结构框架

　　上述框架最具概括性,根据具体情况,可以对生命周期阶段进行更详细的划分,系统工程逻辑步骤也可以展开,二者结合形成更为精细的系统工程框架。首先,对于系统生命周期阶段可以进行更详细的划分,如将系统生命周期分解为 7 个阶段,如图 6-16 所示。

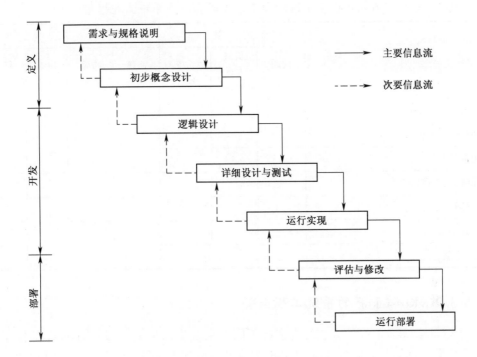

图 6-16 系统生命周期的 7 个阶段

对于系统工程解决问题的三个基本步骤,也可以进行更详细的划分,如进一步划分为 7 个步骤:

(1)问题阐述步骤划分为问题定义、价值系统设计、系统综合三个详细步骤。

① 问题定义:隔离、澄清、量化引起问题的需求,描述对系统开发有制约作用的环境因素。辨别哪些因素无力调整,哪些可以调整。

② 价值系统设计:建立目标体系,引导方案的探索。确定价值系统后,就可以为最合适的方案选择提供决策准则,也能转换为评价指标体系,用于对方案的效果进行评价。

③ 系统综合:搜寻或构造一组可行方案,方案要具备足够的细节,能够对方案的后果进行分析,根据价值系统进行方案评估。

(2)问题分析步骤又划分为系统分析和方案精炼两个详细步骤。

① 系统分析:根据价值系统对方案的具体影响进行判定。方案在很多方面有影响,包括性能、成本、收益、可靠性、安全性等。

② 方案精炼:对方案进行调整,有时需要寻找方案最优参数,以最佳方式达成系统目标。

(3)问题解释步骤又划分为决策评估和行动计划两个详细步骤。

① 决策评估:根据方案后果进行综合评估,选出一个或几个满意方案,进入下一步。

② 行动计划:制定下一步的行动计划,对行动分配资源,调整系统管理团队等。

将系统生命周期的 7 个阶段和系统工程解决问题的 7 个步骤,二者组合起来,就构成更细致的系统工程框架,如表 6-4 所列。在形态盒中共有 49 个单元格,在每个单元格中填充具体的系统工程方法、工具、技术,体现不同单元格的特点。

表 6-4　由 7 个阶段和 7 个步骤构成的系统工程框架

	阐　述			分　析		解　释	
	问题 定义	价值 系统 设计	系统 综合	系统 分析	方案 精炼	决策 评估	行动 计划
需求与规格说明							
初步概念设计							
逻辑设计							
详细设计与测试							
运行实现							
评估与修改							
运行部署							

6.3.2　Kossiakoff 的系统工程框架

Alexander Kossiakoff 等人在综合多种不同的系统生命周期阶段划分的基础上,将系统生命周期过程划分为概念开发、工程开发和开发后三大阶段,在三大阶段基础上再进一步细分为八个阶段(图 6-17):概念开发阶段包括要求分析、概念探索、概念定义;工程开发阶段包括先期技术开发、工程设计、集成与评估;开发后阶段包括生产、运行与保障。

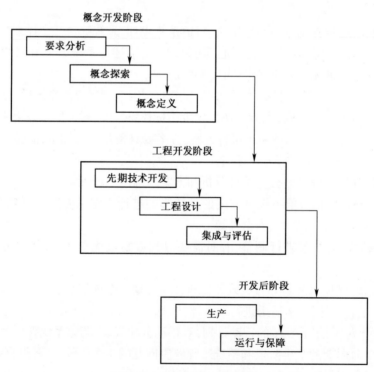

图 6-17　系统生命周期模型

1. 系统生命周期三大阶段

在这种三阶段划分方式中,前面两个阶段构成系统开发部分,第三个阶段是开发后部分。这三个阶段标志着在系统生命周期中系统形态发生最基本的转换,与系统工程相关的工作内容和形式也有基本的变化。在概念开发阶段,为满足用户的需求,探索、形成、定义系统概念,在这一阶段系统模型处于抽象、概括形态,不涉及太多物理的、技术的细节。在工程开发阶段,将系统概念转变为有效的物理系统设计,满足运行、成本、进度等各方面要求。开发后阶段按系统设计方案生产、构建,形成实际的物理系统,系统在真实环境中运行、使用、保障、直到退役。

在概念开发阶段,系统工程发挥引领作用,系统工程人员带领团队对用户需求进行分析、提炼,进行可行性研究,选择能够满足用户需求的系统体系结构。这一阶段的主要目标:

(1)确定存在有效的对新系统的需求,这样的系统在技术和经济上可行的。

(2)探索潜在的系统概念,提出并验证系统的性能需求。

(3)选择最有吸引力的系统概念,定义其功能特性,对后续的工程开发、生产制造、运行部署制定详细的计划。

(4)发展所选定的系统概念需要的新技术,验证这些新技术具备满足需求的能力。

在工程开发阶段实现系统的工程化,以物理形式实现系统概念中所规定的功能,保证这样的物理系统能够以经济方式生产和保障,能在真实环境中部署使用。在这一阶段,系统工程主要作用是引导工程的开发和设计、定义与管理接口、制定试验计划、根据试验评估所揭示的性能偏差确定修改方式。工程开发阶段的主要目标:

(1)进行工程开发,得到满足性能、可靠性、维修性、安全性需求的原型系统;

(2)在系统设计时考虑能够进行经济的生产与使用,演示验证系统的运行适应性。

开发后阶段按开发阶段形成的系统物理设计进行生产制造、部署使用。在这一阶段系统工程仍发挥重要作用。在系统的生产、运行过程会遇到一些未预料的问题,除系统部件的具体技术问题外,很多问题不仅是局部问题,还涉及子系统、系统层级,这些问题的诊断和解决都需要系统工程。另外,在系统使用过程中,往往由于技术发展、使用环境的变化、用户需求的变化等需要对系统进行升级改造,这些工作都需要系统工程。

上述三大阶段构成完整的系统工程活动流程,每个阶段有各自的输入和输出,主要的输入与输出关系如图6-18所示。块图上方是主要的信息流,包括需求、规格说明、文档等。下方是工程化系统的演进过程,系统从系统概念开始,直到形成可运行的系统。随着生命周期阶段的推进,无论是信息还是系统表达都越来越详细、越来越完善。

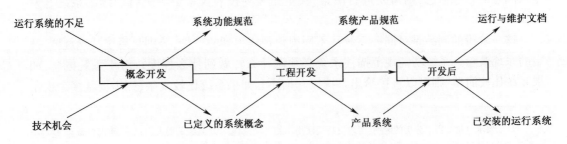

图6-18 生命周期三大阶段的输入与输出关系

2. 系统生命周期的八个详细阶段

对系统生命周期的三大阶段可以进行更细致的划分,形成八个详细阶段。每个阶段有不同的目标和活动,一般在详细阶段转换时设置有决策门。

1) 概念开发阶段

概念开发阶段可以分为要求分析(又称为需要分析)、概念探索、概念定义三个详细阶段,如图 6-19 所示。

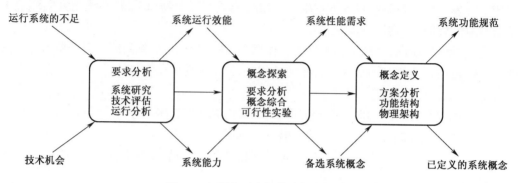

图 6-19　概念开发细分为三个阶段

(1) 要求分析:这一阶段定义对系统的要求。要求分析主要回答①:"对新系统有真正的需要吗?""有能够满足这种需要的实用方法吗?"回答这两个问题需要认真考虑对现在和将来的系统有哪些需要,是否能通过新的物理方式或调整运行方式满足这些需要,所需要的系统能力是否有可用的技术实现。这一阶段的输出制品是对新系统所需能力和运行效能的描述,这些系统的早期描述有人称为初始能力描述,这还不是正式的需求,而是需求的前期产物。初始能力描述是系统生命周期中的第一次系统迭代。

(2) 概念探索:这一阶段探索可能满足系统需要的系统实现方案。主要回答:"为满足对新系统的需要,系统应达到什么样的性能?""是否存在以可承受的成本达到性能要求的可行方法?"如果两个回答都是肯定的,就可以为新系统设置一组有效的、可实现的目标,才能继续投入更多资源,进行更详细的工作。这一阶段的主要制品有两类:一是提出一组正式需求,包括能力和性能指标,作为用户和承包商的验收依据;二是产生多个系统概念,为在较大范围内探索满足系统需要的方案提供基础。

(3) 概念定义:这一阶段选出所偏好的系统概念。主要回答:"为了实现能力、运行时长、成本之间的最佳平衡,系统概念的哪些特性是最重要的?"回答这个问题,需要对各个系统概念进行比较,从性能、实用性、开发风险、成本等多个方面进行综合评定。如果有令人满意的系统概念,则需要进行决策,决定是否要投入大量资源进行后续的系统开发工作。

这一阶段的制品是对同一系统从不同视角观察得到的产物,分别是系统功能规范、选定的系统概念。系统功能规范描述系统必须做什么?做到什么程度。对于系统概念,如果系统比较简单,则可以直接给出系统概念描述。如果系统比较复杂,则需要从多个视角

---

① 要求分析与需求分析的区别:要求分析关注用户的目标、期望和对系统的要求,目标是使用户满意,这些会成为需求分析的一部分;需求分析关注要开发的系统需要表达的要素。

提供系统体系结构描述。主要视角是功能视角和物理视角,得到功能体系结构和物理体系结构,如果系统很复杂,则可能还需要更多的视图。

2) 工程开发阶段

工程开发阶段可以分为先期技术开发、工程设计、集成与评估三个详细阶段。工程开发阶段的三个详细阶段之间的输入、输出以及衔接关系如图6-20所示。

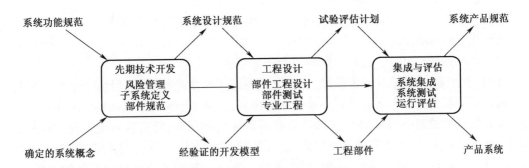

图6-20 工程开发阶段

(1) 先期技术开发:在概念开发阶段得到了系统概念定义,对系统的功能和体系结构有了一定的认识。但是由于在概念开发阶段投入的资源较少,对系统的了解也还不够深入。在从系统概念转变为详细的工程设计规范的过程中,还面临大量的不确定因素。特别是,如果系统开发需要采用先进技术,这些技术还不够成熟,则会带来较大的技术风险。在进行详细的工程设计之前,尽早进行先进技术的开发、提高技术成熟度,通过演示与验证,消除技术风险。

先期技术开发阶段实现两个目标:一是辨识和减少开发风险;二是开发系统设计规范。与此对应,该阶段的主要输出是设计规范和经验证的开发模型。设计规范是对功能规范的精细化和改进。开发模型是大量风险管理工作的结果,通过识别风险并予以解决,保证所有风险都是可管控的,由此得到系统模型,这样的系统是可以进行设计和制造的。通过风险管理,系统定义的水平向下移动到子系统和部件级,得到子系统规范和部件规范。

(2) 工程设计:在此阶段要进行大量的工程设计工作。根据部件规范,对所有部件进行详细的工程设计。此外,还包括可靠性、可生产性、可维修性等大量的专业工程设计。在部件设计完成后,还要进行部件的测试。在工程设计进行过程中,安排一系列的评审,通过评审工作,用户能够尽早对产品有所了解,监督项目成本和进度,及时反馈意见和建议。在工程设计阶段,系统工程的任务是保证部件设计满足功能规范和性能要求,符合接口规范,确保兼容性。通过接口和技术状态管理规则,控制项目的技术变化过程。

本阶段的主要输出是系统原型。系统原型的形式多种多样,具体形式取决于项目实际情况。在形式上可以是虚拟的(如数字样机),也可以是实物的(如原型机),也可能是混合的。本阶段的另一项输出是细化的测试与验证(T&E)计划。T&E计划在概念开发阶段就已经提出,在本阶段随着工程设计的开展,对系统的认识更为深入,根据部件、子系统、系统的实际设计情况,对T&E计划进行细化和改进。

(3) 集成与评估:集成是将设计生产完成的部件组合起来,形成一个功能性整体的过程。评估是对系统在真实环境中的运行进行试验验证。在真实的工程开发过程中,集成与评估是贯穿于开发过程之中的,并没有一个明确的分界点。但是系统工程在集成评估工作中的任务与在工程设计中的任务有所不同。需要注意的是,系统的集成与评估可能需要大量的支持性资源,如在测试评估时需要搭建评估测试环境,模拟真实的运行环境,其花费可能较大。

集成与评估阶段的主要输出包括两个方面:一是系统产品规范(产品基线),用于指导系统的制造;二是生产系统,包括用于制造和装配产品系统的所有要素。

3) 开发后阶段

在开发后阶段有生产、运行与保障两个详细阶段。

(1) 生产阶段:在系统开发阶段,尽管已经考虑了可生产性问题,但由于系统非常复杂,很多问题只有在生产制造过程中才会暴露出来,并且生产制造系统面临许多不确定因素,如突发事件的影响、新技术的突破等。在遇到这些问题时,需要在系统工程人员的领导下,召集专业人员,组成问题解决团队,进行问题诊断、系统分析、寻求解决方案,在系统全局视角下进行权衡研究,做出决策,付诸实施。在这一阶段可能需要对产品做出更改,或者提高系统的能力。这些变化可能会影响系统的需求,系统需求要重新验证或确认。

(2) 运行与保障:系统生产完成后,就部署到预期环境中持续运行多年。在系统运行过程中,往往会经受多次或大或小的更改,通过更改,系统的稳定性得以提升,或者提高系统能力,适应新的环境。在这样的系统更新过程中,会面临复杂的问题,需要系统工程发挥重要作用,更新需求的评估、影响范围的界定、更新过程的实施等,都需要按照系统工程的要求进行。

系统的顺利运行离不开完善的后勤保障,保障系统是系统的一个重要组成部分。在系统投入运行时需要进行保障系统规划,建立持续的保障能力。还需要对操作人员和维护人员进行培训,提供充分的技术资料等。在系统运行过程中,可能要对系统进行更改以解决保障性问题,降低运行成本,或延长系统寿命等。这些变化都需要进行系统评估,避免运行时丧失系统性能。

6.4 系统工程方法

在系统生命周期模型中,将系统开发过程划分为多个阶段,随着阶段的转移,系统的形态在发生变化,系统的细节逐渐丰富,从初始的概念最终演化为实际的系统。尽管在每个阶段的问题并不相同,但解决问题的过程从逻辑上可以抽象为一系列类似的活动集合。这样的一组活动在每个阶段以基本相似的方式重复执行。将在系统生命周期的各个阶段都发生的这一组过程抽象出来,称为系统工程方法(也称为系统工程引擎、系统工程流程、系统工程方法论等)。这一过程迭代、递归的应用于系统工程各个阶段。迭代是对于同一个产品或系统,根据发现的差异或偏差进行纠正时反复运用这一过程。递归是对系统结构进行分解,自上而下构成系统、子系统、部件、子部件、零件多个层级,在各个层级应用这一流程。

上节介绍的 Sage 的问题阐述、问题分析、问题解释实际上就是一种系统工程方法。此外,还有多种系统工程方法,下面对几种影响较大的系统工程方法做简要介绍。

6.4.1 NASA 系统工程引擎

NASA 系统工程手册中将通用的系统工程过程称为系统工程引擎(图 6-21),在目标产品开发和实现时,该流程反复作用于系统结构中较低层次的产品设计或较高层次目标产品的实现。该引擎包括系统设计流程、技术管理流程和产品实现流程。自上而下分解而来的产品需求,通过系统设计流程,产生详细的产品设计。产品实现流程将产品设计转变为实现的产品,再将产品提交到上一层。而技术管理流程对系统设计和产品实现进行管理和控制。

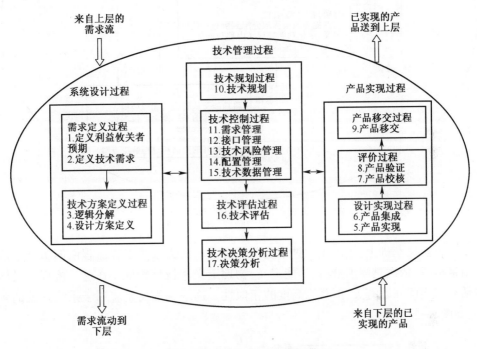

图 6-21 NASA 系统工程引擎

6.4.2 MIL-STD499B 系统工程流程

美国国防部制定的 MIL-STD-499B 在系统工程领域有较大影响,在国防工业部门使用广泛。MIL-STD-499B 定义了系统工程流程,该流程自上而下应用于系统结构的各个层级、顺序应用于系统生命周期的各个阶段。该流程由一组活动构成,输入系统的需要和需求,产生一组系统产品和流程描述,它们又作为下一层级的系统开发的输入。随着流程的重复执行,系统产品的细节逐渐增加[9]。

该流程有输入和输出,内部活动包括需求分析、功能分析和分配、综合,还包括需求反馈、设计反馈、验证等,在系统分析与控制的作用下完成阶段性任务。MIL-STD499B 中定义的系统工程流程[10]如图 6-22 所示。

6.4.3 Kossiakoff 系统工程方法

Kossiakoff 等人在分析了一些系统工程标准如 EIA-632、IEEE-1220、ISO/IEC 15288

191

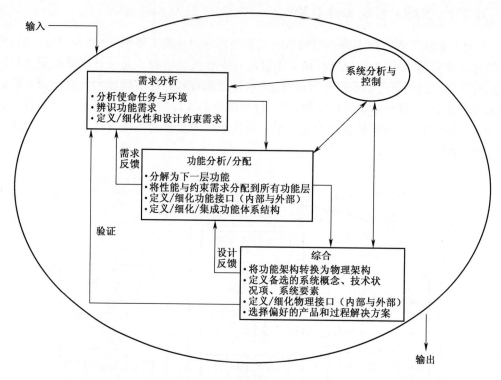

图 6-22　美国国防部系统工程流程

系统工程方法的基础上,提出了一种系统工程方法。认为系统工程流程由四组基本活动依次衔接组成,依次是需求分析、功能定义、物理定义和设计验证。在这一流程中具体包括的活动与实际问题有关,但具有高度的相似性。这一流程反复应用于系统开发的各个阶段,如图 6-23 所示。

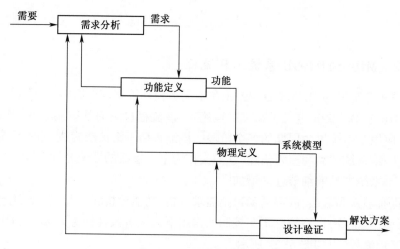

图 6-23　系统工程方法

首先有来自上一层的输入,主要包括系统模型、需求、规范等。系统模型包含了所有上一阶段进行的设计选择和验证结果。需求或规范定义了在下一阶段的系统或系统要素设计、性能、接口兼容特性。

（1）需求分析，或称为问题定义，典型活动包括：

① 收集并组织上一阶段的所有输入，包括需求、计划、里程碑、模型等。

② 根据系统运行需要、约束、环境或其他上层目标，辨识所有需求的产生原因。

③ 弄清需求的含义，明确系统必须做什么，做到何种程度，以及必须满足的约束等。

④ 纠正不适当的需求，尽可能实现需求定量化。

（2）功能定义，或称为功能分析与分配，典型活动包括：

① 将需求转换为系统必须实现的功能（行动和任务）。

② 将功能分配到功能构造块。

③ 定义功能要素之间的交互方式，为进行模块化技术状态管理打下基础。

（3）物理定义，或称为综合、物理分析与分配，典型活动包括：

① 对多个可替代的组件进行综合，实现所需的功能，这些可替代的组件代表不同的设计方法。在不同系统部分之间使用简单、实用的接口和交互。

② 根据预先定义的、优先序确定的一组准则，进行权衡分析，选择偏好的方法，在性能、风险、成本、进度之间实现最佳平衡。

③ 将设计细化到必要的程度。

（4）设计验证，或称为验证与评估，典型活动包括：

① 设计系统环境模型，环境模型要反映与需求和约束有明显关系的所有方面。环境模型的形式多样，可以是逻辑的、数学的、模拟的、物理的。

② 在环境模型下，模拟、试验、分析系统方案。

③ 修改系统模型或环境模型，可能要进行多次迭代；如果要求过于严格，有时难以获得可行解决方案，这时就需要调整需求。调整过程多次进行，直到设计与需求相一致为止。

当前阶段完成后，产生更新的、更详细的系统模型，也产生新的需求和规范，作为下一阶段的输入，在下一阶段再次重复类似的活动。

参考文献

［1］Sage A P, Rouse W B. Handbook of Systems Engineering and Management［M］. John Wiley & Sons, 2009.

［2］INCOSE. INCOSE Systems Engineering Handbook：A Guide for System Life Cycle Processes and Activities［M］. Wiley, 2015.

［3］Kossiakoff A, Sweet W N, Seymour S J et al. Systems Engineering：Principles and Practice（2nd Edition）［M］. John Wiley & Sons, Inc. , 2011.

［4］Kapurch S J. NASA Systems Engineering Handbook［M］. DIANE Publishing, 2010.

［5］Blanchard B S, Fabrycky W J. 系统工程与分析：第 5 版［M］. 李瑞莹, 潘星, 译. 北京：国防工业出版社, 2015.

［6］ISO/IEC/IEEE 15288. Systems and Software Engineering -System Life Cycle Processes［S］. International Organization for Standardization, 2015.

［7］DoD. DoD Instruction 5000. 02：Operation of the Defense Acquisition System［R］.DoD,USA,2008.

［8］Boehm B,May. W. A Spiral Model of Software Development and Enhancement.［J］. IEEE Computer, 1988,21(5)：61-72.

［9］ Systems Management College. Systems Engineering Fundamentals［M］. United States Government Army,2013.

［10］MIL-STD-499B. Systems Engineering［S］. DoD,USA,1994.

第7章

概 念 开 发

系统工程专家 Kossiakoff 将系统生命周期过程分为概念开发、工程开发、开发后三大阶段[1]。在概念开发阶段,系统工程发挥着非常重要的作用,对系统的成功具有决定性影响。在概念开发阶段,系统工程人员的主要任务是对用户需求进行收集、提炼、分析和验证,广泛探索能够满足用户需求的技术方案,对各个方案的可行性进行判断,对方案的性能、成本、进度、风险等主要方面进行权衡研究,选出最有可能满足运行使用需求的系统概念。在概念开发阶段结束时,项目主管部门必须做出决断,是否投入更多资源进行下一步的工程开发。概念开发阶段进一步划分为三个更详细的阶段,分别是要求分析(或称为需要分析)、概念探索、概念定义。

7.1 要 求 分 析

7.1.1 新系统的来源

概念开发的第一个详细阶段是要求分析。要求分析阶段的主要目的是清晰地、令人信服地表明确实存在对新系统的运行使用需求,或者确实需要对已有系统进行重大更改,并且存在满足需求的可行的技术实现方法,这些实现方法在经济上是可承受的、系统开发的风险水平是可接受的。简而言之,要求分析有两个关键任务:一是确认存在有效需求;二是这些需求能够得到满足。

在现实世界,什么时候产生对新系统的需求往往没有一个明确的时间节点。通常情况下,在现有系统运行使用的时间内,有关人员在不断地广泛收集信息,发现系统的不足之处,感知新的技术机会,谋划系统的未来发展等。一般情况下,对新系统的需求是逐渐明晰起来的。新系统需求的主要驱动因素概略分为需求驱动和技术驱动两类。一种情况是在现有系统的运行使用过程中,有关人员感到系统存在明显的缺陷和不足,无法满足某些重要的使用需求,从而产生开发新系统的需求,这种情况就是需求驱动;另一种情况是在现有系统的运行使用过程中,觉察到某些新技术出现,利用这些新技术能够对现有系统做出重要改进,实现系统性能明显提升或者显著降低系统成本,甚至可能产生新的系统能力,满足潜在的尚未得到满足的需求,或者能够更好地满足原来的需求,这种情况就是技术驱动。当然在实际情况中,往往是二者混合发挥作用。

随着对环境保护的日益重视,各国政府颁布了新的法律、法规,对汽车排放的限制越来越严格。在这种情况下,汽车制造商必须改进设计,生产出满足新的排放法规要求的汽车,这就是需求驱动。另外,随着新能源技术,如太阳能、燃料电池等的发展,运用这些新技术可以设计出零排放的汽车,同时还可能带来噪声低、维护简单等新特点,因此汽车制造商可能开发零排放、易维护的新型汽车,满足用户的潜在需求,这就是技术驱动。更多的情况是这两种因素相互推动,促使新系统需求的产生。

7.1.2 要求分析的工作过程

要求分析是系统生命周期的第一个阶段,该阶段的主要目的是识别和确认对新系统存在真实有效的需求。其主要输入是现有系统的缺陷、技术机会。该阶段的输出构成下一阶段的输入,主要输出项有两个:一是系统运行使用效能,明确说明新系统满足需求的程度;二是系统能力,表明存在经济上可承受的系统能够满足效能目标要求。

Kossiakoff 系统工程方法包括需求分析、功能定义、物理定义、设计验证确认四个阶段。这一方法可用于系统生命周期的各个阶段,但需要根据实际情况进行一些调整。在要求分析阶段也采用这一方法,将要求分析的工作过程划分为运行使用分析、功能分析、可行性定义、要求验证确认四个主要步骤。四个步骤的典型活动如下:

1. 运行使用分析

(1) 分析对新系统的需要,对于需求驱动的说明现有系统的明显不足,对于技术驱动的说明运用新技术可能带来的性能提升和成本降低情况。

(2) 预估如果实现满足需求的新系统,在系统生命周期中产生的价值。

(3) 定义量化的运行使用目标,定义运行使用构想(Concept of Operations,ConOps)。

ConOps 是从系统使用者的角度对系统特性的描述性文档。ConOps 的开发方式有多种,IEEE 有两个相关的标准,分别是 IEEE Std 1362 和 IEEE Std 29148。ConOps 文档一般包括下列要素:

① 阐明系统的目的和目标;

② 影响系统的战略、战术、政策和约束;

③ 参与者和利益相关者之间的组织、活动和交互;

④ 不同组织和人员的权利与责任的清晰划分;

⑤ 现场中系统的具体运行流程;

⑥ 系统启动、发展、维护和退出流程。

这些活动的输出是运行使用目标清单和系统能力清单。

2. 功能分析

(1) 将运行使用目标转换为系统必须实现的功能。

(2) 将功能分配到子系统一级,定义功能之间的交互关系,采用模块化思想对功能进行组织,形成技术状态项。

这些活动的输出是初始的功能需求清单。

3. 可行性定义

(1) 构想用于实现系统功能的子系统,对子系统的物理特性进行探索,获得全面的认识。

(2) 从功能和成本方面定义可行系统概念,对不同的实现方法进行权衡研究。

这些活动的输出是初始的物理需求清单。

4. 要求验证确认

（1）设计或调整运行使用场景下的系统效能模型,考虑经济因素。

（2）定义验证确认准则。

（3）对所提出的系统概念进行调整和迭代,演示成本—效能情况。

（4）形成新系统开发投资提案。

这些活动的输出是确认准则清单。

要求分析阶段工作过程如图7-1所示。其中圆角矩形是四个基本步骤,每个基本步骤中的主要活动用椭圆形表示,箭头表示信息流动关系,每个步骤有相应的输入和输出项。要求分析的初始输入是现有系统的缺陷或技术机会,通过一系列的活动,根据运行使用需求和可行概念分析,决定是否进行下一步的活动。

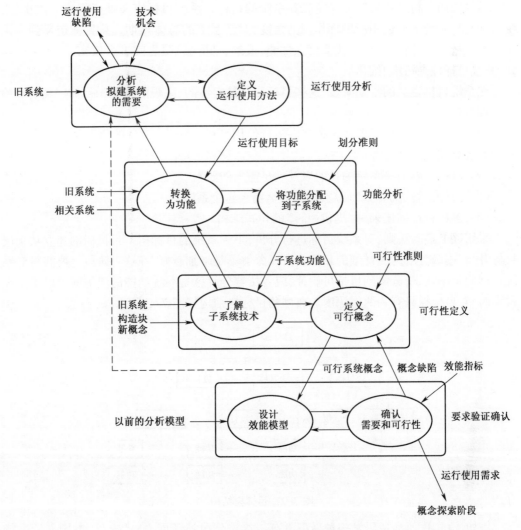

图7-1　要求分析阶段工作流程

7.1.3 运行使用分析

建设新系统需要投入大量资源,因此必须在提出建设新系统或对旧系统进行重大改进时,确认存在对新系统的有效需要。对新系统的需要来源于已有系统的不足或新机会的发现。在很多时候,提议建设的新系统的能力在现存系统上已经具备,或者至少是部分具备,因此需求分析的第一步是辨识现存系统的不足。如果新系统的需要是技术驱动的,则要比较当前系统与采用新技术后新系统特性之间的差距。因为系统往往运行几年甚至几十年,在进行比较时,不仅比较当前时刻,而是要在系统生命周期长度上进行比较。

比较常见的一种需要新系统的驱动因素是现存系统过时了。过时的原因有多种,例如:系统环境发生了变化;系统的维持费用昂贵;维修用的零部件没有供应商;竞争者推出了新产品;利用新技术可以大幅降低成本等。在系统的运行过程中,需要不断地进行评估,判断系统是否已过时,由此提出对新系统的需要。

运行使用分析的主要制品是定义新系统的目标。系统目标定义处于很高的层次,系统目标是从系统运行使用所发挥作用的角度,对新系统的总体预期。从目标定义到需求定义要经过多次迭代,每次迭代都要在性能、成本、进度、风险之间进行权衡,经过多次迭代,系统目标逐渐清晰、细化。

在系统目标定义的早期阶段,这些目标往往是定性的、主观的。关于目标定义的经验法则如下:

(1) 定义目标需要考虑系统最终的运行使用环境和场景,关注的焦点是在更大的范围内系统要完成什么任务。

(2) 目标能够回答系统的目的以及满足需求的要素。

(3) 目标回答"为什么"问题,即为什么需要这个系统。

(4) 多数目标描述采用"提供……"的句式结构。

采用以上经验法则,对系统目标进行分析,得到系统的目标树。目标树的建立从顶层目标开始,逐级分解为更详细的目标。目标分解不是越细越好,在这一阶段是要获得对系统目标的总体认识,分解到目标可验证,或者接着分解就是系统功能的层级就可以了。在很多时候,目标树只有一两层深度。典型的目标树结构如图 7-2 所示。

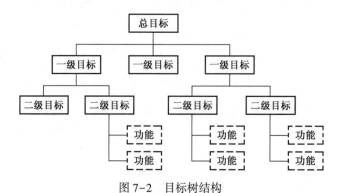

图 7-2　目标树结构

例如,汽车厂商准备研发一种新型汽车。首先公司管理层、技术人员、市场人员进行充分协商,明确新型汽车的总体目标,最终提炼出简洁的一句话,清晰说明总目标。如提炼出的总目标是"为用户提供清洁的运输"。接下来,对总目标进行分解,它的关键词有清洁和运输。清洁意味着油耗低和乘坐舒适,运输意味着安全和享受,与清洁和运输有关的还有成本。这样就分解出舒适、油耗、安全、成本四个一级目标。

某个目标是否需要继续分解可以考虑如下四个问题:

(1) 目标的含义清晰吗?

(2) 目标可验证吗?

(3) 通过分解能够得到更清晰的理解吗?

(4) 从目标可以得到需求和功能吗?

如果某个目标是清晰、可验证的,则不需继续分解。如果目标分解后得到的是功能,则也不需分解。如果通过分解能得到更清晰的理解,则继续分解。

在上述新型汽车的例子中,油耗、安全、成本三个一级目标可以清晰理解,而舒适还不够清晰,则继续分解为音响系统、噪音水平、乘坐空间三个二级目标。这三个目标含义清晰,能够验证,则分解停止。开发新型汽车目标分析如图 7-3 所示。

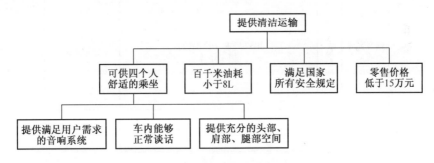

图 7-3　开发新型汽车目标分解

7.1.4　功能分析

在系统开发的初期阶段,功能分析是对前面所做的运行使用分析的扩展,其目的是回答是否存在能满足运行使用需求的可能技术方法。此时做出的可能性判断比较粗略,不涉及太多技术细节。功能分析阶段主要包括两项工作:一是将运行使用需求转换为系统的功能;二是将系统功能分配到子系统级。

在运行使用分析中获得了目标树,它在较大范围内表明用户对系统的期望,用户的期望必须通过系统能够执行的一系列活动予以实现,系统为满足用户期望而执行的活动就是功能。在功能分析中提炼出系统的功能清单,此外,还要对实现这些功能的技术可行性进行演示验证。

实现从用户要求到系统功能的转换,一种有用的工具是质量功能展开(Quality Function Deployment,QFD)。通过 QFD,可以清晰地表示需求与功能之间的关系,判断需求是否得到满足。QFD 是一个跨专业的团队过程,用于设计开发新的产品(服务)或改进原有的产品(服务),它主要将目光放在顾客需求上,将"软"而"模糊的"顾客需求转化成可以测量的目标,保证正确的产品(服务)迅速地进入市场。QFD 是一个结构化的、矩阵驱动的过程。

质量屋(HQQ)是驱动整个 QFD 过程的核心,它是一个大型矩阵,包括 7 个部分[2],

如图 7-4 所示。左侧列出用户的需求,QFD 过程开始于顾客需求,顾客需求又称为 VOC（Voice of Customer）。VOC 的右侧是顾客需求的重要性,列出顾客需求的优先程度。在 QFD 的上面列出产品特性,产品特性是用以满足顾客需求的手段,产品特性因产品不同而有差异。QFD 的中心部分是需求—特性关系矩阵,刻画各功能项对需求的贡献程度。屋顶是技术特性的相关矩阵,表示特性与特性之间的关系。一般地,一个特性的改变往往影响另一个特性。通常这种影响是负向的,即一个特性的改进往往导致另一个特性变坏。右侧是计划矩阵,包含对主要竞争对手产品的竞争性分析。下部是目标值,表示各部分对产品特性影响的结果。

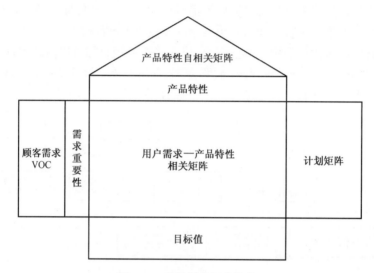

图 7-4　质量屋的组成部分

在进行功能分析时不必考虑系统功能的物理实现细节,应该在比较抽象的层次上讨论功能。一种有效的讨论方式是采用媒介视角,用功能模块的观点思考。系统处理的媒介分为数据、信号、物质、能量四类。对这四类媒介分别有多种处理方式,系统或子系统就负责对某类媒介的特定处理功能。

对于信号媒介,系统可能的功能有输入、传播、变换、接收、加工、输出。

对于数据媒介,系统可能的功能有输入、处理、控制、控制加工、存储、输出、显示。

对于物质媒介,系统可能的功能有支持、存储、反应、成型、连接、控制位置。

对于能量媒介,系统可能的功能有产生推力、产生扭力、产生电力、控制温度、控制运动。

例如,一部雷达的目的是识别空中目标,为达成这一目标,雷达在总体上看是一种处理信号媒介的系统,它具备的功能包括输出信号(发射电磁波)、接收信号(接收回波)、变换和加工信号(信号处理)。

对系统除了功能需求外,还可能导出一些非功能性需求,如可用性、保障性、保密性和培训等,应该综合考虑功能和非功能需求。根据功能可以进一步转化为性能需求。在得到系统级的功能后,还需要将功能初步分配到子系统,定义系统与相关系统的功能接口,以及子系统之间的接口和信息交换要求。在功能分配过程中,需要对子系统的功能进行分配、组合、调整,形成模块化功能。在这一阶段还要对系统的总体架构、实现技术途径进行一定程度的了解,形成初步的运行使用构想。

7.1.5 可行概念定义

即使在要求分析阶段,也需要初步考虑系统的物理实现方案。主要原因是系统的可行性不能仅根据功能模型做出判断,必须依据物理实现方案才能分析判断。特别是系统的成本作为一个重要影响因素,必须依据物理实现方案才能进行估算。因此需要进行系统的物理构成分析,了解系统与外部系统的交互性约束,分析与相关系统的兼容性等问题,对子系统的物理实现方式进行探索,了解技术实现的可能性,估算成本、风险、进度等。

在功能分析的基础上考虑系统的物理实现问题,形成可能的系统概念的完整描述,包括系统的基本架构、子系统的物理实现方式、子系统之间的接口、设计约束、系统与环境的交互等。对系统概念进行权衡分析,对性能、成本、风险、进度等进行估计。在对多个系统概念进行研究的基础上,选择最有希望的概念,保证至少存在一个可行概念。

在系统概念可行性分析过程中,工作量较大的一项工作是对子系统进行分析,提出子系统功能的物理实现方法,对性能、成本、进度、风险进行估计,对可行性做出判断。多数情况下,对子系统的分析可以借鉴已有类似子系统的实际数据,也可以使用分析或仿真模型。对于采用新技术的子系统,由于没有类似的系统,缺乏实际数据,对这样的子系统,需要进行理论分析或实验分析,甚至需要对关键技术开发原理样机,演示验证其可行性。

7.1.6 要求验证确认

要求分析的最后一步是对前面进行的工作进行验证确认。要求验证确认的主要目的有两个:一是核查对新系统的需求是否有效,需求是否有坚实的基础;二是为满足需求所采用的系统概念是否可行、在经济上是否可承受、风险水平是否可接受。

系统概念能否满足新系统的需求,满足需求的程度如何,需要进行运行使用效能分析。效能是系统概念满足系统运行使用目标的程度。在进行系统运行使用效能分析时,需要建立系统运行环境和系统概念的数学模型。运行使用环境由一组场景构成,初始场景是最典型情况,还有一些场景用于测试运行使用需求的边界。

尽管不同应用中,运行使用场景不完全相同,但典型的场景主要包括以下要素:

(1)使命任务目标:辨识使命任务的总体目标,描述用于实现该使命目标的系统所扮演的角色与目的。

(2)体系架构:识别执行使命任务所涉及的系统、组织、结构化信息、可用资源等。

(3)物理环境:描述场景发生的物理环境,如天气、地形等自然环境,交通网络、电力网络等基础设施,或者商业环境、经济环境等。

(4)竞争者:影响系统成功执行使命的要素,如商业领域的竞争者、软件系统的黑客、军事任务中的敌人等,也可能是自然灾害等。

(5)事件序列:宽泛的描述使命任务中的事件发生顺序。

在进行效能分析时,将系统的性能参数作为输入,然后驱动系统与环境进行交互作用,收集系统的环境响应作为输出,在输入—输出之间进行分析,作为效能分析的基础。

在进行效能分析时,不仅要考虑系统的运行使用模式,还要考虑一些非运行使用模式,如运输、安装、维护等。这些因素对系统效能有明显影响,如作战飞机的效能主要影响因素是技术性能指标和保障性指标。

在进行效能分析时,需要事先确定效能分析的层级。效能分析的层级不同,所建立的效能分析模型、所使用的效能分析方法有一定差异。常见的层级有战略、多使命任务、单一使命任务、系统/子系统、物理。在需要验证阶段,所处的层级一般较高,往往在多使命任务或单一使命任务层级。随着开发过程的进行,系统的细节越来越多,效能分析的层级可能下移。

通过效能分析,对是否存在对新系统的需求,是否存在可行的技术方案能够满足以上需求,可以得到基本的判断。如果对两个问题都得到肯定的回答,则可以进入下一阶段。如果发现存在疑问,则需要进行迭代。如果经过多次迭代后,发现需求无效,或者虽然需求有效,但当前没有可行方法予以实现,则终止系统开发。

7.2 概 念 探 索

7.2.1 概念探索概述

概念开发的第二个详细阶段是概念探索,概念探索在要求分析之后进行。在要求分析阶段,如果确认存在对新系统的有效需求,并且存在技术可行、经济上可承受、风险水平可接受的实现方法,通过责任部门认定后,就会启动新系统的开发过程。在要求分析阶段已经生成了系统运行使用需求,接下来进行的概念探索将从运行使用视角转换到工程视角。

概念探索阶段的目标是提出系统性能需求,将系统体系架构深入推进到子系统层级,广泛探索备选系统概念。系统性能需求是由运行使用需求导出的,而不是对运行使用需求的替代。在导出性能需求时,要同时考虑满足性能需求的系统概念,注意性能需求不能设定的过于狭窄,从而妨碍对系统概念的广泛探索。

概念探索阶段在系统开发过程中居于要求分析和概念定义之间。要求分析阶段产生系统顶层的运行使用需求,将它输入到概念探索阶段。概念探索阶段的主要输出是系统性能需求和备选系统概念,它们又作为下一阶段概念定义的输入。

7.2.2 概念探索的工作过程

系统工程方法同样可以原则上应用于概念探索阶段,当然还要根据该阶段的具体情况做出一些调整。概念探索阶段可以分为四个步骤,分别是运行使用需求分析、提出性能需求、探索概念实现、性能需求确认。

1. 运行使用需求分析

(1) 分析前一阶段已提出的系统运行使用目标。

(2) 对运行使用目标重新阐述、调整,保证不同目标之间具体、独立、一致,确保与相关系统之间的兼容,并补充必要信息。

2. 提出性能需求

(1) 将运行使用需求转换为系统或子系统的功能。

(2) 提出能满足运行使用需求的性能参数。

3. 探索概念实现

（1）探索多种能够提供潜在优势的系统实现技术和概念。

（2）对比较有希望的概念开发其功能描述,辨识系统组件。

（3）定义一组必要且充分的性能特性,这些特性能反映满足系统运行需求的基本功能。

4. 性能需求确认

（1）进行效能分析,定义一组能够覆盖所有有希望的系统概念的性能需求。

（2）确认性能需求与运行使用目标的一致性,如有必要对性能需求进行精炼。

概念探索阶段的主要活动以及各个步骤之间的相互关系如图7-5所示。

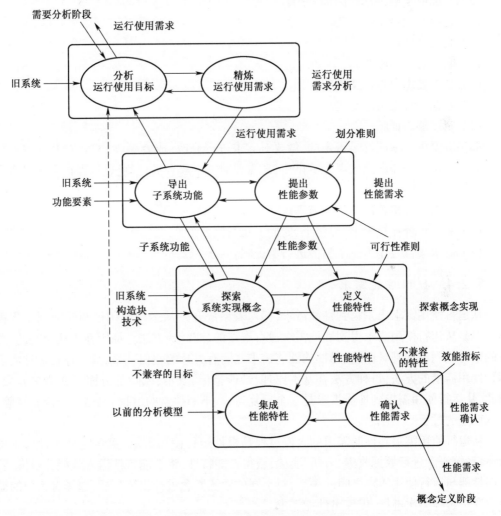

图7-5 概念探索阶段工作流程

7.2.3 运行使用需求分析

在系统开发的每个阶段,第一项任务都是对前一阶段定义的需求进行彻底的理解,如有必要,对需求进行澄清和扩展。在概念探索的上一个阶段获得了系统的运行使用需求,因此概念探索阶段的第一项任务是对运行使用需求进行理解、分析、调整,为导出性能需求打下良好的基础。

在要求分析阶段,对运行使用需求的分析往往没有良好的组织,也缺乏专门的投资,所得到的需求往往是初步的、不完整的。在概念探索阶段需要重新审视初步需求,得到完整、清晰、一致、可行的需求集合。

对于上一个阶段获得的需求,既要对每一条需求的清晰性、可行性、可验证性进行分析,也要从总体上对所有需求的一致性、完备性进行分析。

对于每一条需求,进行以下问答,根据结果,判断该需求是否有效:

(1) 它能够追溯到用户的需要吗?

(2) 它与其他需求冗余吗?

(3) 它与其他需求一致吗?

(4) 它的含义清晰吗?

(5) 它在技术上可以实现吗?

(6) 它在经济上可承受吗?

(7) 它能够验证吗?

如果有至少一项回答是否定的,就要对需求进行修改,或者删除,或者对其他需求做出调整。对每一条需求完成以上测试后,还需要对需求集合进行测试,以保证需求进集合的完整性。测试问题包括:

(1) 需求集合覆盖用户的所有需求吗?

(2) 需求集合在技术上、经济上、时间上可行吗?

(3) 需求集合能作为一个整体进行验证吗?

7.2.4 提出性能需求

从运行使用需求出发得到性能需求,标志着系统开发从运行使用视角转换到工程视角。但是从运行使用需求得到性能需求没有直接的、演绎的方法。原因在于从粗略的、总体的运行使用需求到具体的、局部的性能需求之间有大片的空白地带,其中存在多种实现运行使用需求的方法,每种方法在基本原理、性能指标、成本、风险等方面存在诸多差异。因此,从运行使用需求到性能需求是一个反复迭代、不断探索的过程,也是一个依靠经验、尝试调整的过程。

从运行使用需求到性能需求的大概过程是根据运行使用需求,探索定义多种系统概念,对系统概念进行数据收集、分析、实验,获得性能特性,将性能特性送入效能分析模型,了解性能与运行使用需求之间的关系,对不同的系统概念进行权衡分析,选择有希望的概念。这一过程多次进行,提炼出性能需求。

从运行使用目标到性能需求,既要依据系统的功能性配置方案,也要考虑物理性配置方案。功能配置比较抽象,其数量要少于物理配置。第一步是辨识系统为达成目标必须实现的功能。为了实现同一目标,系统的功能配置有多种。通过对不同功能配置的研究,可以得到性能需求的边界。

根据运行使用目标得到系统级的功能,接下来将系统级功能分配到子系统,这样就可以在后续步骤中探索采用基本构造块实现子系统的功能。功能分配的主要输入是旧系统和功能构造块,旧系统的功能往往会迁移新系统中。功能构造块有一组与之关联的性能特性和特定类型的物理部件,因此可以得出性能参数。

前面已经提到,功能媒介分为信号、数据、物质、能量四类。而功能可以分为输入、变换、输出三大类。因此可以从媒介和功能类型两个维度,从功能角度认识系统。从这个角度看,任何一个系统(子系统)的基本构成如图7-6所示。

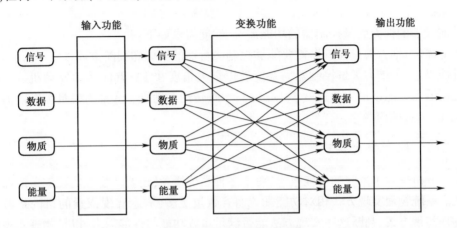

图7-6　功能媒介与类型

这一模型是对任何系统从抽象的功能角度进行的概括。对具体系统,这一抽象模型可以指导人们提取系统的功能。基本步骤:首先分析实际系统,得到输入、输出功能列表;然后认识系统的变换功能,思考它如何对输入媒介进行处理,得到所需的输出。当然复杂系统的变换功能比较复杂,这是一个设计过程,可以将变换功能分解为多个功能的组合,但输入与输出是对功能组合的约束。

例如,采用功能观点分析一台家用洗衣机。首先分析洗衣机的输入、输出媒介,如表7-1所列。

表7-1　洗衣机的功能性输入与输出

媒介	输　　入	输　　出
信号	开关、水量	开关状态、洗衣过程
数据	无	无
物质	脏衣服、水、洗衣粉	干净衣服、废水
能量	电力	振动、热量

洗衣机的主要变换功能是将脏衣服、水、洗衣粉、电力变换为干净衣服、排出废水。变换功能可以分解为混合水与洗衣粉、搅动搓洗衣服、甩干衣服、排出废水等。也可以是其他的功能组合,如将甩干变为加热烘干衣物。

在得到系统的功能模型后,结合功能构造块的物理实现方法,提出性能需求。性能需求量化定义系统执行功能的程度。通过回答以下问题,可以帮助我们描绘出性能需求:多大程度?多少频度?需要什么精度?形成什么定性和定量输出?在什么强度或环境条件下,需要多少持续时间?在什么取值范围内?有多少通量和带宽容量?等等。

在可能的情况下,使用如下方式定义性能需求:

(1) 阈值(系统执行使命任务需要的最小可接受值)。

(2) 性能需要的控制基线水平。

性能需求不要制定的过于严格,如果过于严格,则可能会排除潜在的解决方案。不同性能指标之间的关系也比较复杂,片面追求某个性能指标,可能导致其他指标受到影响,导致系统总体性能的下降或成本的急剧增加。因此,需要权衡分析,探索不同性能指标之间的关系。

某航天器的推力矢量控制器的功能需求、性能需求如下:

功能需求:推力矢量控制器需要能够控制飞行器的俯仰和偏航方向。

性能需求:①推力矢量控制器需要能够以最大角度 $9°±1°$ 万向转动发动机。②推力矢量控制器需要能以最大角速度 $5(°/s)±3(°/s)$ 转动发动机。③推力矢量控制器需要具有 $(20±0.1)Hz$ 响应频率。

7.2.5 探索概念实现

功能分析探索了系统的可能概念,对于多种系统概念,还要从物理实现的角度探索实现方式。系统物理实现方式相对功能配置而言数量更多,概念实现探索的目的是考察大量的物理实现方案,判断这些实现方法能否满足系统功能与性能需求,以及物理实现的可能性大小。在进行探索时,注意不要妨碍其他有潜在价值方案的出现。

在探索系统概念实现方案时,应进行广泛的搜索。概念实现方案从对旧系统的改进到大量采用新技术新建系统,跨越很大的范围。搜索的一个边界是根据对旧系统不足的了解,寻求一些改进方式,以满足新的需求。这种类型的方案比较容易估计系统的性能、开发风险、成本等,实现起来比较快、风险小、成本低。但其改进幅度有限,可能难以满足新的需求。搜索的另一个边界是采用前沿技术的创新性方案,这样的方案改进潜力大,可能得到非常好的性能,但其开发风险大、成本高、实现困难。居于中间的是一些混合型方案,融合旧系统和新技术,其优、缺点也比较中庸。

在概念实现方案探索过程中,需要导出实现方案的性能特征,由性能分析和效能分析实现。性能分析得到实现方案的性能指标,效能分析得到实现方案满足运行使用需求的程度。对于复杂系统,性能参数数量巨大,因此在性能分析时,需要挑选出部分关键参数,挑选的准则是这些参数对效能指标有直接影响,其他指标忽略。同时,这些性能参数要足够全面反映不同情况下对效能的评估需要。

在探索概念实现方案时,除了关注系统的主要性能参数外,还要关注系统与相关系统的接口和交互。这些接口和交互对系统开发起到约束作用,如果忽略了这些方面,则可能导致系统概念不可行。

7.2.6 性能需求确认

在前面的工作中已经得到几个可行的系统概念以及它们的运行性能特性,接下来是将这些性能特性集成,形成正式的性能需求。这些明确的性能需求成为后续阶段系统开发的基础,直到能在实际环境中对系统进行测试。对系统性能需求的精炼和验证包括集成、效能分析两个紧密关联的过程。

为了得到一个有机组织的性能需求集合,需要对各个可行方案的性能特性进行比较,对相似性能进行合并,对相关指标进行组合。在性能需求的集成过程中,需要进行高层次的判断。对旧系统有充分经验的系统工程人员在集成过程中发挥重要作用。他们对旧系统的不足有深刻认识,对新系统的改进方向也有一定思考,了解相关人员的需求。

对性能需求集成后,还要对性能需求进行验证,判断这些性能特性是否能满足系统的运行使用需求,基本工具就是效能分析。性能需求的精炼和验证反复进行多次,直到获得内在一致的性能特性集合,它们满足:

(1) 定义了系统必须做什么、做到什么程度,但不涉及如何做。

(2) 用工程术语定义性能,这些性能能够进行分析或用实验测试进行验证,因此能够成为后续系统开发的基础。

(3) 它们完全、精确地反映了系统的运行使用需求和约束,包含外部接口和交互。因此,如果系统具备这些特性,就能满足运行使用需求。

7.3　概　念　定　义

7.3.1　概念定义阶段

概念定义是概念开发的最后一个阶段,需要投入的工作量较前两个阶段大得多。概念定义阶段的主要目的是选出偏好的系统架构定义,它构成后续工程开发的基线,在工程开发阶段将根据此架构进行硬件和软件的设计、实现、生产、建造。在概念定义阶段需要系统分析人员和专业技术人员共同参与,基于概念探索阶段产生的系统性能需求,对多个可行概念进行功能分析、物理分析,估算性能、成本、进度、风险,经权衡研究后选出偏好的系统架构,输出系统功能规范。

在系统生命周期中,概念定义阶段的上一阶段是概念探索,下一阶段是工程开发的第一个阶段先进技术开发。概念探索阶段输出的系统性能需求、多个可行系统概念以及进行系统开发的合同与组织框架,构成概念定义阶段的输入。概念定义阶段的输出是系统功能规范、选定的系统概念,以及详细的工程开发计划,包括系统工程管理计划(SEMP)、工作分解结构(WBS)、试验测试计划、工程成本估算等。

在概念定义阶段,系统概念的提出和选择有时采用竞争方式。例如,在国防工业部门,军方首先提出系统总需求,描述系统的功能、性能、兼容性等。多个市场主体根据总需求,提出竞争性概念,向军方演示概念的功能、性能等。军方经过评标程序,选出承制方。

7.3.2　概念定义的工作过程

概念定义阶段的主要任务是选定系统概念,分析、设计系统功能架构和物理架构,将功能分配到部件级,还要输出系统开发计划。在这一阶段运用系统工程方法,包括四个步骤,分别是性能需求分析、功能分析与设计、概念选择(物理定义)、概念确认。

1. 性能需求分析

(1) 分析系统性能需求,将性能需求与系统运行使用目标以及整个生命周期场景联系起来。

（2）对性能需求进行精炼，如有必要，添加未提及的约束，将定性描述的需求定量化。

2. 功能分析与设计

（1）根据功能要素将子系统功能分配到部件级，定义要素之间的交互。

（2）开发功能体系结构。

（3）对所分配的功能提出初步功能需求。

3. 概念选择

（1）综合不同的技术方法和部件构型，设计满足性能需求的概念。

（2）开发物理体系结构。

（3）综合考虑性能、风险、成本、进度，进行权衡研究，选择偏好的系统概念。

4. 概念确认

（1）进行系统分析、模拟仿真等，确认选定的概念满足需求，如果是竞争性的，则说明选定概念优于其他概念。

（2）如有必要，对概念进行精炼。

概念定义阶段的主要活动以及各个步骤之间的相互关系如图 7-7 所示。

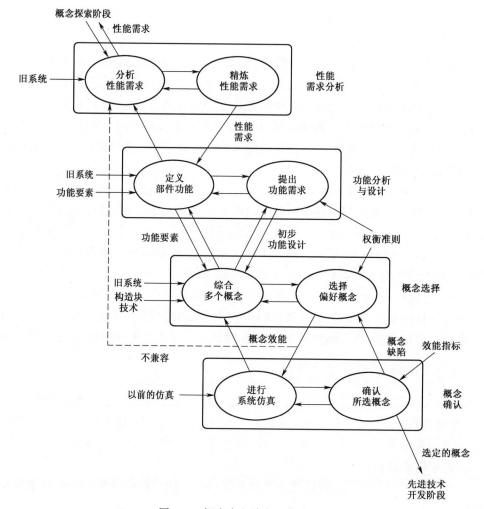

图 7-7　概念定义阶段工作流程

7.3.3 性能需求分析

在系统生命周期的每个阶段,都是首先对所有的需求进行分析、改进。在上一阶段得到的性能需求可能是不准确、不客观的,没有真正反映用户的需求。在进行需求分析时,一般关注系统的功能需求和性能需求。在概念定义阶段,除了这些常见的需求外,还需要考虑更多类型的需求:

(1)兼容性需求:系统与所在场所、后勤保障系统、其他系统之间的接口和交互。

(2)可靠性、维修性、可用性(RMA)需求:系统的可靠性如何,可维护性如何,保障性如何。

(3)环境需求:系统运行期间对物理环境的极限要求。

以上这些需求往往没有得到清晰、完备的定义。兼容性需求和环境需求,往往需要在系统运行周期中进行考虑,涉及系统的包装、运输、装卸、转换、保障等。通过构建系统生命周期场景,能够揭示系统与相关系统、系统与环境的交互细节,发现对系统设计产生影响的因素,帮助系统分析人员更好的定义这些需求。生命周期场景包含的因素很多,例如:

(1)系统或组件的存储;

(2)系统运输到使用场所;

(3)系统装配和运行就绪;

(4)现场大范围部署;

(5)系统的运行;

(6)常规维护和非常规维护;

(7)系统修改和升级;

(8)系统报废。

7.3.4 功能分析与设计

在以前的概念探索阶段,已对不同的系统概念进行了探索,提出了系统级的功能模型。在概念定义阶段,需要将功能定义深入到部件级,将性能需求转化为功能定义。可以使用功能构造块的概念,对系统功能进行分解,对功能交互进行定义。

功能分析的步骤如下:

(1)识别功能媒介。功能媒介的主要类别是信号、数据、物质、能量、力。

(2)识别功能要素。功能要素对功能媒介进行操作,系统功能是多个功能要素的组合。

(3)关联性能需求与功能要素属性。功能要素具有一些关键属性,将这些属性与性能关联。

(4)功能要素配置。将实现特定性能所需的功能要素组合起来,相互连接,集成为子系统。在连接过程中可能需要增加一些接口要素。

(5)集成外部交互。将需要与外部环境进行交互的部件集成,形成功能性配置。

有很多技术可以用于功能分析,常用的方法有 IDEF0、功能流框图(FFBD)、N2 图、时序分析等。功能流框图用于表达功能模块的组合方式,N2 图用于开发系统单元之间的接口,时序分析用于将系统中的复杂时序关系可视化[3]。

1. IDEF0 功能建模

IDEF 最初是 ICAM DEFinition 的缩写,是美国空军 20 世纪 70 年代 ICAM(Integrated Computer Aided Manufacturing)项目在结构化分析和设计(Structured Analysis and Design Technique,SADT)基础上发展的一套系统分析和设计方法。1999 年修改为 Integration DEFinition 的缩写。它本来只是用在制造业,经过改造后用途广泛,适用于一般的系统与软件开发领域[4]。

IDEF 是一种系统分析与设计方法族,包括从 IDEF0~IDEF 14 的多种建模方法,涵盖功能建模、数据建模、仿真建模、面向对象分析与设计、知识获取等多种用途。

下面主要介绍在功能分析与设计方面经常用到的 IDEF0。IDEF0 以结构化分析和设计技术为基础,利用规定的图形符号和自然语言,按照自顶向下、逐层分解的结构化方法描述和建立系统的功能模型。IDEF0 清楚严谨地将一个系统中的功能,以及功能彼此之间的限制、关系、相关信息与对象表达出来。对于新建系统,可以用 IDEF0 定义需求和确定功能规范;对于现存系统,用于分析系统所执行的功能,记录系统的执行机制[5]。

IDEF0 所建立的系统功能模型主要包含两类元素:功能单元(用盒子表示)、功能之间的数据和对象,以及文字说明、词汇表及相互的交叉引用表。

IDEF0 中的基本构造块(图 7-8)是活动,活动指某种系统功能或任何其他事物,用盒子表示,一般用主动的动词短语来描述。连在盒子上的箭头,表示活动产生的或活动所需要的信息或实际对象。盒子的边表示进入或离开的箭头的作用,分别是输入、控制、输出和机制。

输入:完成某项活动所需的条件(一个活动可以没有输入)。

输出:执行活动产生的结果。

控制:活动输入变成输出所受的约束。

机制:活动完成的依附体,如执行活动的人、设备等。

输入与输出箭头表示活动进行的是什么(What),控制箭头表示为何这样做(Why),机制箭头表示如何做(How)。

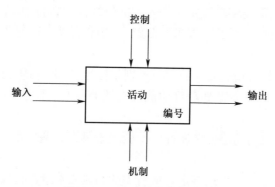

图 7-8　IDEF0 的基本构造块

在活动图上,箭头表示数据约束,而不代表流或顺序。一个盒子的输出连接到另一个盒子的输入或控制,表示一种约束。若几个盒子所需的约束都满足时,几个活动可以同时执行。一个盒子的输出可以提供给一个或多个盒子,作为它们所需的部分或全部数据。

箭头有多种形式,表示不同的含义。箭头有两类:内部箭头的两端分别连在图形的盒子上;边界箭头其中一端是分开的,表示由图形之外的活动产生,或供图形之外的活动使用。

机制箭头在盒子底部,指出活动是由什么完成的。向下指的机制箭头称为调用箭头,指出完整执行盒子功能的处理器在另一个模型中进行了细化。

通道箭头是将一个箭头在盒子的连接段加上括号,如图7-9所示。含义是该箭头将通到模型的未定义部分,与下一个子图无关。

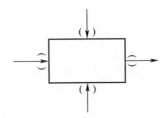

图7-9 通道箭头

虚箭头表示触发顺序,如图7-10所示。

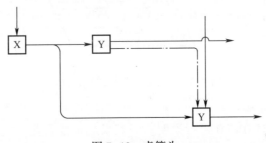

图7-10 虚箭头

IDEF0针对系统分层建立模型,得到一系列系统功能相关的图形,这些图形形成层级结构。每个图表示系统的某个节点,节点编号保持统一。最顶层的图形为A0图,在A0以上是只用一个盒子来代表系统内外关系的A-0图。从A0开始进行分解,例如A0分解为A1~A3三个活动,然后分别对A2、A3分解,然后继续对A3分解。该图形的层级结构如图7-11所示。

IDEF0建模步骤如下:

(1) 明确建模的范围、观点和目的。

(2) 建立系统的内外联系图(A-0图)。系统用单个盒子A0表示,确定系统的边界。如果发现A-0是一个局部,则可以画一个A-1图表示各模块的关系。

(3) 建立顶层图(A0图)。将A0盒子分解为3~6个主要部分,A0图表示与A-0图同样的信息范围。

(4) 顺次建立各层模型。保持在同一水平上进行分解,形成均匀的模型深度。按困难程度进行选择,从最困难部分着手,减少错误。

(5) 文字说明。每张图附有1页叙述性文字说明。文字说明分为两部分,左边一列为说明,右边一列为词汇表。

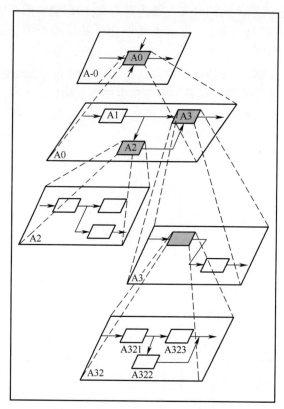

图 7-11　IDEF0 图形层级结构示例

（6）评阅、修改、定稿。

下面用一个例子对 IDEF0 进行说明。一家果品批发企业，从农户收购生鲜果品，经过包装加工后，批发给零售商。按照上述步骤，首先绘制 A-0 图，在 A-0 图中，系统用一个盒子代表，名为"买入卖出果品"，系统与外部关系如图 7-12 所示。

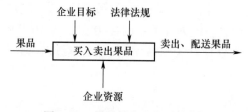

图 7-12　果品批发企业 A-0 图

然后，绘制 A0 图，将系统分解为 A1、A2、A3、A4 几个活动，如图 7-13 所示。

分解可以继续进行，对 A1、A2、A3、A4 可以深入分解，直到满足要求。

2. 功能流框图

功能流框图（Functional Flow Block Diagram，FFBD）是一种得到普遍使用的功能分析技术。功能流框图定义系统功能并描述功能事件时序。当功能流框图完成后，这些图显示完整的活动网络，引导系统功能的实现。功能流框图是面向"功能"的，只明确什么必须发生，而对如何实现不做回答。

功能流框图由多个功能模块组成，每个模块代表一项需要完成的明确有限的离散行

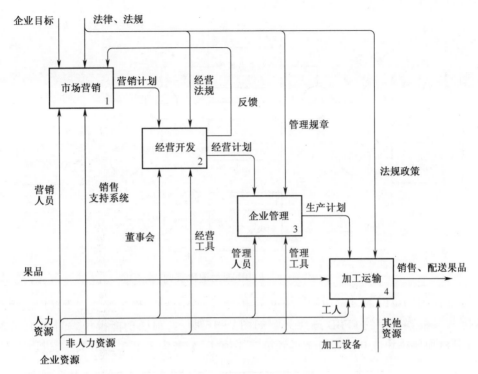

图7-13 果品批发企业 A0 图

动。功能模块用方框表示,方框内分为两个部分:上面是功能模块的编号,FFBD 对功能模块进行统一编号;下部是功能模块标题,一般用"动词+名词"形式。如果在一张 FFBD 中引用另外的功能模块,则功能模块为引用模块。

功能模块与引用功能模块的图形表示如图7-14 所示。

图7-14 功能模块与引用功能模块的图形表示
(a)功能模块;(b)引用功能模块。

功能模块之间用箭线连接,线段表示功能流,而不是时间推进或即刻活动。框图通常自左向右展开,箭头用于指示流向。

基本的 FFBD 控制结构有串行、并发、选择、多出口等。串行是指多个功能有先后次序,前面的功能完成后才能进行下一个功能。并发、选择需要在连线之间用圆圈表示逻辑门,表示功能路径选择的逻辑。基本的逻辑门有"与""或"。"与"门(AND)用来表示并发功能,在控制流退出第一个 AND 节点后,多个功能可以并发执行,直到所用功能完成,遇到第二个 AND 节点后,控制作用关闭。"或"门(OR)用于表示选择功能,通过 OR 节点后,激活多个分支的任意一条。第三种是多出口,表示一个功能模块可以引出几个分支。除基本逻辑外,还有一些增强逻辑,如"异或""迭代""重复""循环"等[6]。FFBD 控制逻

213

辑实例如图 7-15 所示。

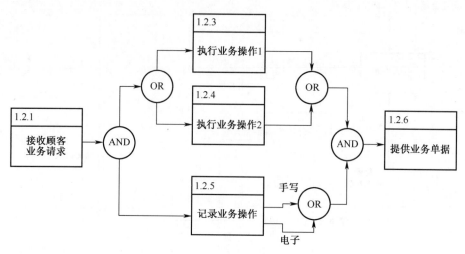

图 7-15　FFBD 控制逻辑实例

功能流框图可以通过对功能模块的分解,建立多层结构,模块编号用于标识层级之间的关系。某侦察卫星的 FFBD 逐层分解如图 7-16 所示,顶层功能模块编号为 1.0,2.0, 3.0,…,对顶层模块 3.0 进行分解得到第二层模块,编号为 3.1,3.2,3.3,…,进而再对第

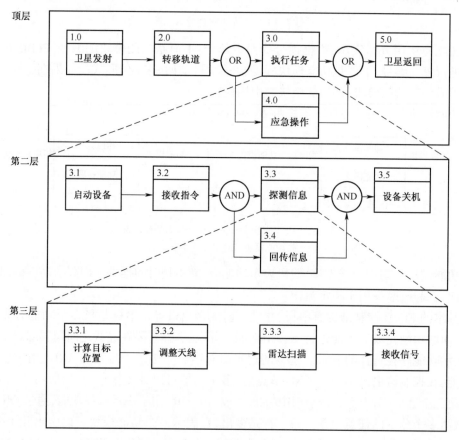

图 7-16　FFBD 逐层分解

二层模块 3.3 进行分解,得到第三层模块,编号为 3.3.1,3.3.2,3.3.3,…,依此类推。

功能流框图通过确认实现每个功能的方法,用于开发、分析及分解需求。在某些情况下,可选择不同的功能流框图表示满足特殊功能的多种方法。功能流框图同样提供了对系统总体运行使用的理解,可以作为开发运行使用和意外处置规程的基础。

3. N2 图

每个功能需要输入,也会产生输出,因此需要识别每个功能获取所需输入的位置以及发送输出的位置,识别每个接口流的本质。N2 图(N 平方图,或称为 N^2 图)就是一种识别、定义、列表、设计、文档化功能接口的系统方法。N2 图可用于开发系统单元之间的接口,既可以用于功能结构,也可用于物理结构。N2 图是系统工程师 Lano 在 1977 年首先提出来的[7],在系统工程界有广泛应用,主要用于描述系统内部模块之间的接口关系。

N2 图是一个可视化矩阵。针对系统的特定层次,将 N 个系统组件或功能单元布置在对角线上,$N×N$ 方阵的非对角线区域表示不同单元之间的接口,行与列的交叉点包含了相应行与列单元之间的接口描述,空白处表示相应组件之间没有接口。第 i 行与第 j 列交叉点表达从单元 i 到单元 j 的输出。如果有外部输入,则将外部输入置于第一行之上;如果有外部输出,则将输出置于最右列之外。

不同单元之间信息(数据、物件等)的流动采用顺时针方式。例如:有四个功能单元 A、B、C、D,构成 4×4 矩阵,四个功能单元置于对角线上,如图 7-17 所示。图中的流动关系表明,从 A 到 B、C 有输出,从 B 到 C 有输出,以及从 C 到 B 有输出。交叉点上的圆圈表示接口,接口内容可以另外列出定义。

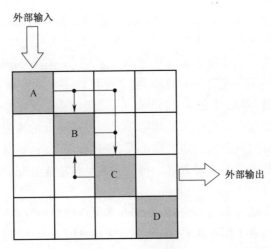

图 7-17 N2 图实例

4. 时序分析

时序分析增加了对功能持续时间的考虑,在时间对使命任务的成功、安全、资源利用等比较关键的领域使用。对于时间不是关键因素的功能序列,功能流框图或 N2 图已经足够。有多种方法可以将复杂的时序关系可视化,比较重要的两种方式是时序图和状态图。

时序图在时间轴上定义不同对象的行为,可以为对象随着时间发生的状态改变和交互提供图形化描述,主要用于线性时序关系。时序分析工具有多种,可以用简单的图形工具绘制,也可以用 UML 中的顺序图表达。单元 A 与 B 的时序图如图 7-18 所示。

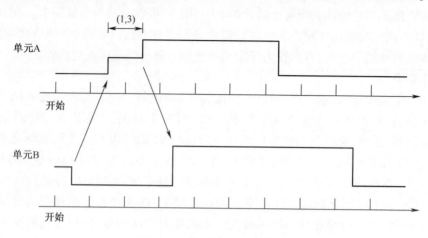

图 7-18　单元 A、B 的时序图

状态图可以表达系统多个状态之间复杂的转移关系,可以出现分支、循环等非线性时间序列。当用来表示时序有限状态机的行为时,状态图成为状态转移图,状态转移图针对系统基于事件的时间依赖行为建模。一般的 UML 工具能够绘制状态转移图。

7.3.5　概念选择

1. 提出一组系统实现方案

形成系统物理概念的基础是前面建立的系统功能架构。对系统功能架构进行层级分解,将总体功能从系统、子系统一直分解到部件级;然后依据系统功能架构,将功能单元分配到物理单元。在将功能从功能单元向物理单元分配的过程中,有两点需要注意:一是功能单元和物理单元之间不一定是一一对应关系,有可能一个功能单元需要多个物理单元来实现,也可能一个物理单元对应多个功能单元;二是功能单元可能有多种不同的物理实现方式。因此功能分配过程不是简单从功能单元到物理单元的映射,还需要探索研究、分解综合、权衡分析。总之,从系统功能架构出发,经过逐层分解、映射选择、反复迭代,形成多种可供选择的系统物理架构实现方案。每个方案是将功能分配到物理单元以及对功能和物理接口的完整定义。

在构建系统物理实现方案时,有几种系统方案可以作为出发点,发挥参考作用。新系统的提出往往是发现旧系统存在缺陷,但是新系统相对旧系统并不是完全崭新的,往往只是对旧系统某些部件、某些子系统的改进。这种情况下,旧系统可以作为构造新系统概念的基础。有些新系统是技术驱动的,新技术对旧系统的影响程度不同,有的只是对旧系统某些部件采用不同的技术实现,有的可能导致整个系统架构发生根本性变化。还有一些新系统在概念上是原创性的,这时就没有旧系统作为参考,需要开发多个版本的新概念,对这些新概念进行比较。

2. 对各个方案进行权衡分析,选出满意方案

对形成的系统物理架构进行权衡分析,综合考虑性能、成本、进度、风险,对方案的优劣进行比较排序。在权衡分析时,除考虑某些特性达到的程度外,还要考虑不同特性之间

的平衡关系。系统方案的评估、选择过程非常复杂,涉及很多不可比的因素,在评估过程中,需要揭示和显现系统方案的关键特性。

在复杂的权衡分析中,有两条指导性原则:一是采用分段式评估方法,只有最有希望的方案才经过全部评估过程;二是在做出最终选择之前,要保持系统概念方案的所有评估数据全程可见,不要在评估的早期就对数据进行聚合。为了实现分段式评估方法,考虑以下做法:

(1) 在评估的第一阶段,确保有足够数量的方案,这些方案能够满足所有的需要,能够探索所有的技术机会。

(2) 如果方案数量太多,无法进行详细评估,可以先对方案进行筛选,去除一些明显不佳的方案。注意在剔除过程中,不要删除新奇、独特的技术方案,除非它肯定不满足要求。

(3) 对每个候选方案,评估它与准则的一致程度,如果与部分准则不一致,则对方案进行调整,使之满足准则要求。

(4) 为评估准则分配权重,对方案进行排序。

(5) 根据每个准则进行方案排序,剔除明显的落后方案。

(6) 除非有明显优超的方案,否则对排名靠前的两三个方案进行更详细的比较。

7.3.6　概念验证

概念验证的基础是建立系统与环境模型,这些模型在以前的概念定义阶段已经初步建立,有时需要在验证阶段继续完善、细化。在概念阶段,系统模型在很大程度上是功能性的,还没有建立完整的物理形式,因此主要的验证方式是分析而不是测试。当前仿真技术取得很大进展,对概念验证提供了很好的支持。

在概念定义阶段已经建立了系统效能模型,能够研究系统关键参数与系统输出的关系。在验证阶段,还要结合选定的系统物理架构,对系统效能模型进行扩展,使之能够表达关键物理特性与系统效能之间的关系。当前计算机模型已经能够比较准确的表达一些系统部件、子系统的物理特性,能够建立关键设计参数与部件输出特性之间的关系。根据扩展后的系统效能模型,通过变动物理特性,研究系统完成使命任务的能力,对概念的有效性做出验证。

如果系统概念定义中包含一些未经使用验证的新技术,仅靠分析模型难以对部件、子系统的特性进行准确的预测。这时往往需要进行关键技术实验,关键技术实验的目的是通过实验收集数据,了解这些系统有关要素的行为特性,获得对关键技术可行性的判断。

通过分析和实验,获得系统概念验证结果。通过验证可能发现一些问题,对这些问题需要采取补救行动。常见的问题有:系统概念的某些特性有缺陷;测试模型有缺陷;需求过于苛刻。分析模型和实验在某种程度上揭示了造成这些问题的原因,在此基础上建立模型进行分析,寻求改进行动。

7.3.7　系统定义阶段的输出

1. 系统工程管理计划

概念定义阶段要产生一组项目管理计划,包括工作分解结构(WBS)、生命周期模型、系统工程管理计划(SEMP)、系统开发进度表、项目保障计划等。系统工程人员的主要职责是制定SEMP。SEMP描述项目在系统工程方面的任务与进度需求,以及这些系统工程任务如何被管理与实现。系统工程管理计划作为活跃的文件,起初是一种提纲,然后随着系统开发过程的进行而细化和更新。

SEMP详细制定系统工程活动计划,它包括开发项目规划与控制、系统工程过程以及工程专业集成三类关键要素。

开发项目规划与控制描述在管理开发项目中必须实现的系统工程任务,包括工作说明书、组织、进度计划、程序、设计和测试准备评审、技术性能指标、风险管理等。

系统工程过程描述用于系统开发的系统工程过程,包括需求分析、功能分析、系统分析与权衡策略、系统测试与评估策略等。

工程专业集成描述多个专业工程领域如何被集成到主系统设计与开发中,包括可靠性工程、维修性工程、可用性工程,可生产性工程、安全性工程、人因工程等。

2. 系统功能规范

系统定义阶段最重要的制品是系统功能规范,系统功能规范是对系统为了满足运行使用要求必须实现的功能进行完全、准确的描述,它是指导后续详细设计工作的一份正式文件。在政府采办项目中,一般称为系统规范或A规范。

系统规范是对系统概念进行的文字、图表式的表达,它主要规定系统必须实现什么功能、实现到何种程度、在何种条件下实现。这些描述是定量化、可测量的,后续的设计、生产、试验、验收都以系统规范中的定义为依据。

系统功能规范一般包括以下项目:

(1)系统定义:系统使命任务与运行使用构想;系统接口的配置与组织。

(2)需求特性:性能特性(硬件和软件)、兼容性需求;RMA需求。

(3)保障特性:运输、处理和存储需求;培训;特殊设施。

(4)特别需求:安全性、保密性、人因工程等。

 参考文献

[1] Kossiakoff A, Sweet W N, Seymour S J, et al. Systems Engineering: Principles and Practice (2nd Edition)[M]. John Wiley & Sons, Inc., 2011.

[2] Ficalora J P, Cohen L. Quality Function Deployment and Six Sigma(Second Edition)[M]. Prentice Hall, 2009.

[3] Kapurch S J. NASA Systems Engineering Handbook[M]. DIANE Publishing, 2010.

[4] Marca D A, McGowan C L. IDEF0 and SADT: A Modeler's Guide[M]. OpenProcess, Inc., 2005.

[5] 陈禹六. IDEF建模分析和设计方法[M]. 北京:清华大学出版社, 2000.

[6] Sage A P, Rouse W B. Handbook of Systems Engineering and Management[M]. John Wiley & Sons, 2009.

[7] Lano R. The N2 Chart.[R]. Redondo Beach, CA: TRW Software Series, 1977.

第8章

工 程 开 发

系统生命周期过程分为概念开发、工程开发、开发后三大阶段[1]。工程开发阶段的主要任务是在前期概念开发所选定的系统概念基础上,根据所确定的系统功能架构和物理架构,对系统的所有硬件和软件部件进行详细设计与实现,并将这些部件集成为具备完整功能的系统,同时对部件、子系统、系统进行一系列测试,验证、确认系统具备所需要的运行使用能力。工程开发进一步分为:先期技术开发、工程设计、集成与评估三个阶段。

在工程开发阶段,系统工程发挥着非常重要的作用。在整个工程开发阶段,系统工程人员从整体出发,协调、引导各项详细开发工作的进程,及时发现、解决问题。例如,在先期技术开发过程中,系统工程的主要任务是识别和降低先期技术开发风险。在部件详细设计过程中,系统工程人员负责总体协调,确保部件满足接口要求和交互要求,对系统部件的技术状态进行管理。在测试过程中,系统工程人员负责制定测试计划,分配测试资源,执行系统测试,评估测试结果,会同专业人员分析解决测试中的问题。总之,系统工程在工程开发阶段发挥组织、协调作用,对系统的整体实现负责。

8.1 先期技术开发

8.1.1 先期技术开发概述

对于技术驱动的系统,工程开发的第一个阶段是先期技术开发。实际上,很多系统的先期技术开发阶段并没有明确的开始时刻,有时甚至在新系统需求提出之前就开始了。但在逻辑上可以认为在工程开发阶段的早期,需投入大量资源进行先期技术开发,在这一阶段对先期技术开发的重视达到新高度。先期技术开发的目的是对系统成功具有关键作用、尚未得到应用验证的新技术进行开发、对新技术的特性进行充分把握,对采纳新技术的部件以及这些部件与采用成熟技术的部件之间的耦合关系进行详细了解。在先期技术开发阶段,系统工程的主要目的是控制新系统的潜在风险,对尚未验证的子系统和部件进行验证。通过这一阶段后,应该保证系统成功实现的风险足够低,发生严重风险的可能性非常小。

系统工程在这一阶段的主要工作是识别、管理先期技术开发风险,采用的主要技术来自于风险管理。国际标准化组织发布的 ISO 31000:2009 标准《风险管理——原则与指南》[2]，明确指出"风险"是"不确定性对目标的影响"[3]。风险通常用事件后果和事件发生可能性结合来表示，即风险 ＝ 事件影响后果×事件发生可能性。风险管理的主要方法：通过风险评估发现系统开发中的风险因子，判断其可能性大小和危害后果，然后通过风险缓解手段消除或减少潜在危害。

先期技术开发的启动标志着工程开发的开始。先期技术开发阶段的主要任务是将系统应该做什么(功能规范)转换为系统应该如何做(设计规范，即各个功能如何通过硬件和软件实现)。在系统生命周期过程中，先期技术开发的上一阶段是概念定义，下一阶段是工程设计。在概念定义阶段选择了系统概念，生成了系统的功能规范，这些构成先期技术开发阶段的输入。先期技术开发阶段的主要输出是系统设计规范和已验证的开发模型，这些将输出到工程设计阶段。此外，在先期技术开发阶段还要随着对系统了解的深入，对 WBS 和 SEMP 进行更新。

对于采用大量不成熟技术或采用新概念的系统而言，先期技术开发阶段非常重要，可能会持续进行多年，通过技术开发活动，使得技术成熟度达到可接受的程度。新技术经过演示验证后，才能够开始进行全尺寸的工程开发。对于采用成熟技术的系统而言，先期技术开发工作很少，可能不需要安排专门的先期技术开发阶段，但是仍然需要将功能规范转换为设计规范，这些工作可以安排在工程设计阶段的前期进行。

8.1.2 先期技术开发的工作过程

在先期技术开发阶段，主要关注采用新技术的部件、子系统。同样，将系统工程方法(需求分析、功能设计、物理设计、需求验证四个步骤)应用于先期技术开发阶段，并结合新技术开发的特点，经过适当调整，将先期技术开发分为需求分析、功能分析与设计、原型开发、开发测试四个步骤。

1. 需求分析

(1) 分析系统功能规范，考查从运行使用需求和性能需求导出的功能规范是否合理，以及从系统功能规范到子系统或部件功能的分配是否恰当。

(2) 识别需要进行新技术开发的部件。

2. 功能分析与设计

(1) 将系统功能向子系统和部件进行分配，识别其他系统中的相似功能要素。

(2) 进行分析或仿真研究，解决突出的性能问题。

3. 原型开发

(1) 识别涉及未成熟技术的物理实现问题，判定为减少风险到适当程度所需进行的分析、开发和测试的程度。

(2) 设计关键性软件。

(3) 设计、开发、制造关键部件和子系统的原型。

(4) 进行测试评估，根据测试结果改进设计缺陷。

4. 开发测试

(1) 为评估关键要素制定测试计划和评估准则，开发、购买、持有特殊的测试设备和设施。

(2) 对关键部件进行测试，评估测试结果，反馈设计缺陷或发现过于苛刻的需求，改进设计或调整需求,为实现有效、成熟的系统设计奠定基础。

先期技术开发阶段工作过程如图8-1所示。

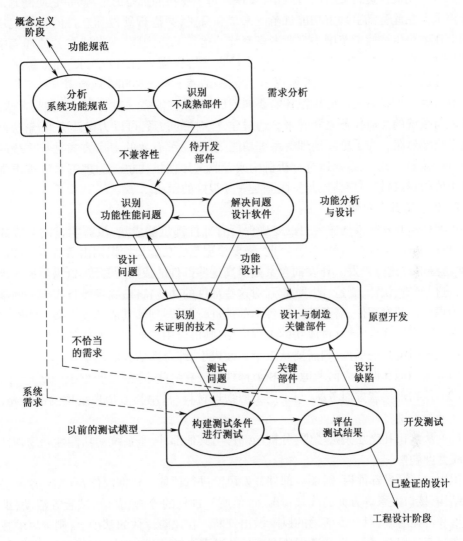

图8-1　先期技术开发阶段工作过程

8.1.3　需求分析

与概念定义等生命周期过程各阶段一样,每个阶段的第一步都是再次详细审查、条理化、改进已经得到的系统需求。在先期技术开发阶段,需求分析主要包括两项工作:一是检查概念定义阶段得到的系统功能规范的有效性;二是识别系统概念定义中采用未成熟技术的部件,这些部件是先期技术开发阶段的工作重点。

1. 重新检查需求

在概念定义阶段确定了优先选择的系统概念,将系统功能分配到子系统,并进一步分为功能要素。系统的功能需求和功能体系结构在系统功能规范中得到了正式阐述。在概念定义阶段得到的系统功能规范必须用怀疑的眼光重新审视,充分理解这些功能规范产生的环境条件,对功能规范进行全面的分析,如有必要则进行修改。

在对功能规范进行分析的过程中,要探究每一项功能规范的来源,将它回溯到系统的性能需求。在此基础上理解功能规范的来源和意义,为进行硬件和软件的物理实现提供基础。在整个生命周期范围内都要考虑系统的运行保障问题,为系统在各种环境中正常运转识别需求。除检查性能需求外,还要检查兼容性需求、RMA 需求、环境敏感性需求等。此时,将人与系统的接口问题、安全性问题纳入子系统和部件规范。

有时为了理解系统功能规范还需要向前回溯,从性能需求追溯到运行使用需求,将系统功能与系统的使命任务关联起来。通过建立这样的联系,可以为设计决策、解决问题提供基本指导思路。为了更好地理解系统功能规范,一种有效的工作方式是与系统的预期用户进行接触。另外,系统运行分析机构或者测试评估机构也会为理解系统需求提供非常有价值的建议,将用户纳入开发团队是一种很好的做法。

2. 识别待开发部件

先期技术开发阶段的主要目的是确保所有部件都足够成熟,没有明显的功能或物理风险,可以进行详细的工程设计。因此,需要根据系统功能架构识别出所有不够成熟的部件,对这些部件进行开发。开发的含义是提高这些部件的成熟度等级,这需要投入大量的资源,进行分析、设计、制造、测试,直到对这些部件的功能特性、物理特性有充分的掌握。

为识别待开发部件,需要逐一对各个部件进行分析,判断其成熟度。如果能够找到相似部件,这些部件已经进行过成功的工程应用,则可以用相似部件的成熟度做出判断。如果找不到相似度高的部件,则需要从三个方面入手,综合评估其成熟度:

(1) 从功能和性能方面考虑,与相似部件比较有哪些重要差别?

(2) 从物理构造方面考虑,与采用类似物理材料、采用类似物理结构的部件相比,存在哪些显著差别?

(3) 从接口和交互关系考虑,分析该部件与其他部件、子系统的功能性和物理性交互存在哪些问题?

识别出待开发部件后,需要对部件开发风险进行评估。根据部件在功能、性能、材料、物理结构、接口关系等方面的成熟情况,预估所需进行的分析、设计、试验等活动,识别风险因素和可能后果,对开发活动的风险做出判断。在风险评估的基础上,制定风险减缓计划。在制定计划时,需要综合考虑所有部件的开发活动,平衡成本、进度和风险情况,在执行过程中根据实际情况不断更新。

8.1.4 功能分析与设计

先期技术开发阶段主要关心需要进一步开发的部件。新技术开发需求来自多个方面,如需要新功能,已有功能采用新实现方式,已有部件采用新生产方法,拓展已有部件的功能边界,涉及复杂的功能、接口和交互等。

当今时代科学技术发展非常迅速,往往要求新系统的一些性能特性超过旧系统。另外,由于系统会运行使用多年,同时考虑竞争因素,保证系统在较长时期内具有竞争优势,对新系统的性能提出更高的要求。由于这些原因,新系统某些部件的性能指标会超过当前类似部件的性能边界,这就要求进行进一步研发,才能用于详细设计。对性能边界的拓展,可能导致部件的复杂性增加,在开发这些部件时,需要进行分析、测试、仿真,才能了解它的特性。另外,当前世界复杂多变,环境和用户需求充满不确定性,因此在项目初期对部件与环境的交互并没有非常清晰的了解,还需要进一步探索。

1. 性能边界的拓展

功能分析的一项重要工作是识别需要突破当前性能边界的部件。此处可以采用功能视角,将部件映射为基本的功能要素。每个功能要素有一组性能特性,每个功能要素有对应的物理实现方式,根据具体的物理实现方式了解该部件的性能极限。功能要素的关键性能如表8-1所列。

表8-1 功能要素的关键性能

功能要素	关键性能
输入信号	保真度、速率
传输信号	带宽、复杂波形
处理信号	容量、精度、速度
输入数据	保真度、速率
加工数据	灵活性、速度
控制数据	用户适应性、灵活性
存储数据	容量、存取速度
支撑材料	强度、灵活性
存储材料	容量、输入输出能力
产生推力	功率、效率、安全性
产生扭矩	功率、效能、控制
控制运动	容量、精度、反应时间

通过将实际部件对应到通用功能要素,在部件性能和功能要素性能之间建立对应关系,将已应用的同类部件的最佳性能作为性能边界。对比性能需求与性能边界,得出二者之间存在的差距:如果性能需求超过性能边界,则需研究当前物理实现技术是否可以满足性能需求;如果不能满足,则需要制定新技术开发计划,经过分析或试验收集新部件性能。

2. 复杂的部件

一些部件内部结构复杂,或者与其他部件之间的接口和交互关系复杂。从功能视角观察,一个部件处理多种媒介,或者内部的转换过程由多个基本功能要素构成,这样的部件一般比较复杂。另外,一个部件与其他部件之间的耦合关系多样,或者在不同条件下耦合关系动态变化,这个部件可能有复杂的接口关系。对于复杂的部件或复杂的接口关系,需要反思功能设计,也许可以通过更改功能设计,降低部件的复杂性。

系统中的软件部件越来越多,对于软件部件,有实时软件、分布式软件和用户界面软件三类软件比较复杂,需要认真分析。实时软件的时间控制机制复杂,需要将物理世界和软件世界协调起来,应对不确定的物理事件需要复杂的逻辑。分布式软件地理位置分散,数据处理和控制需要跨地域,存在协调延迟。人机界面软件面临的主要问题是用户需求不清晰、易变化。

还有一类复杂部件是闭环控制系统,这类系统具有动态性、高阶次、复杂性。除了理论上的复杂外,物理实现时会带来控制误差、随机扰动,物理特性受环境因素如温度、湿度等的影响。这样的部件必须进行严格的测试。

3. 功能设计

在这一阶段需要进行系统功能架构设计,完成功能分配,系统的功能架构必须完整。此外,要采用合理的功能划分方式,明确部件、子系统之间的接口。采用高内聚、低耦合原则设计部件功能,最大程度地保证部件之间功能的独立性,避免在后续的详细设计中部件之间发生过多的相互影响。此时,还应考虑在接口中保留测试点,支持实现故障隔离,便于后期维护,获取环境输入,便于升级。

8.1.5 原型开发

在复杂系统的开发过程中,一些部件或子系统的物理特性仅仅通过分析和仿真不能得到充分的了解。只能通过相对完整的设计、建造,获得物理原型,对物理原型进行测试,才能揭示设计存在的问题。然后,针对测试所揭示的问题,在原有设计的基础上不断改进,逐步消除设计缺陷,最终满足需求。在这样的情况下,对部件或子系统进行原型开发是风险管理的基本途径。

快速原型法是软件工程领域广泛应用的一种系统开发方法。在一些复杂软件开发过程中,由于各种原因,在需求分析阶段很难得到完全、一致、准确、合理的需求说明。快速原型法的基本思想是在获得一组基本的需求说明后,先用相对较少的成本、较短的周期开发一个简单的、可运行的系统原型,利用该原型向用户演示或让用户试用。通过使用软件原型,开发者和用户加深对系统的一致理解,对需求进行补充和精确化,消除不协调的系统需求,逐步确定各种需求。通过多次迭代,获得合理、一致、无歧义、完整、现实可行的需求规格说明,在此基础上再开发实际的软件系统。

使用原型时可以采取不同的策略,主要有抛弃策略和附加策略。抛弃策略是将原型用于开发过程的某个阶段,促使该阶段的开发结果更加完整、准确、一致、可靠,该阶段结束后,原型随之作废。附加策略是将原型用于开发的全过程,原型由最基本的核心开始,逐步增加新的功能和新的需求,反复修改、反复扩充,最后发展为用户满意的最终系统。

快速原型法不仅可用于软件部件,也可用于硬件部件。在制造领域,快速原型技术作为一种新型综合制造技术得到广泛应用。在产品设计完成后、批量生产前,快速制出样品以表达设计构想,获取产品设计的反馈信息,并对产品设计的可行性做出评估、论证。采用快速原型法时需要注意:原型开发时必须采用严格的质量标准,遵循相应的设计生产规范。在快速原型开发过程中,必须统一考虑设计、生产与测试,特别是要对原型进行充分的测试,获得系统功能、性能、RMA 等方面的数据,经过数据分析,获得对系统的认识,识别缺陷和不足,为改进设计提供基础。

8.1.6 开发测试

系统设计中的所有问题是否得到圆满解决,必须通过系统化的分析、仿真、测试才能做出回答。开发测试是系统开发人员对采用新技术的部件、子系统进行的测试,测试对象不仅包括这些部件和子系统,还包括这些部件与系统其他部件的接口和交互,在测试时要明确考虑运行使用环境,考虑对系统性能的影响。

开发测试必须规范、系统的进行,典型的开发测试包括以下步骤:

(1) 编写测试计划,确定测试流程,编写测试分析计划;

(2) 开发或采购测试设备,建设专业测试设施;

(3) 进行演示验证测试;

(4) 分析和评估测试结果;

(5) 改正设计缺陷。

1. 测试计划与测试分析计划

测试的目的是发现设计缺陷,找到产生缺陷的原因,为改进设计、消除缺陷提供基础。因此在测试开始时要考虑周详,对测试过程做出科学规划。在编制测试计划时,需要考虑很多方面,典型的因素有:

(1) 明确测试目标。一般的测试目标是考查子系统或系统是否满足选定的一组运行使用和性能需求。也可能有其他目标,如增加客户对系统特定方面的信心,发现系统在高风险区域的缺陷,展示系统的特定能力,演示与外部系统的接口和交互能力等。

(2) 审视系统的顶层需求,选择需要评估的特性和参数,必须包括开发过程中识别得到的关键参数。

(3) 确定在什么条件下对这些特性进行测试,考虑上下边界和容差。

(4) 回顾待开发部件的选择过程,识别相关的设计问题,回顾开发测试结果,确定设计问题解决到何种程度。

(5) 辨识部件和系统其他部件以及环境的接口和交互。

(6) 根据上述因素,确定测试方案,该方案保证在适当的环境中对部件特性进行测试。

(7) 识别测试输入和输出。

(8) 为了进行上面的测试,所需的测试设备、设施,以及进行测试所需的人员、成本。

(9) 制定测试日程安排。

(10) 制定详细的测试计划。

除了制定测试计划外,如何分析测试结果也同样重要。测试分析计划确定:收集什么数据? 如何收集数据? 如何对数据进行分析、处理、展示? 对于需要收集系统动态数据的测试,测试分析计划尤其重要,因为往往会产生大量数据,需要确定数据处理软件,如何在计算机的辅助下进行分析。测试分析计划还要指定测试配置,所需的测试点和传感器、驱动场景等。对于接口和交互方面的测试,往往不是定量的,测试分析计划要具体说明如何进行这样的测试,数据如何收集、分析、转换。

2. 测试过程

对特定部件进行测试,需要一组测试设备和设施构成测试环境。在测试环境中,产生测试激励信号,将测试激励信号输入到待测试部件中,得到部件的响应。对部件的特性进行分析,还需要有相对应的部件模型,这些模型可能是分析的或仿真的,将同样的测试激励信号输入到部件模型,经计算或仿真得到模型的响应。通过对比实际响应和模型响应,发现偏差,识别偏差来源。如果偏差来自测试过程,则需要对测试环境进行调整;如果偏差来自于部件设计,则需要调整设计;如果通过偏差发现需求分析存在问题,则导致重新进行需求分析。

系统要素的测试评估原理如图8-2所示。

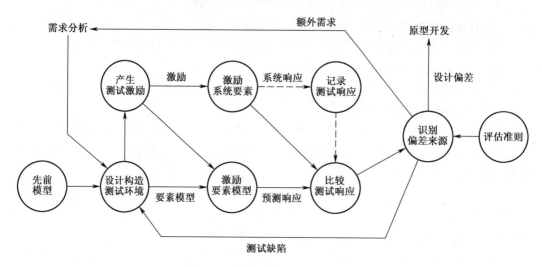

图8-2　系统要素的测试评估原理

3. 演示验证

演示验证是新系统开发的重要环节。在采用新概念或新技术的系统开发过程中，对采用新技术的部件在预定的使用环境中进行演示验证，按照既定标准评估其是否达到要求，技术是否可行，设计缺陷是否消除。在新技术开发过程中，主要工作是解决已知的未知问题。另外，由于新技术的不可预测性，还可能面临未知的未知问题。无论是已知的未知问题，还是未知的未知问题，都需要通过试验进行验证和揭示。演示验证试验需要在较宽的范围内对系统进行试验，充分暴露问题，揭示设计缺陷，为改进设计提供基础，通过多次的设计—试验—改进设计迭代，推动技术的成熟，最终才能开展全尺寸设计。

演示验证试验为项目带来风险，如果遇到未知的未知问题，可能导致系统要素不能正常工作，甚至会导致试验失败。例如，在航空航天系统的新技术研制过程中，在试验时可能会发生飞机坠毁、火箭解体等严重问题。这可能会带来项目的暂停，甚至有项目终止的危险。

在演示验证试验中，系统工程人员发挥整体协调作用。一旦在试验中暴露出新技术存在的问题，或揭示出系统部件的设计缺陷，其解决方法需要在更大范围内考虑。可能通过系统其他相关部分的改进、部件之间交互方式的调整等来解决问题，甚至可能重新调整需求。

4. 分析评估试验结果

对试验结果进行分析评估涉及试验数据、模型的预测数据和评估准则。通过将试验数据与模型的预测数据进行对比发现偏差，然后在评估准则的指导下分析偏差的性质，寻求偏差产生的原因。评估准则的设定来自于对需求的理解和对系统要素关键性能的掌握。如果发现试验结果有明显偏差，则需要探寻偏差产生的原因，偏差可能来自试验设备和试验过程，也可能来自设计缺陷，也可能来自预测模型。

进行试验结果分析评估需要一个知识结构合理、测试经验丰富的团队。团队中包括分析人员、测试人员、系统工程人员三类人员。分析人员负责将原始测试数据转换为系统部件的性能数据,测试人员为分析人员提供有关试验条件、传感器、试验变量等信息,系统工程人员对系统需求和部件性能进行分析、判断偏差的原因。

8.2 工 程 设 计

8.2.1 工程设计概述

工程设计阶段的主要任务是对所有的系统部件进行详细设计,每个部件都要满足性能、成本、进度要求,还要同时关注部件之间的相互配合,形成满足运行使用需求的整体系统。工程设计阶段的工作量大,组织比较严密,在进行部件设计时不仅要关心性能指标,还要关注内部和外部接口,以及可靠性、维修性、安全性、可生产性等要求。尽管在前面的先期技术开发阶段已经对关键技术进行了探索和验证,但对于比较复杂的系统部件,在工程设计阶段还有可能发生未曾预料的问题,因此需要为处理各种意外留有余地。

在系统生命周期中,工程设计的前一阶段是先期技术开发阶段,后一个阶段是集成与评估阶段。先期技术开发阶段产生的系统设计规范以及已验证的系统模型输入到本阶段,此外,在本阶段还要使用商业化部件和零件、设计工具、测试设备等。本阶段生成详细的测试集成计划、所有经过设计和测试的部件,输入到集成与评估阶段。在本阶段有一些项目管理文件,如 SEMP、TEMP、WBS 等会得到使用和更新。本阶段和后续的集成与评估阶段不是完全串行的而是交织在一起,一些部件完成基本设计后就进行集成与评估。

8.2.2 工程设计过程

工程设计阶段同样可以运用系统工程方法,并结合实际情况进行调整。工程设计阶段可以分为需求分析、功能分析与设计、部件设计和设计验证四个步骤(图 8-3),各个步骤的主要活动如下,其中第三步和第四步工作量很大。

1. 需求分析

(1) 分析系统设计需求;

(2) 辨识内部、外部接口和交互需求。

2. 功能分析与设计

(1) 分析部件接口和交互,识别设计、集成和测试问题;

(2) 分析用户交互模式;

(3) 用户界面设计和原型化。

3. 部件设计

(1) 安排所有的软件、硬件部件和接口,进行初步设计;

(2) 完成硬件设计和软件编码;

(3) 构造工程部件的原型版本。

4. 设计验证

(1) 对工程化部件的功能、接口、可靠性、可生产性等进行测试和评估;

(2) 纠正缺陷;

（3）产品设计文档化。

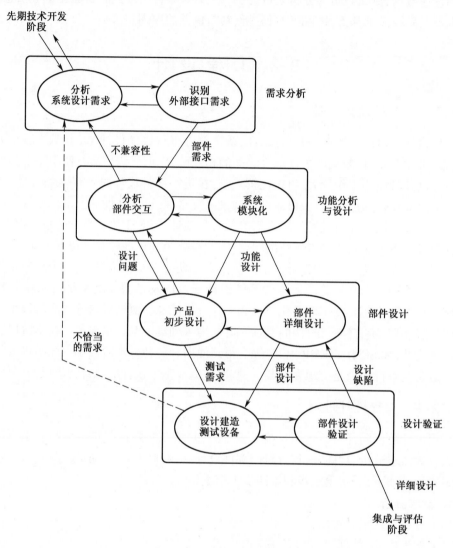

图 8-3　工程设计阶段流程

8.2.3　需求分析

在先期技术开发阶段已经对系统关键部件所采用的技术进行了探索、试验,技术方法完全确定,已将系统功能规范转换为系统设计规范。在工程设计的第一阶段,首先要重新审查系统设计规范,保证设计规范的完整性、一致性、有效性。特别需要关注的是系统设计需要、外部接口需求、装配安装需求和关键设计需求。

对所有系统部件的设计需求进行重新审查。首先关注的是采用新技术的部件,经过新技术开发,技术成熟度达到了一定的水平,对这些部件的设计方法需要仔细分析,保证设计风险达到可管理的水平。对于不需要新技术开发的部件,如果它们的工作压力或者性能需求达到更高水平,这些部件的设计也需要重点关注。

228

由于此前系统并未进行物理组装,系统与环境的接口没有得到严格定义。在工程设计初期,需要对系统与外部环境的接口进行详细分析、定义。首先,需要定义系统与用户的接口,由于系统尚未得到物理实现,用户对操作过程没有直接体验,很难判断人机接口的合理性。对于较复杂的系统,应该在工程设计的初期建立物理原型,提供真实、可控、可操作界面,使用户可以直接获得操作体验,对不同的设计方案进行评估。另外,需要分析、定义系统与环境的接口。此时需要从全生命周期的维度考虑严苛环境对系统的影响,设计系统与环境的接口。如系统的运输、安装、运行、维护过程中的冲击、震动、极端温度、风暴、雨雪等,对相关的缓冲、隔离、绝缘、放射性防护等部件进行设计。

除了审查系统设计规范外,对于一些大型系统,还要考虑装配、安装方面的需求。例如,一些大型装备需要分解后运输,运输车辆、船舶、机舱对部件的尺寸、重量、紧固位置等都会带来特定的要求,因此这样的系统如何分解、重组必须加以考虑。

8.2.4 功能分析与设计

功能分析与设计遵循的一个基本思想是"模块化",也就是需要将系统功能合理分配到组件,组件之间以及组件与环境之间尽可能相互独立。采用"模块化"思想设计出来的系统便于采购、集成、维护、升级。采用模块化思想划分组件之间的边界,就可以实现:

(1) 每个组件作为一个自包含的单元,可以独立进行规格说明、设计、生产、测试。

(2) 当组件与其他组件装配在一起时,不需进行过多调整,组件就能正确执行功能。

(3) 发生故障的组件可以用具有相同功能和接口的组件替换。

(4) 组件可以进行内部升级,不影响其他组件。

模块化思想既可以用于软件组件,也可以用于硬件组件。模块化需要考虑物理交互和功能交互,其中功能交互是基础。在功能层次上采用模块化思想划分得到功能元素,成为系统功能构造块。功能要素满足三个准则:

(1) 每个功能要素执行明确的、有意义的功能。

(2) 每个功能要素基本属于一个专业工程领域。

(3) 每个功能要素执行的功能在很多系统中都会出现。

经过功能分析后,需要将分析结果清晰地表达出来。可以采用功能图的形式表达系统架构,对功能部件之间的交互进行说明,这样便于分析设计人员进行沟通。

8.2.5 部件设计

部件设计的目标是将所有的系统功能要素转换为详细的工程化部件。在此阶段完成所有部件的设计、制造和测试。在工程设计阶段后的集成与评估阶段,将这些部件装配为子系统、集成得到系统原型。这一阶段包含大量的专业技术工作,在部件设计阶段会发生各种问题,系统工程人员需要评估问题性质、影响范围,分配资源解决问题,协调解决问题的过程,在必要时重新分析需求或重新进行体系结构设计。

部件设计可以进一步分为初步设计(或概要设计)和详细设计两个阶段。对于大型的复杂项目,往往需要有正式的初步设计评审和详细设计评审,设定相应的决策门对部件设计过程进行控制。部件设计的对象是部件,部件来自于工作分解结构(WBS),部件是 WBS 的基本构造块。另外,从技术状态管理的角度①,部件一般对应技术状态管理项目 (Configuration Items,CI),CI 指能满足最终使用功能,并被指定作为单个实体进行技术状态管理的硬件、软件或它们的集合体[4]。对每个部件,采用技术状态管理方法对产品的更新过程进行控制。

1. 初步设计

初步设计起始于系统体系结构设计,从体系结构中确定部件,然后对所有部件完成初步设计方案,为后续的详细设计提供框架。初步设计的目的是展示所采用的设计思路满足性能要求,符合设计规范,能够在成本和进度约束下采用已有的方法生产出来。初步设计的主要任务是为每个部件定义概要规范,构建目标基线,定义部件的功能接口和物理接口,评估部件风险,缓解子系统风险,生成子系统的概要图[5]。

初步设计的典型产品包括:

(1) 部件设计规范与部件之间接口规范;

(2) 接口设计;

(3) 建立设计目标基线;

(4) 支持性设计和效能权衡研究报告;

(5) 软件顶层设计;

(6) 实物模型、电路实验板;

(7) 开发、集成、测试计划;

(8) 专业工程研究,如 RMA,可生产性,后勤保障等。

在大型国防项目中,在初步设计基本完成,进入详细设计前一般需要进行初步设计评审(Preliminary Design Review,PDR)。PDR 是一个决策门,只有通过评审,才能进入下一阶段。PDR 的主要评审内容包括:部件分配和部件规范是否合理;接口规范是否合理;部件与子系统定义是否足够成熟;部件风险是否可接受;子系统风险是否得到缓解;等等。通过 PDR 的初步设计标志着分配基线的建立。

2. 详细设计

详细设计的目标是对系统的所有分解底层项进行完全的描述。主要任务是为每个部件创建部件规范,构建目标基线,产品包括各种规范、图纸、有关文档,它们用于下一阶段的部件制造。部件设计文档的详细程度与部件的成熟度有关,对于成熟度较低的部件,设计规范要非常详细,可能还需要构建物理原型,并进行测试[6]。

详细设计阶段根据系统分解结构(SBS),从上向下进行,最终为每个部件生成功能和设计体系结构,包括:

(1) 建立部件、子系统的详细定义:完成部件定义(硬件和软件);解决部件风险;生存周期质量要素设计;识别人机界面问题;准备集成数据包;修订 FAIT② 的工程和技术计划。

(2) 编写规范:包括更新系统、产品、子系统、部件规范;完成部件规范;完成接口规

---

① ISO 10007 将技术状态定义为在技术文件中规定的,并在产品中达到的功能特性和物理特性。

② FAIT—制作、装配、集成与测试(Fabrication,Assembly,Integration and Test)。

范;更新人机界面规范;更新人力、人员及培训规范。

(3) 建立基线:包括更新系统基线和设计目标基线,创建构建目标基线。

详细设计完成或接近完成时,需要进行关键设计评审(Critical Design Review,CDR)。CDR 的目的是验证设计成熟度足以支持全尺寸制造、组装、集成和试验,技术工作可以正常完成使命任务应用。CDR 是对产品的全面评审,对主要的硬件和软件 CI 分别进行。评审内容分别针对部件、子系统和系统进行。

对于部件,在详细设计完成后进行评审,目的是保证:

(1) 每个部件的详细定义都足够成熟,能够满足 MOE 和 MOP 准则。

(2) 部件规范是合理的,并提供了完备的部件概念。

(3) 部件和相关的生命周期风险已经评估并缓解到适合支持 FAIT 的等级。

(4) 权衡研究数据可以充分证实部件详细需求是可以实现的。

(5) 到达部件详细定义配置时所做的决策得到分析和技术数据的良好支持。

在子系统的相关部件完成评审后,进行子系统的评审。评审的目的是确认子系统的详细设计满足设计目标基线;风险得到缓解,剩下的风险是可接受的;所有部件、组装件和生存周期过程中的问题得到了解决;目前取得的进展和计划能够支持后续的 FAIT。

在子系统评审完成后,进行系统评审。评审的目的是确认系统的详细设计满足系统基线;风险得到缓解,剩下的风险是可接受的;所有部件、子系统和生存周期过程中的问题得到了解决;目前取得的进展和计划能够满足后续技术工作;系统通过解决突出的产品或生存周期问题为继续到 FAIT 做好准备。

8.2.6 设计验证

设计验证需要在部件、子系统、系统各个级别上执行。在部件级别上,主要是对各个系统构造块的物理实现进行验证,以确保物理实现满足设计规范。系统工程人员的职责是制定完整的测试计划、确定需要测量的参数、诊断偏差、分析测试结果。在必要时发起更改设计,对更改过程进行控制管理。

在工程设计的早期阶段就要编制部件测试计划,明确测试对象、测试时间、测试精度、数据收集、分析工具等。这是因为:测试设备往往比较复杂,需要提前进行设计和建造;测试工具在开发成本中占据一定比例,需要进行费用分配;测试需要设计人员、测试人员、系统分析人员协作,需要提前制定合作计划。

部件设计完成后,必须转换为物理实体并进行测试,才能判断其性能是否满足设计要求,是否能与其他部件进行正确的交互。如果是硬件,就需要将它制作出来;如果是软件,就需要完成编码。在部件制作过程中,由于尚未进行正式生产,所需的加工设备可能还不具备,此时往往需要大量的手工工作。尽管现在的 CAD 根据能够解决大量的技术问题,但对于较复杂的部件很难保证设计一次成功,往往会重复进行设计—制作—测试—重新设计过程。

根据测试目的不同,部件测试可以分为开发测试和验收测试两大类。开发测试的目的是发现设计缺陷,并找出缺陷产生的原因,用于改进设计。验收测试的目的是判断部件是否满足设计要求,做出合格或不合格的结论。

开发测试是设计过程的一部分,一般由设计团队执行。团队成员包括设计工程师,以及熟悉测试设备和测试流程的工程师。通过执行部件测试,发现设计缺陷,寻找缺陷产生的原因,然后由设计团队改变设计。需要注意的是,详细设计通过 CDR 评审后,技术状态置于管理之下,对设计的变更必须经过评估,批准后才能进行。

验收测试相对开发测试而言,目的比较单纯,但量化程度更高。验收测试更为正式,往往由专门的具有资质的测试机构进行测试。为了判断部件是否满足设计需求,需要构造尽可能与实际运行环境一致的测试环境,并在比实际应用更严苛的要求下进行测试。测试的内容主要包括部件的性能是否满足要求,以及部件与其他部件之间或与环境之间的接口是否一致,能否正确进行交互等。

8.3 集成与评估

8.3.1 集成与评估概述

集成与评估阶段的主要任务是将经过工程化设计的部件装配、集成在一起,形成能够有效运行的整体系统,并验证、确认系统满足运行使用需求。其目标是确认该系统的工程设计合格,能够转移到制造和运行阶段。

集成与评估阶段与以前的工程设计阶段有明显的不同。在目的方面,工程设计的目的是完全描述部件、子系统和系统;而集成与评估的目的是形成有效运行的完整系统。在关注点上,工程设计的关注点是部件的性能和设计约束,以及预先定义的接口规范;而集成与评估的关注点是部件之间、子系统之间的兼容性和交互能力。在人员构成方面,工程设计团队主要是专业设计人员,这些人员一般分散在不同的组织内部,负责某个部件的设计;集成与评估团队由系统工程人员、测试人员、设计人员组成,形成跨组织的团队。

集成与评估与前面阶段的另一个重要不同是工作逻辑不同。在前面的各个阶段,采用从系统顶层逐渐分解到低层的逻辑,从系统到子系统,最后到基本构造块。而集成与评估阶段采用相反的逻辑,从基本构造块的测试评估开始,然后将部件集成为子系统,对子系统进行测试验证,然后将子系统集成为系统,并对系统的运行使用特性进行测试评估。在自低层向顶层集成的过程中,充分暴露接口和交互问题。

尽管集成与评估和工程设计在基本特点上有明显不同,但对于新系统的开发而言,由于在开发、集成、测试过程中不可避免地存在难以预料的问题,两个阶段不可能完全分开。从时间角度看,两个阶段有交叠关系。部件设计与测试评估紧密联系在一起,测试评估中发现的问题,需要反馈到设计阶段,改进设计后再进行测试评估,如图 8-4 所示。

8.3.2 集成与评估工作过程

如前所述,集成与评估的工作逻辑与前面各阶段不同,因此 KA 的系统工程方法不能直接应用于集成与评估阶段。按照集成与评估工作的目的和要求,首先应该制定测试计划,详细规划集成评估工作,然后按照自底向上的方式进行集成与测试。因此,集成与评估阶段的工作可以分为四个阶段,其主要活动如下。

1. 测试计划与准备

(1)检查系统需求,制定详细的集成与测试计划。

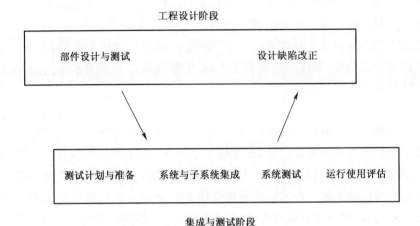

图 8-4 集成测试与工程设计的关系

（2）定义测试需求和功能架构。

2. 系统集成

（1）从部件开始,逐级进行测试和集成,从部件到子系统,再到可运行的完整系统。

（2）设计建造集成测试所需的设备和设施。

3. 开发性系统测试

（1）针对整个运行区间进行系统级测试,将系统性能与预期性能进行比较。

（2）开发测试场景,执行系统的所有运行模式。

（3）消除所有的性能缺陷。

4. 运行使用测试与评估

（1）在完全真实的运行环境中进行系统性能测试,获得独立测试机构的认定。

（2）计量满足系统运行使用需求一致的程度,评估转入生产和部署就绪的程度。

8.3.3 测试计划与准备

测试与评估①(Test and Evaluation , T&E)的主要目的是验证和确认系统能力是否满足需求,性能指标是否达到预期,系统是否能够有效运行,在适用性、安全性、生存性方面是否满足用户要求。在系统开发的早期阶段,通过 T&E 判断系统概念的可行性、估计设计风险、区别不同设计方案,通过比较和权衡,估计满足需求的程度。随着开发过程的进行,T&E 重点逐渐从开发性测试评估转换为运行使用测试评估。开发性测试与评估(DT&E)主要是验证部件、分系统、系统的工程设计是否满足设计规范,用于促进系统成熟,缓解开发风险。运行使用测试与评估(OT&E)主要是确认系统的运行使用效能、系统是否具有实用性、生存性等。

美国国防采办大学对试验与鉴定的定义:试验与鉴定是一个通过试验对系统或部件与需求和规范进行比较的过程。其结果用于评估设计进展、性能、保障性等。开发性试验

———————

① 在国防领域,经常将 Test and Evaluation (T&E)译为试验与鉴定。Developmental Test and Evaluation (DT&E) 译为开发性试验与鉴定,Operational Test and Evaluation (OT&E)译为作战试验与鉴定。

与鉴定是在采办周期中减少风险的一种工程工具。作战试验与鉴定是在真实的作战条件下由典型用户对试验装备的实际或模拟使用。

在系统生命周期有多个决策点,在这些决策点测试与评估为决策提供支持性数据。在生命周期的不同阶段,系统状态有很大不同,但测试评估的逻辑基本相同,DoD T&E 指南将测试评估分为 5 个步骤[7](图 8-5):

（1）根据基础文档提炼出决策者所需要的信息。基础文档中涉及用户的需求、要测试的系统、所需的性能指标、效能指标,以及适用性、生存性等指标。根据这些分析,辨识关键的测试评估问题和数据需求,以及实现关键的评估问题所需的试验和支持性资源。

（2）试验前分析。根据第一步确定的评估目标,确定所需的数据类型和数据量,期望结果和试验的预期输出等。在实验前分析阶段需要使用分析模型或仿真模型,帮助确定如何设计试验场景、如何设置试验环境、如何执行试验、如何安排人员和试验资源、如何优化试验顺序、如何估计输出等。

（3）进行实际的试验和数据管理。根据步骤（2）确定的数据需求进行试验。试验管理人员要明了有哪些可用的历史数据,需要通过试验收集哪些新的数据。对必需的试验进行规划,为进行分析积累足够多的数据。根据数据的完整性、精度、有效性对数据进行筛选。

（4）试验后综合和评估。将试验输出数据与期望数据进行比较,结合人的分析和判断,综合形成信息。当试验输出与期望数据有偏差时,仔细分析偏差来源,排除待测系统之外的原因。

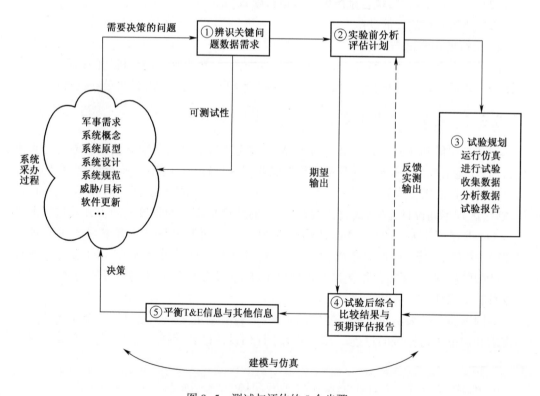

图 8-5 测试与评估的 5 个步骤

（5）决策者根据测试信息以及其他有关信息进行综合判断，做出决策。在这一步可能产生进一步的测试评估需求，于是又进入一个测试评估循环。

测试评估计划不是在集成测试阶段才开始编制，许多大型项目要求在项目开始时就要制定测试与评估主计划，随着系统开发的逐渐推进，相应的测试评估计划也要逐渐展开、细化、修改、完善。在详细设计基本完成时，测试评估计划也达到非常详细的程度，用于指导测试评估工作的进行。这是因为，测试评估工作需要提前进行准备，例如需要开发研究测试设备与设施、构建测试环境等，这些工作需要投入大量资源，占用相当比例的投资和时间，因此必须结合项目实施预先做好统筹安排。

测试评估计划的纲领性文件是测试评估主计划（T&E Master Plan，TEMP）。国防项目和许多商业项目都要求制定 TEMP。TEMP 根据项目需求，识别和集成所有的 T&E 需求，对系统生命周期过程中的测试活动做出规划，并为评估提供准则。TEMP 是系统生命周期中各项测试评估工作的管理依据，在系统开发过程中，依据 TEMP 制定详细的测试计划，安排测试日程和资源[7]。

编制 TEMP 需要遵循相关的标准要求，例如美国国防部在 DODI 5000.02 中给出了 TEMP 模板，美国国土安全部也有 TEMP 模板。以 DHS TEMP 为例，主要包括引言、项目概览、开发性测试与评估大纲、作战测试与评估大纲、测试与评估资源总览五部分内容[8]。

在引言部分，首先简单说明系统提供的能力，简洁描述系统设计，关注需要特殊测试的系统特征；然后列出作战性能需求，指定最低性能要求水平；最后列出需要进行测试评估的关键技术参数，说明必须进行验证的关键技术问题。

在项目概览部分，制定生命周期过程中所有测试与评估活动的日程安排，表明这些事件之间的顺序关系，将活动安排用图表的形式表示；识别所有参与测试与评估活动的组织，确定相关人员的角色与职责。

在开发性测试与评估大纲部分，对开发性测试的目的、策略、计划、资源进行规划。首先讨论开发性测试的总目的，解释如何通过开发性测试与评估验证工程设计的状态，验证风险已经最小化，证实达到了性能指标要求，讨论具体的测试与评估退出准则以及系统接收测试、合格测试等；然后，对将要进行的开发性测试与评估进行详细规划，明确每一项开发性测试与评估的目的，确定测试日程，描述如何进行测试，需要的测试设备、设施，讨论测试的局限性。

在作战测试与评估大纲部分，对作战试验鉴定的目的、策略、资源、计划进行规划。使用测试与评估一般由独立的测试评估机构进行。首先对使用测试与评估的总体情况进行概述，指明总体目的，使用测试与评估进入准则，说明如何在真实环境中进行测试评估，列出所有的作战试验问题，这些问题由用户、作战人员、赞助商等提出；然后针对所有关键问题，制定测试评估计划，包括测试目的、方法、所需资源、存在的局限等。

在测试与评估资源总览部分，列出进行测试评估所需的所有资源。包括测试件、测试设备、测试场所、消耗品、仿真模型、管理支持、人力和培训、投资需求等。

8.3.4　系统集成

复杂系统由大量要素构成，要素之间存在交互关系。系统集成就是将所有系统要素装配在一起,形成能够正确运行的全系统。除了少数非常简单的系统外,在将系统部件装配在一起时,往往会出现交互问题,如界面不兼容、交互过程不正确等。因此,系统集成过程必然伴随测试评估过程,通过测试评估发现问题,然后更改设计,如此重复进行。

系统集成过程是否顺利,花费的代价是否高昂,在很大程度上取决于设计阶段对系统功能的分割是否合理,子系统之间的交互是否简单,部件定义是否良好。集成过程是分割过程的逆过程,主要分为两个阶段:一是将部件集成为子系统;二是将子系统装配集成为全系统。在集成过程中,当将某个系统要素添加到当前系统时,需要对待添加要素进行测试,判断它是否能够与系统正确的交互。如果不能,则需要设计特定的测试过程,寻找问题的原因,然后改进设计,直到满足交互要求。

从便于发现问题的角度,每次只添加一两个部件到系统,如此逐步提升系统的完整程度。对于大型复杂系统而言,如何安排集成的步骤,如何执行测试,对集成的进度和成本有显著的影响。集成过程的确定取决于对系统全局的把握,对测试过程的了解。

1. 系统要素测试的基本构型

为了规划集成测试过程,需要对测试原理做进一步了解。前面论述过部件测试分析的原理,在了解部件测试原理的基础上,从功能视角对测试系统的构型进一步讨论。为了对某一系统要素(部件或子系统)进行测试,由于问题的不可预见性,从降低测试总成本的角度考虑,测试系统要能够灵活调整,更好地适应逐步集成与测试的需要。

对系统要素的物理性能进行测试需要相关的物理性测试设施,构成完整的测试环境。尽管不同测试系统的物理构成不同,但可以从功能角度将测试系统划分为多个功能部件,这些部件有机关联在一起,形成通用的测试构型。这是理解测试系统的基础,能够为优化安排集成测试步骤提供基础。系统要素测试系统基本构型如图8-6所示。

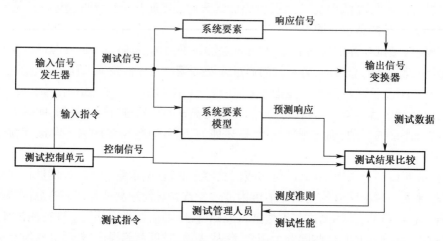

图8-6　系统要素测试系统基本构型

对系统要素进行测试,需要将一系列的测试设备和测试对象有机关联。被测对象就是系统要素,为了分析测试数据,确定是否存在问题,还必须提供系统要素模型,要素模型可以是物理的、仿真的、分析的。测试系统必须具备输入信号发生器,产生与真实运行场景中该要素接收信号一致的输入信号,该信号输入系统要素,系统要素对输入信号做出响应,在某些情况下,需对响应信号进行变换。同时,将输入信号送入要素模型,产生理论上正确的预测响应信号,作为对比分析的基准。在测试管理人员确定的测试准则的影响下,比较分析实际信号和预测信号之间的差别,发现是否存在问题。这些要素构成了测试的基本过程,然而由于测试过程需要进行有效管理,测试管理人员需要参与进来,利用测试控制单元管理控制测试的具体实施。

2. 子系统集成

子系统由多个部件装配而成,子系统的集成与测试需要按照一定的步骤进行。集成步骤的安排需要考虑多个方面,比较主要的是:①便于定位存在问题的部件,发现部件之间的交互问题;②尽量降低集成测试过程发生的费用;③考虑部件的重要性大小,关键部件何时可用,是否会产生环境问题,是否存在安全问题等。总之,子系统的集成测试过程需要丰富的经验。

在子系统集成测试过程中,为了降低测试费用,尽量不要构造模拟内部部件的输入信号发生器,也就是只构造模拟来自子系统外部的输入信号发生器。对某个部件而言,其输入信号或者来自子系统外部,或者来自于子系统中另外的部件。一个部件也可能产生输出,输出的目的地或者是子系统外部,或者是另一个内部部件。分析子系统各部件的输入与输出关系,可以发现,最先添加的应该是只有外部输入的部件,在后续的添加过程中,优先选择其输入来自内部部件的部件。

例如,某子系统包括 A、B、C 三个部件。其中部件 A 有一个来自外部的输入,有两个输出,一个输出到部件 B,另一个输出到外部。部件 B 没有外部输入,产生一个输出到部件 C。部件 C 有一个外部输入,一个来自部件 B 的输入,产生一个到外部的输出。该子系统的输入与输出关系如图 8-7 所示。

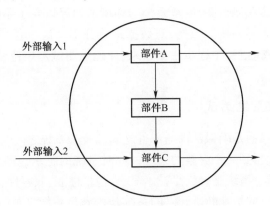

图 8-7　子系统的输入与输出关系

对于这个子系统,需要构建的测试单元包括:输入信号发生器(产生外部输入 1 和 2),收集 A–B 界面数据、收集 B–C 界面数据,建立 A、B、C 模型。集成测试的最优顺序是 A、B、C。执行的测试工作包括:

(1) 从 A 开始,测试 A 的输出;

(2) 添加 B,测试 B 的输出,如果有问题,检查 A 的输出是否正确;

(3) 添加 C,测试 C 的输出。

3. 测试问题分析

集成过程的每一步是否成功主要依靠分析测试数据,基本依据是实际系统的输出与理想模型的输出是否一致。如果发现不一致,就要分析问题产生的原因。需要指出的是,测试过程中发现的问题,很多时候并不是因为部件工作不正常,还可能是测试设备原因、对接口的理解有误、人为差错等。

很多时候数据不一致的原因是测试设备有问题或者测试过程有误。测试设备的问题经常发生,常见的原因有:

(1) 对于测试设备不重视,投入的设计制造资源远远少于系统部件。

(2) 测试设备的精度要高于被测部件,如果精度不够,则其波动会导致偏差。

(3) 用于集成测试的设备和用于部件单独测试的设备不是同一台,或者设备的标定不一致。

(4) 要素模型的预测结果不准确,因为建立精确的模型非常困难。

有时候数据不一致的原因是不同人员对部件之间的接口和交互规范的理解不一致。对于两个存在交互的部件,可能由不同的团队负责设计。有些时候,两个设计团队对接口和交互规范的理解不一致。为了减少理解不一致的情况,需要采取一定的管理措施,例如建立跨组织的协调团队,对接口规范进行联合评审等。

4. 全系统集成

将多个子系统集成为全系统,集成原理与子系统的集成原理相同,只是系统的规模、复杂程度、重要性相对更大。在全系统集成过程中出现的问题更难以跟踪、定位,修复成本更高,对整个项目的成本和进度的影响更大。因此,全系统集成过程需要更认真规划,制定更详细的计划。涉及的系统越复杂,对系统工程技能和经验的要求就越高。

在全系统的集成测试阶段,需要一套完整的测试设施,这套测试设施构成"测试床",这套设施能够构造所需的测试条件,从系统与环境的边界以及子系统的内部接口处抽取数据,以给定的精度、采样率获取数据,对数据进行分析。这一套"测试床"可以在部件、子系统、系统的集成测试过程中逐步建立起来,伴随着测试对象范围的扩大,逐渐集成为测试系统。

8.3.5 开发性系统测试

系统集成的主要目的是确保部件与部件之间以及子系统之间的接口兼容、交互正确,集成工作完成后,首次得到一个完整的系统。此时系统的主承包商对全系统进行开发性测试,通过测试了解整个系统是否满足技术需求,包括性能、兼容性、可靠性、维修性、安全性等。系统级测试的目的是判断所开发的系统是否满足系统规范,这些测试由开发方进行,属于开发性测试。需要指出的是,在系统开发、集成过程中,伴随着部件、子系统的设计完成,会对部件、子系统进行开发性测试,因此开发性测试是分阶段进行的,是和设计集成过程并行的。很明显,系统级的开发性测试只有在系统集成完成、获得完整系统后才能进行。

系统级开发性测试的主要目的是判断所开发的系统是否满足系统规范,这些测试主要从技术角度进行。此外,在测试过程中也要收集系统能力能否满足用户使用需求方面的证据。如果存在这方面的问题,则必须得到解决后,才能进行测试评估。因此,系统的开发性测试也应该在接近真实使用条件的测试环境中进行,需要使用大量的精密仪器,还要分析测试数据与预测数据的异同,所有这些可以看作运行使用测试与评估的预演。

在前面所述的 TEMP 中,已经制定了系统级开发性测试的大纲,主要内容包括:定义需要测量的技术性能参数,汇总测试事件、测试场景,列出所需使用的模型,说明如何表达系统环境等。TEMP 中的这些内容确定了测试的框架,随着开发工作的完成,对系统概念的掌握更为全面具体,需要根据最新的理解,对测试计划进行细化,汇总得到系统测试的配置。

系统测试配置是对测试的完整、详细描述,主要内容包括系统输入和环境、系统输出和测试点、测试条件等。

1. 系统输入和环境

(1) 完整表达所有影响系统运转的条件,不仅包括系统的输入,还包括系统与环境的交互。

(2) 完全复制系统运行时的输入,如果不能完全复制,则模拟产生这些输入,使之在交互功能上与实际输入一致。

(3) 如果某些输入既不能完全复制也不能模拟,则需要进行特殊测试,再现它们的功能和与系统的交互。

2. 系统输出和测试点

(1) 对性能评估有影响的所有输出都要转换为可测量的量并予以记录。

(2) 对于测试输入和环境条件也要进行转换和记录,便于在输入和输出之间建立关联。

(3) 设置足够多的内部测试点,转换记录测试点的数据,便于分析偏差产生的原因。

3. 测试条件

(1) 尽量在接近运行使用时系统所处的真实条件进行测试,便于从开发性测试转换到客户对系统的评估。

(2) 为了保证极端条件下系统的鲁棒性,有意将系统的某些部分置于过载条件下进行测试。

(3) 如果可能,客户和评估机构参与开发性测试,便于双方交流系统设计和运行使用方面的知识。

8.3.6　运行使用测试

开发性测试的主要目的是判断系统设计是否满足系统规范,关心的是性能需求是否得到满足,了解是否正确设计了系统。而运行使用测试关心的是系统是否满足运行使用需求,确认系统是否能够满足客户(用户)的期望。运行使用测试评估一般由客户主导,或者由客户委托专门的机构进行。运行使用测试的主要内容是在真实或接近真实的环境中,驱动系统执行所需的功能,判断系统执行的功能是否满足用户期望。只有系统的功能、性能满足用户期望,才能进入建造和生产阶段。

运行使用测试评估的关注点是运行使用需求、使命任务的效能和用户适用性,被试是投产前的原型系统。在运行使用测试之前,假设所有明显的问题已经在开发性测试中得到暴露和解决,如果在运行使用测试中出现了明显问题需要暂停测试过程,将问题提交给开发方,由开发方解决这些问题。运行使用测试内容很多,由于资源所限,需要按优先等级选择测试评估内容。具有较高优先级的测试领域包括：

（1）新功能。为了解决旧系统的缺陷和不足，新系统可能添加了新功能。这些新功能可能涉及了新的技术领域，有明显的不确定性，这些功能是测试的高优先目标。

（2）环境敏感性。系统能否在严苛的运行环境中正常运行，这方面的测试一般较少。运行使用测试可能是系统第一次在真实或类似真实的环境中运行。

（3）互操作性。系统和外部设备是否兼容，在标准的通信协议下能否正常通信，数据能否正常交换，不同系统对同样的数据是否有共同的理解等。

（4）用户界面。系统用户与操作人员是否能够顺利操作，操作效率如何，需要什么样的培训，可以提供的操作辅助设备、软件、信息系统如何。

运行使用测试评估同样需要预先有科学合理的规划。在测试评估主计划（TEMP）中已经制定了运行测试计划大纲，随着设计、集成工作的推进，这些测试计划需要不断调整、补充、完善。对于不同的系统，由于系统的特性、需求、运行环境等有很大差别，不可能制定普适性的测试计划，而是应该针对具体系统制定计划。测试评估计划主要包括以下内容（部分）：

（1）列出需要检查的运行使用问题；

（2）定义与运行使用问题有关的技术性参数；

（3）定义运行使用场景和测试事件；

（4）定义使用的运行使用环境，预估测试的局限性对测试结果的影响；

（5）辨识测试所需物品以及后勤需要；

（6）说明测试人员的培训需求。

运行使用测试本身也是一项复杂的工作，需要有较高的管理水平和技术水平。一般，高效的运行使用评估具有以下特征：

（1）客户或客户委托的测试人员熟悉系统；

（2）对开发性测试有充分的了解、参与、观察；

（3）在测试场景中有效使用测试设备、设施；

（4）制定了清晰、具体的测试流程、详细的分析计划；

（5）测试操作人员和分析人员经过充分的培训；

（6）测试场所能够复现运行使用环境；

（7）测试消耗品、备件、手册等有良好保证；

（8）精确获取数据以供分析；

（9）特别关注人机接口；

（10）为测试人员和附近居民提供安全保障；

（11）系统开发人员提供技术支持；

（12）及时、准确的测试报告。

 参考文献

[1] Kossiakoff A, Sweet W N, Seymour S J, et al. Systems Engineering：Principles and Practice：2nd Edition

[M]. John Wiley & Sons, Inc., 2011.

[2] ISO 31000:2009. Risk Management–Principles and Guidelines [S]. International Organization for Standardization, 2009.

[3] ISO Guide 73:2009 Risk Management–Vocabulary [S]. International Organization for Standardization, 2009.

[4] ISO 10007:2003 Quality Management Systems – Guidelines for Configuration Management [S]. International Organization for Standardization, 2003.

[5] GB/T 26240. 系统工程过程的应用和管理 [S]. 中国国家标准化管理委员会, 2011.

[6] Kapurch S J. NASA Systems Engineering Handbook [M]. DIANE Publishing, 2010.

[7] DoD. DoD Test and Evaluation Management Guide(6th edition) [M]. The Defense Acquisition University Press, 2012.

[8] DHS. DHS Acquisition Instruction/Guidebook:Test & Evaluation Master Plan Template [R]. DHS, USA, 2008.

第9章

基于模型的系统工程

国际系统工程协会(INCOSE)在2007年发布的《系统工程愿景2020》中指出,从很多方面来看,系统工程的未来是基于模型的,基于模型的系统工程(Model-based Systems Engineering,MBSE)正在快速发展之中[1]。后来,INCOSE在2014年发布的《系统工程愿景2025》中指出,基于模型的系统工程将成为系统工程的标准实践[2]。在国际系统工程协会的倡议和推动下,一些企业、政府部门、国际组织、学术界等积极参与,从基于模型的系统工程的理论基础、过程方法、建模语言、支持工具、行业应用等多个方面推动着基于模型的系统工程的发展。可以说,从传统的系统工程向基于模型的系统工程的范式转移是大势所趋,基于模型的系统工程代表着系统工程的最新进展和未来方向。

9.1 基于模型的系统工程概述

9.1.1 什么是基于模型的系统工程

国际系统工程协会在《系统工程愿景2020》中给出了基于模型的系统工程的定义:"基于模型的系统工程是对系统工程活动中建模方法的正式认同,从概念定义阶段到开发阶段以及后续的生命周期各阶段,均正式使用模型以支持需求、设计、分析、验证、确认等各项活动。"在国际系统工程协会的这个定义中,着重指出建模方法在系统工程生命周期中的正式应用,模型对系统工程活动起到支持作用。

基于模型的系统工程专家Holt认为建模方法在系统工程中的活动不仅是支持性的,还应该更重要。Holt将基于模型的系统工程定义为:"基于模型的系统工程是一种模型驱动的成功实现系统的方法,模型由一组内在一致、连贯的视图构成,反映了从多个角度对系统的认识。"[3]这代表了一些系统工程专家对基于模型的系统工程的看法,他们认为建模驱动系统工程活动,其应用范围不仅是在开发生命周期,还可以应用于项目生命周期、采办生命周期等。因此,建模是系统工程活动的驱动力,模型是系统工程活动的核心。

基于模型的系统工程强调建模在系统工程中的核心作用。实际上,建模早就在很多工程领域发挥重要作用,甚至居于核心地位,基于模型的系统工程不过是将这一做法引入系统工程领域。例如,在机电系统的开发中,从早期的需求分析、概念构想、原型设计、工程设计、试验验证等都是以模型为核心,通过对模型的不断迭代、细化,最终实现可交付的系统,很多工程领域都是如此。然而在传统的系统工程中,系统产生的信息均是以文档的形式来描述和记录,虽然也有一些图形、公式,但这些描述本质上是静态的、基于文本的。随着系统的规模和复杂程度的不断增加,基于文档的系统工程面临的困难越来越突出,如信息表示不准确,容易产生歧义,难以从海量文档中查找所需信息,无法与其他工程领域的设计相衔接(如软件、机械、电子等)。随着系统工程实践的推进,特别是软件系统工程的快速发展,出现了以 UML 为代表的系统形式化建模语言,以及 DoDAF、TOGAF 为代表的体系结构标准,这些为一致的、准确的描述系统提供了基础。另外,采用形式化建模语言还为需求跟踪提供了基础,可以自动进行错误检查定位、代码生成等繁琐的工作,极大地提高复杂系统开发的效率和质量。这些共同推动着基于模型的系统工程的出现和发展。

基于模型的系统工程强调系统生命周期中模型的驱动作用。基于模型的系统工程的基本思想与模型驱动的架构(Model Driven Architecture, MDA)、模型驱动的系统开发(MDSD)、模型驱动的系统设计(MDSD)等有很多共同之处,从中吸收了很多有益的思想、流程、方法。例如,MDA 是对象管理组织(OMG)提出的一种软件开发框架,使用平台无关的模型定义系统的功能。在 MDA 中模型是对问题的抽象,模型有不同的抽象级别。整个开发过程使用模型完成分析、设计、构建、部署、维护等活动,从而实现可移植、互操作、可重用的复杂系统,MDA 提高了开发工作的效率和质量[4]。这一点在基于模型的系统工程中得到充分体现。

基于模型的系统工程的出现意味着将实现系统工程范式的转移。基于模型的系统工程相对于基于文档的系统工程方法,是一个重大的进步。相对传统的系统工程,基于模型的系统工程主要在以下几个方面有所改进:

(1) 知识表示无二义性。文字描述经常会因为个人理解的差异而产生不同的解释,而模型是一种高度图形化、形式化的表示方法,有严格的语法和语义,具有直观、无歧义、模块化、可重用等优点,建立系统模型可以准确描述系统的各个方面,如需求、功能、规范、测试用例等,对整个系统内部的各个细节形成统一的理解,尤其是可以提高设计人员和开发人员之间理解的一致性。

(2) 沟通交流的效率提高。随着系统规模变大、复杂程度提高,各种文档越来越多,相对于厚厚的技术文档,阅读图形化、形式化的模型更加直观、无歧义,不同人对同一模型具有一致的理解,有利于提高系统内各个需要协调工作的部门之间的沟通与交流的效率,用户、项目管理人员、系统工程师、软硬件开发人员、试验测试人员等可以高效沟通。

(3) 系统设计的一体化。由于系统模型的建立是涵盖系统整个生命周期过程的,包括系统的需求、设计、分析、验证和确认等活动,形成一个统一的过程,可以提供一个完整、一致、可追溯的系统设计,从而可以保证系统设计的一体化,避免各组成部分间的设计冲突,降低风险。

(4) 系统内容的可重用性。系统设计最基本的要求就是满足系统的需求并且把需求分配到各个组成部分,因此建立系统的设计模型必然会对系统的各个功能进行分析并分解到各个模块去实现,从而对于功能类型相同的模块就不必重复开发了。

(5) 增强知识的获取和再利用。系统生命周期中包含着许多信息的传递和转换过程,如设计人员需要提取需求分析人员产生的需求信息进行系统的设计。由于模型具有的模块化特点,使得信息的获取、转换以及再利用都更加方便和有效。

(6)可以通过模型多角度的分析系统,分析更改的影响,并支持在早期进行系统的验证和确认,从而可以降低风险,降低设计更改的周期时间和费用。

9.1.2 基于模型的系统工程中的模型

1. 系统模型

模型是对系统的抽象表达。对于比较复杂的系统,往往需要从不同角度观察,建立多个模型,才能比较完整地描述系统。对系统从不同视角考察后得到不同的视图,这些视图之间协调一致、相互补充,系统模型是系统多个视图的集合,构成对系统的完整表达。在形式上,系统模型包含系统规格说明、分析、设计、验证等各方面的信息。例如,在系统建模语言(SysML)中,系统模型包括系统的结构、行为、需求、参数等多个方面,形成相互联系、相互补充的模型要素集合。在美国国防部体系结构标准(DoDAF)中有8种视点,52种模型。不同人员从不同视角观察系统得到不同的视图,这些视图相互联系,构成对体系的完整描述。

系统模型的主要用途是设计满足用户需求的系统,并将需求分配到各个部件。系统模型包含了部件必须执行的功能、性能和物理特性,部件之间的接口和交互关系,系统设计约束等。模型也包含文本化的需求描述,需求是可跟踪的。系统模型作为系统分析人员、部件设计人员、试验验证人员之间的沟通工具,将需求传送给设计人员,由设计人员进行设计,也可检查设计是否满足需求。系统模型也可以与工程分析模型、仿真模型进行集成,可以进行计算或动态执行。当然,当需要系统模型直接执行时,需要提供模型执行环境。

2. 模型库

基于模型的系统工程将系统模型存储在一个共同的模型库中。不同阶段、不同角色人员产生的模型存放在模型库中,通过构建相关的软件环境,明确数据交换标准,为模型管理提供了基础。模型库中的模型之间相互关联,参数也会进行耦合,定义在模型中的规则发挥约束作用。通过可视化、集成化、交互式建模工具,增加了系统描述的准确性、一致性、全面性。在自动化工具的帮助下,可以自动生成相关视图,进行一致性检查、执行变动影响分析、需求回溯等。在模型库的支持下,全体参与者协同工作,提高了系统开发的效率。

3. 模型演化

基于模型的系统工程的一个基本理念是在生命周期过程中,系统模型不断演化。在系统开发的早期,系统模型较为粗略,主要用于支持决策;随着开发的进行,模型的细节逐渐丰富,可以用于设计;然后,模型更为详细逼真,直到形成制造基线,交付生产。与基于文档的系统工程相比,基于模型的系统工程在系统生命周期的各个阶段,需要对模型进行演进。演进的方式大同小异,Baker等提出的模型驱动的系统开发过程,描述了模型演进子过程[5],如图9-1所示。

在传统系统工程中,每个阶段主要制品是文档,也有一些图表和公式,这些文档是对系统的静态表达。而在基于模型的系统工程中每个阶段的主要制品是模型,有些模型是可执行的,通过模型的执行可以获得对系统的深入认识,尽早发现问题。另外,在基于模型的系统工程工具的支持下,很多工作可以自动化,如对模型的审查、软件代码生成、模型之间的引用等。

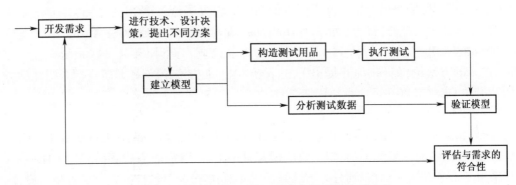

图9-1 模型驱动的系统开发中的模型演化子过程

9.1.3 系统建模语言

实施基于模型的系统工程需要三个使能工具:系统建模语言、基于模型的系统工程方法论、基于模型的系统工程工具。系统建模语言用来描述、表达模型,基于模型的系统工程方法论用于指导系统工程过程,基于模型的系统工程工具用于支持系统工程活动,提高活动的效率。

在传统的系统工程实践中,人们已经采用多种方法建立系统模型,如 IDEF,功能流图、N2 图等,这些建模语言使用的符号和语义各不相同,彼此之间互不支持,无法互操作和重用。在传统的系统工程中缺乏一种强大的"标准"建模语言,不同人员之间难以沟通协作,降低了系统开发的质量和效率。

在软件工程领域,统一建模语言(UML)已经得到广泛应用,成为面向对象软件开发的"标准"建模语言。与软件开发相比,系统工程处理的系统更为广泛和复杂,系统可能包含硬件、软件、人员、流程、数据等多种要素。为了能对复杂系统进行统一描述,INCOSE与 OMG 针对系统工程实践需求提出一种系统建模语言 SysML。SysML 在重用 UML 的基础上,对其进行了特定的扩充和修改。SysML 设计目的是要解决系统工程中面临的建模问题,为系统工程师提供一种简单易学、功能强大的标准建模语言。SysML 支持结构化和面向对象的多种方法和多种过程,对于复杂系统开发中的需求分析、结构分析、行为描述、参数分配和属性约束等特别有效。

SysML 主要包括 9 种图形,分别用于描述系统的需求、行为、结构、参数等,图形之间存在语义上的关联,具有对象化、可视化、形式化和关联化的特点。SysML 作为一种建模语言,可以与基于模型的系统工程方法论结合起来,在基于模型的系统工程工具的支持下,极大地便利系统工程活动的进行。例如:在需求分析阶段,可以使用需求图、用例图、包图建立系统模型;在功能分析与分配阶段,使用顺序图、活动图、状态机图;在设计综合阶段,使用模块定义图、装配图、参数图等。在整个生命周期中,通过 SysML 建立系统模型并不断演进,有助于实施基于模型的系统工程。

9.1.4 基于模型的系统工程方法论

系统工程活动及其流程是系统工程的核心,基于模型的系统工程是对传统系统工程的更新,从核心理念到方法论、方法、工具都带来变革,其中最重要的是要有成熟的系统工程方法论,目前已经提出了多种基于模型的系统工程方法论。INCOSE 在 2009 年的基于模型的系统工程调查报告中,列举了 IBM Harmony SE、INCOSE OOSEM、IBM RUP SE、Vitech MBSE、JPL 状态分析、Dori OPM 等多种方法论[6]。此外,还有一些系统工程专家提出更多的方法论,如 Micouin 提出了 Property-Model 方法论[7]。下面概括介绍几种方法论,其中 OOSEM 将在后面章节详细介绍。

1. IBM Rational Harmony SE 方法论

IBM Rational 公司的系统工程人员提出一种基于模型的系统工程方法论,称为 Harmony SE。它是领域无关的,但主要应用背景是集成系统/嵌入式软件开发。Harmony SE 采用 V 形生命周期模型,划分为需求分析、系统功能分析、设计综合、软件分析与设计、软件实现与单元测试、模块集成与测试、(子)系统集成与测试、系统验收等阶段[8],如图 9-2 所示。

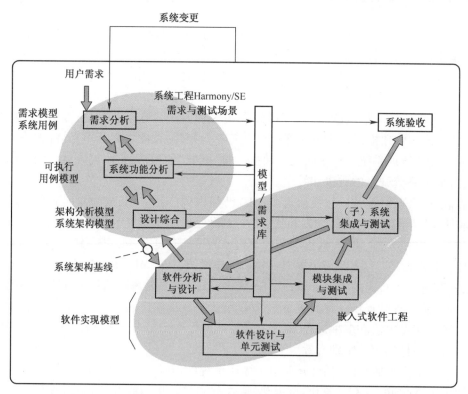

图 9-2 Harmony SE 集成系统开发过程

在整个开发过程中使用模型来驱动需求分析、架构分析与设计、软件设计与单元测试、集成与测试,直至系统验收。在各个阶段,采用 UML/SysML 生成制品。在系统初期通过用例驱动需求捕捉和分析,通过模型执行实现早期和频繁的需求验证和确认。需求在整个流程中得到跟踪和管理,实现软件工程/系统工程的集成。

2. INCOSE OOSEM 方法论

INCOSE 采用面向对象思想,提出一种 MBSE 方法论,称为面向对象的系统工程方法 (Object-Oriented Systems Engineering Method, OOSEM)。OOSEM 集成了自顶向下方法以及采用 SysML 的基于模型的方法,支持系统的规格说明、分析、设计、验证等。能够适用于灵活多变、可扩展的系统,易于容纳技术更新和需求变化。

OOSEM混合了面向对象、传统的自顶向下系统工程方法,也有一些特有的方法。OOSEM采用修改的V形生命周期模型,运用SysML表达不同开发阶段的制品。OOSEM的主要活动和模型制品如图9-3所示。

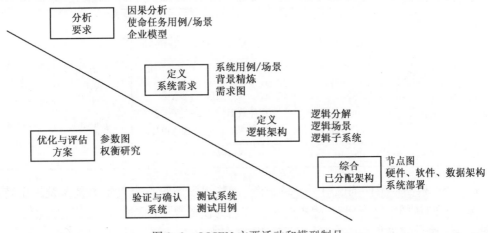

图9-3 OOSEM主要活动和模型制品

3. IBM RUP SE 方法论

IBM RUP SE(Rational Unified Process for Systems Engineering)是一种建立在RUP基础上的系统工程方法论[9]。Rational统一过程(Rational Unified Process,RUP)是IBM Rational公司创造的软件工程方法。RUP有三大特点:软件开发是一个迭代过程;软件开发是用例驱动的;软件开发以架构设计(Architectural Design)为中心。RUP具有很多长处,提高了团队生产力。在迭代的开发过程、需求管理、基于组件的体系结构、可视化软件建模、验证软件质量及控制软件变更等方面,针对所有关键的开发活动为每个开发成员提供了必要的准则、模板和工具指导,并确保全体成员共享相同的知识基础。RUP建立了简洁和清晰的过程结构,为开发过程提供较大的通用性。

RUP SE是在RUP上的扩展,它覆盖软件工程以处理更加复杂的系统工程问题。RUP SE是在RUP基础上对MDSD的实现[10]。RUP SE以模型为中心,开始于对系统进行定义,然后为部件定义提供支持,它内部有元模型维持着各部分模型的一致性。在RUP SE统一开发过程中,对角色、活动、工件进行了明确的定义。RUP SE采用迭代方法推动系统开发,在每个模型层级和系统分解层级上执行开发活动,实现环境(context)定义、协作定义和责任分配。

RUP SE对RUP在很多方面进行了扩展,主要包括:

(1)新角色。在开发团队中除了架构设计人员、开发人员、测试人员外,还有系统工程人员。系统工程人员的职责是对整个系统进行规格说明,定义需求。

(2)新制品和工作流。除了支持软件系统外,还添加了针对系统工程领域所需的制品和工作流,如安全、培训、后勤等。

(3)强调业务建模。强烈推荐开发人员识别业务角色,开发业务用例,为理解需求提供支持。

(4)系统工程视点。为了适应系统工程的需求,在RUP SE里,来自RUP的架构框架(4+1视图)被"RUP SE 模型框架"取代,如表9-1所列。

表 9-1 RUP SE 模型框架

模型层次	模型观点					
	工作人员	逻辑	信息	发布	过程	图形
环境	角色定义 活动建模	用例图 规格说明	企业数据 视图	领域相关 视图		领域相关 视图
分析	系统划分	产品逻辑 分解	产品数据 概念模式	产品本地化 视图	产品过程 视图	布局
设计	操作指南	软件组件 设计	产品数据 模式	电子控制 媒体设计	时间线图	机械 CAD
实现	硬件软件配置					

RUP SE 模型框架详细说明了一组视图,这些视图中每一个表示的是系统一个特定的方面。视图从两个维度划分:表中的水平方向为模型观点;垂直方向是模型层次。每个视图属于一个特定的模型层次和一个特定的模型观点。

第一个维度"模型观点"代表系统模型关心的不同区域,最具代表性的是不同利益相关者的关系。RUP SE 模型框架的模型观点更多地扮演了 RUP 的 4+1 视图架构框架里的视图所担任的角色,但它们和模型观点设置不完全一样,其中每一个处理系统关心的一个特定区域。之所以在 RUP SE 模型框架里有不同的观点设置,是因为在系统工程里必须处理 RUP 中没有包含的软件开发中的一些东西,如系统里的人。因此,RUP SE 模型框架包含一个角色观点,这在 4+1 视图中是没有的。

RUP SE 模型框架的第二个维度是模型层次,用于处理规格说明的层次。这意味着在更高的模型层次里,系统没有被详细说明,信息包含了抽象的系统问题。模型层次越低,被添加的细节就越多,因此能获得高层次的规格说明。随着模型层次的降低,能通过较低的层次中新的模型元素实现高层次的模型。

此外,RUP SE 在需求获取、更多部件类型等方面提供了支持。RUP SE 作为插件,可以实际运用在系统开发过程之中。

9.2 系统建模语言

9.2.1 SysML 概述

系统建模语言(SysML)是最流行的 MBSE 建模语言。SysML 是一种图形化建模语言,它是在 UML 的基础上扩展而来的。SysML 包括图和元模型两部分,其中图是语法,元模型是语义,用于对系统的各个方面进行可视化表达。SysML 提供了具有语义基础的图形化表示法,用于建立系统的需求、行为、结构和参数模型,这些模型可与其他工程分析模型进行集成。MBSE 实践者使用这种"语言"创建可视化系统模型,便于在相关人员之间进行沟通交流。

与自然语言一样,SysML 也有自己的语法和词汇。SysML 是一种图形化语言,它的基本词汇是图形符号,这些符号有特定的含义。SysML 的图形符号和语法由 OMG(Object Management Group)发布的标准规范定义。OMG 的 SysML 规范是创建、使用 SysML 的标准和依据。OMG 于 2007 年发布了 SysML 1.0 版,2017 年发布了 SysML 1.5 版。

OMG 给出的 SysML 定义是:"SysML 是一种通用图形化建模语言,用于对可能包含硬件、软件、信息、人员、过程和设施的复杂系统进行规格说明、分析、设计、验证。"[11]

SysML 不是一门独立、自包含的语言,它实际上是对 UML 2 的扩展,因此要完全了解 SysML 规范,需要同时参考 SysML 规范和 UML 2 相关规范。SysML 部分图形是对 UML 图形的重用,还有一些是自定义的 UML 扩展。SysML 与 UML 的关系如图 9-4 所示。

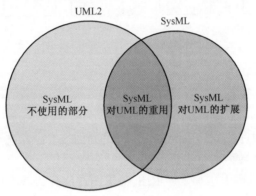

图 9-4 SysML 与 UML 的关系

9.2.2 SysML 图形概览

1. SysML 图形类别

SysML 共包括 9 种图形,分别是块定义图(block definition diagram,bdd)、内部块图(internal block diagram, ibd)、用例图(user case diagram, uc)、活动图(activity diagram, act)、时序图(sequence diagram, sd)、状态机图(state machine diagram, stm)、参数图(parametric diagram, par)、包图(package diagram, pkg)、需求图(requirements diagram, req)。其中用例图、时序图、状态机图、包图与 UML 完全相同;活动图、块定义图、内部块图是在 UML 图基础上的修改;需求图、参数图是 SysML 中新提出的。SysML 9 种图形的关系如图 9-5 所示。

SysML 主要从结构和行为两个方面建立系统模型。其中结构图有四类,分别是块定义图、内部块图、包图、参数图。在 SysML 中,块(block)是基本结构单元,用于表达任何系统元素,如硬件、软件、人员、设施等。系统的结构由块定义图和内部块图表达。块定义图描述系统的层级结构和系统/组件的分类,内部块图用部件、端口、连接等描述系统的内部结构。包图用于模型的组织,描述包所包括的模型要素,以及包之间的依赖关系。参数图表示系统属性值之间的约束,常用方程、不等式等表达,参数图支持进行工程分析,如分析性能、可靠性、可用性、能源、成本等[12]。

SysML 中的行为图有四类,包括用例图、活动图、时序图、状态机图。用例图对系统功能进行高层描述,这些功能是通过系统之间、部件之间的交互实现。活动图表达活动之间

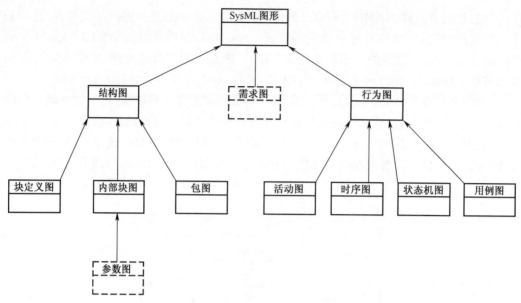

图 9-5　SysML 的 9 种图形

的数据流和控制流。时序图表达系统协作部件之间的交互。状态机图描述系统或部件对事件进行响应时的状态转移和行为。

　　SysML 在 UML 的基础上增加了需求图,需求图在传统的需求管理工具和系统模型之间架设了桥梁。它图形化表示基于文本的需求,将它们与其他模型要素关联起来。需求图捕获需求的层级关系和需求导出关系,将其他模型要素与需求之间的满足和验证关系连接起来。

　　图 9-6 描述了 SysML 各个图形之间的内在联系。系统模型可以分为需求、行为、结

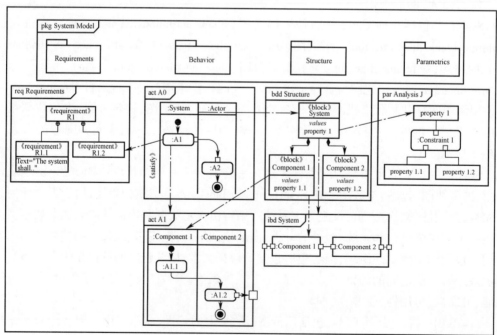

图 9-6　SysML 图形之间的关系

构、参数四类,每一类用包进行包装。对于每一个方面,分别采用相关的视图建立模型,这些视图之间存在多种联系[13]。

2. SysML 图形要素

SysML 图包括框架、标题、内容区三部分。框架是图形外围的矩形,用于与其他图形相区分,这个必须有。标题简单描述图形,内容区绘制图的主要内容。SysML 图形实例如图 9-7 所示。

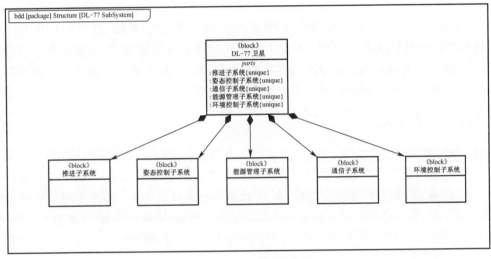

图 9-7　SysML 图形实例

在 SysML 图形的标题中,包括四部分信息,分别是图的种类、模型要素类型、模型要素名、图名。形如:

图的种类[模型要素类型] 模型要素名 [图名]

在上面的实例图中,从标题可以看出,图的种类是块定义图 bdd,模型要素类型是 Package,模型要素是 Structure,图名为 DL-77 Subsystems。

在 SysML 中,图并不是模型本身,它只是模型的一个视图。模型独立于图而存在,模型的变化立即反映在所有相关的视图中。而每个视图仅对所关心的模型特性进行刻画,因此在某些视图上不具备的特性不意味着模型没有该特性。

SysML 图是对系统模型中某一要素的表达。模型要素可能是结构要素(包、块),也可能是行为要素(活动、交互、状态机)。图形种类与可以表达的要素类型有关,如表 9-2 所列。

表 9-2　SysML 图形类型与模型要素

图　　形	可表达的模型要素
块定义图 bdd	包、模型、模型库、视图、块、约束块
内部块图 ibd	块
用例图 uc	包、模型、模型库、视图
活动图 act	活动
时序图 sd	交互

（续）

图　　形	可表达的模型要素
状态机图 stm	状态机
参数图 par	块、约束块
需求图 req	包、模型、模型库、视图、需求
包图 pkg	包、模型、模型库、视图、剖面（profile）

如前所述，SysML 共有 9 类图形，其中用例图、时序图、状态机图、包图与 UML 完全相同，这些图形参阅 UML 相关文献。SysML 引入的新图形有块定义图、内部块图、参数图、需求图四类。另外，活动图与 UML 基本相同，但进行了一些扩展。下面主要对这 5 种图形做介绍，要了解完整、详细信息可以参阅 SysML 规范。

9.2.3　块定义图

1. 块的概念

SysML 采用模块化思想描述复杂系统的结构，系统分解为组成单元，每个单元是一个块（block），系统中的软件、硬件、过程、人员、设施等都可以看作块。虽然观察系统所处的层级可以不同，但在各个层级上的基本单元都是块。例如，从最高层看，系统也是一个块。SysML 的块是基于 UML 的类而来的，在类的基础上进行了扩展和修改。在这种模块化分解思路下，系统可以逐级分解为一棵结构树。

每个块用一个方框表示，方框内部可以划分为多个分区，如约束、操作、流、部件、值、端口、用户自定义分区等。块的图形表示示例如图 9-8 所示。

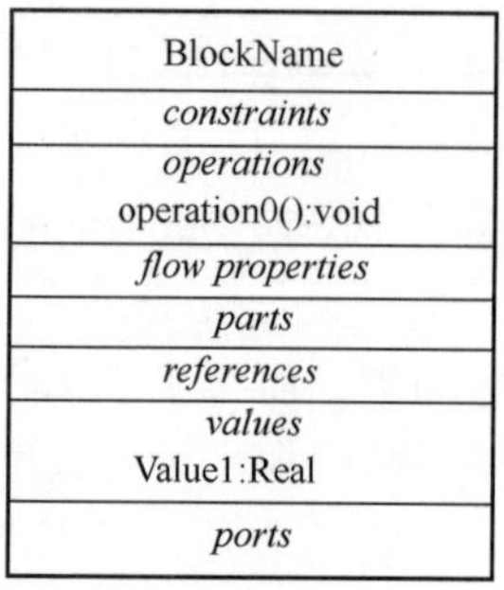

```
┌─────────────────────────┐
│       BlockName          │
├─────────────────────────┤
│       constraints        │
├─────────────────────────┤
│       operations         │
│   operation0():void      │
├─────────────────────────┤
│     flow properties      │
├─────────────────────────┤
│         parts            │
├─────────────────────────┤
│       references         │
├─────────────────────────┤
│         values           │
│       Value1:Real        │
├─────────────────────────┤
│         ports            │
└─────────────────────────┘
```

图 9-8　块的图形表示示例

块的特性（property）可以是值（value）、部件（parts）、对其他块的引用（reference）等。此外，端口（port）是一类特殊的特性，用于指定块之间允许的交互类型。约束（constrain）特性也是一类特殊的特性，用于对块的其他特性进行约束。块也可以指定操作（operation）或描述系统行为的特性。

2. 块定义图说明

块定义图（bdd）用于定义块的特征以及块之间的关系，如关联、泛化、依赖关系。需要注意：块表达的是一类实体，就像 UML 中的类，它是定义型，不是实例。在 SysML 中定义型要素只有名字，实例型要素有"名字:类型"对。这是区分实例型要素与定义型要素的显著标志。

bdd 标题中的模型要素类型可以是包、模型、模型库、视图、块、约束块。块的标记是构造型"block"加名字,放在名字区块中,还可以增加其他区块,容纳其他特性,包括结构特性和行为特性。

bdd 中可以描述的模型要素包括块、参与者(actor)、值类型、约束块、流规范、接口,它们都是类型(type),这些类型会出现在其他 8 种图中,它们都是定义型要素,它们之间的结构性关系(关联、泛化、依赖)非常重要。

1)块的结构特性

块既可以包含结构特性,也可以包含行为特性。结构特性是静态的,用于说明块的内部组成,组成之间或者组成与其他模型要素之间的关系。块的结构特性有多种,说明如下。

(1)部件(parts):部件表示块的内部组成实体,在 parts 部分列出块的所有组成部件。

格式:<part name> : <type> [<multiplicity>]

(2)引用(references):意味着有某种连接关系。它来自外部,近似为"需要"关系。

格式:<reference name> : <type> [<multiplicity>]

(3)值(values):用于说明块的物理、几何等数量化特征,可以是数量、布尔型、字符串,也可以由值规范定义其类型。值特性可以与约束特性一起构成数学模型。

格式:<value name> : <type> [<multiplicity>] = <default value>

有些值是赋予的,有的是由其他值导出的,导出的用"/"表示。

(4)约束(constraints):表示一组值之间的数学关系,用等式或不等式表示。

格式:<constraint name> : <type>

值的类型(type)必须是一个在其他处定义的约束块的名字。

(5)端口(ports):表示块的边界上明确的交互点,外部实体通过端口与该结构进行交互。交互方式包括提供/请求服务,交换物质、能量、数据等。通过使用端口,可以将块视为黑箱,外部用户不需了解块的内部,只要知道接口界面(服务类型、传输物件类型),遵从接口约定,就可以交互。

SysML 定义了标准端口、流端口两类端口。标准端口用于提供、请求服务(行为)。流端口用于物质、能量、数据的传递。

标准端口用方块表示,端口可以有名字,每个端口有一个或多个类型,类型就是分配给端口的接口(interface)。接口定义了一组 operation 和 reception。端口向外提供服务用"棒棒糖"表示,在圆圈附近注明必须实现的接口,该块必须实现该接口中定义的所有操作。端口请求服务用半圆槽表示,可以使用该接口中定义的任一项服务。如图 9-9 所示的 Transmission 块有一个端口 p1,通过该端口向外提供服务 ITransCmd,还可以请求外部服务 ITransData。

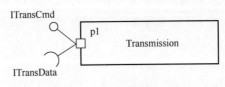

图 9-9　标准端口示例

流端口刻画在交互点上流动的物质、能量、数据类型。流端口分为原子流端口和非原子流端口。原子流端口只允许一种物件流过,在端口方块中加上符号"→"。非原子流端口可以处理多种流动物体,在端口方块中加上符号"<>",流动类型由相应的流规范确定。流规范需要定义,在定义中列出流 <direction> <name> : <type>,流的方向类型有 in、out、inout。如果在流规范前加上"~",表示流动方向反转。如图 9-10 的 t:Tansmission 类实例有三个流端口,p1、p2 是原子流端口,p1 接收输入,p2 向外输出,而 p3 为非原子流端口。

图 9-10　流端口示例

如果在两个块之间存在交互,则定义所需的端口之后,还要在对应的端口之间画上流线。流线是有方向的,表示从某个块的端口输出某种服务、数据或实物,送到另一个块的接收端口。如图 9-11 所示,块 Engine 通过其 eng 端口将扭力输送到 Transmission 的 tran 端口。

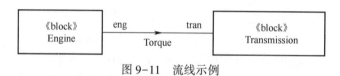

图 9-11　流线示例

2) 块的行为特性

块中还可以定义行为特性,主要有操作(operation)和接待(reception)两种行为特性。行为特性可以出现在接口中,也可以出现在块中。

(1) 操作(operation):通过客户的调用事件(call event)激活,表示一种同步行为,调用者等待 operation 完成后,才能继续执行。

在块的 operations 分区中输入 operation 的定义串。

格式:<operation name>(<parameter list>) :<return type>[<multiplicity>]

返回类型必须是在它处定义的值类型、块。multiplicity 是对返回类型实例数量的约束。参数表中的参数表示 operation 的输入或输出。

每个参数的格式:<direction> <parameter name> : <type>[<multiplicity>] = <default value>

方向 direction 可以是 in、out、inout。

图 9-12 中,实例块 block1 包括约束、操作、部件、引用、值、特性等分区。在其 operations 分区中定义了几个操作。

(2) 接待(reception):表示通过客户发送的信号(signal)事件激发的行为。它是异步的,客户发送信号后,继续执行自身的行为,不需等待。

在块的 reception 分区中定义。

格式:《signal 》<reception name>(<parameter list>)

reception 没有返回值类型,参数只能是输入,没有输出参数。

信号也是一种模型元素,表示某种物质、能量、数据,系统的某个部件将它发送到另一

```
                  《block》
                {encapsulated}
                   Block1
                  constraints
{x>y}
                  operations
operation1(p1: Type 1): Type2
operation2(q1: Type 1): Types {redefines operation2}
op3(q1: Type 1): Type2 {redefines Block0::op3}
^op4()            parts
property1: Block1
property2: Block2 {subsets Block0::property1}
prop3: Block3 {redefines property0}
                  references
property4: Block1 [0..*]{ordered}
property5: Block2 [1..5]{unique, subsets proerty4}
/prop6: Block3 {union}
                  values
property7: Integer = 99{readOnly}
property8: Real = 10.0
prop9: Boolean {redefines property00}

property5: Block3   properties
^property6:Block4
```

图 9-12　定义了 operaions 分区的块

个部件,触发某种行为。信号也可以拥有特性,信号携带这些特性到达接收方,这些特性就成为 reception 的输入。

如果一个结构拥有与信号名相同的 reception,就可以作为该信号的接收方。该 reception 的参数表必须与信号的参数兼容。

3) 块之间的关系

块定义图除了定义块的特性外,还要表示多个块之间的关系。块之间有关联、泛化、依赖三种关系。

(1) 关联关系(association):块的引用特性和部件特性对应引用、组合两种关联关系。

① 引用关联:表示两个块的实例之间有联系,通过这种联系,块实例可以相互访问。用两个块之间的实线表示,单箭头表示单向访问,不带箭头表示相互访问。在关联线上可以显示连接类型名、在两端可以显示角色名和重数(图 9-13)。

```
              association1        property1
    ───────────────────────────────────────→
    0..1                        {ordered}  1..*
```

图 9-13　引用关联

② 组合关联(composite association):表示块之间的组合关系,用两个块之间的实线表示,箭头为实心菱形(图 9-14)。部件端重数不受限制,复合物端 0..1,如果为 0 表示部件可从复合物中移除。

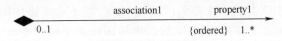
```
              association1        property1
◆───────────────────────────────────────→
    0..1                        {ordered}  1..*
```

图 9-14　组合关联

(2) 泛化关系:表示"是一种(is-a)"关系。其含义与 UML 中的相同,用两个块之间的实线表示,箭头为空心三角(图9-15)。

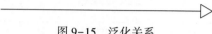

图9-15　泛化关系

（3）依赖关系(dependency)：表示客户方依赖供应方,当供应方发生变化后,客户方也要变化。主要用于建立模型要素之间的可追溯关系。当设计变更后,可以自动进行影响分析,找出所有需更改要素。依赖关系在 bdd 中很少出现,较多出现在包图和需求图中。

4）块定义图实例

块定义图主要用于沟通系统的结构信息,表达系统内部或环境中存在的结构类型,每个结构提供或请求的服务类型,每个结构必须遵循的约束类型,以及系统运作中可以存在的值类型。泛化关系可以表达要素类型的层级结构,支持设计与实现的分离,便于扩充。

图9-16描述了汽车的动力子系统的组成结构,动力子系统又划分为油箱、发动机两个子系统,它们二者之间有双向的燃油流动。图中定义了值类型 Fuel,它在流规范中使用,定义了一个流规范 Fuelflow,用在块的端口定义中,用于明确流的类型。

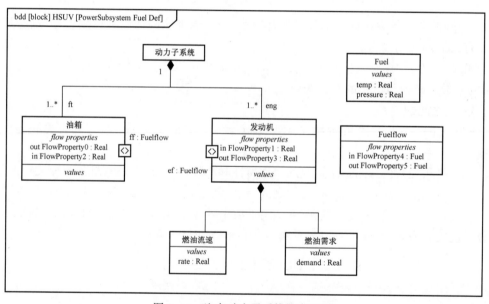

图9-16　汽车动力子系统块定义图

9.2.4　内部块图

内部块图 ibd 与 bdd 有密切关系,是对块的相互补充的视图。ibd 用于表达一个块的部件应该如何组装,才能实现一个有效的块实例,也能显示该块如何与外部实体进行连接,才能实现整体系统。系统建模时,一般首先使用块定义图定义块和它的属性,然后使用内部块图表达块的有效配置方式,即块内部属性之间如何联系。与块定义图一样,ibd 也是从静态角度观察系统或部件,除了表示块有哪些部件(part)和引用(reference)外,还能表达它们之间的连接,内部流动的物质、能量、数据类型,以及通过连接提供或请求的服务等。

内部块图的标题栏格式如下:

ibd [Block]blockname [图名]

内部块的整体框架总是表达某个块,因此在标题栏中模型要素类型可以忽略。对于某个块,从 bdd 中可以得知该块包含哪些部件和引用,而在 ibd 中表达块的内部部件如何连接。如图 9-17 表示相机的内部结构,相机(camera)块内部包括四个部件,这四个部件之间有特定的连接方式。注意在 ibd 中出现的是块的实例。

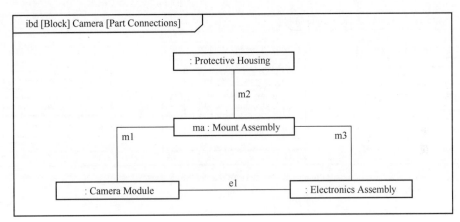

图 9-17 相机块的内部块定义图

ibd 图形中有一些图形标记,含义说明如下:

(1) 部件:表达方式同 bdd,用方框表示。

方框内部<part name> : <type>[<multiplicity>],其中 multiplicity 可以写在方框右上角。

(2) 引用部件:用虚线方框表示,说明该部件不属于本块,它来自外部。

(3) 连接:表示两个部件之间有访问关系,用连线表示,也可指定连接名和类型,格式为<connector name> : <type>,其中 type 必须是在 bdd 中定义的在该两类部件之间的一个关联。

如果两个部件之间有兼容端口(标准端口或流端口),可以将连接画在两个端口之间,表示通过特定的连接点连接。对于连接流端口,可以指定传输的物质、能量、数据类型。对于连接标准端口,可以指定提供/请求服务的接口。端口也可以出现在 ibd 图的边框上,表明这是整体块的对外端口。

(4) 物件流(Item flow):表达某种流动的物质、能量、信息。连接线端用实心三角箭头表示。物件(Item)的类型必须与端口支持的类型兼容。如图 9-18 所示,部件 eps 向部件 primaryComputer 通过端口传递数据,端口支持的数据格式在 HousekeepingData 中定义。

在 ibd 中,部件和引用可以采用嵌套方式,由此表达系统的层级结构。对于嵌套部件,连接线可以直接深入块内部,连接到相应的内部组件上,也可以只连接到边界的端口,然后从端口引线到相应内部模块的端口。如图 9-19 表示相机的内部连接关系。

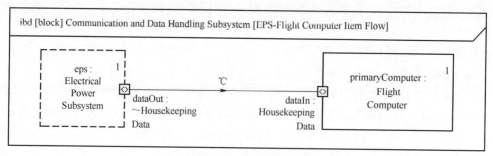

图 9-18　物件流示例

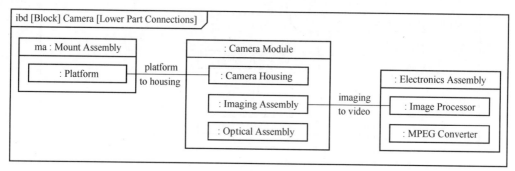

图 9-19　内部块图中部件嵌套表达

9.2.5　参数图

在分析复杂系统时,常见的情形是某些部件、子系统、系统具有一些特性,这些特性之间具有相互制约关系,例如运动物体的速度、位移、时间之间满足一定的物理约束。在 SysML 中实现了约束与实体的分离,可以单独定义约束,用约束块(Constraint Block)表示。约束块包括约束表达式和约束参数两部分,约束表达式是等式或不等式,在表达式中出现的变量称为约束参数。SysML 并没有指定数学表达式的规范,可以使用 MathML 等已有规范。图 9-20 是一个约束块,有两个约束,一个是约束表达式{L1}x>y,其约束参数是 x 与 y,内部还嵌入另一个约束块 ConstrainBlock2。

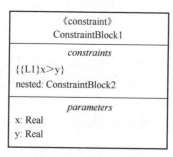

图 9-20　约束块示例

约束块实现了对数学表达式的封装,便于重用。但是,约束表达式中的参数类似函数式语言中的形式化参数,要执行具体工程分析,还需要确定形式参数所代表的实际参数,这就需要实现约束参数和某个块的值特性之间的绑定。另外,对于复合的约束块,在块定义中只定义了约束块之间的复合关系,至于各个约束块中的参数如何关联,也需要进一步说明。为了实现这两个目的,SysML 新增了一类图形——参数图——用于说明约束参数与值特性(或者约束参数)之间的绑定关系。

参数图 par 继承自 ibd,与块定义图构成互补关系。在块定义图中定义块、给出块中的值特性,定义约束块、说明约束块之间的复合关系。参数图定义约束参数之间如何绑定,以及约束参数与值特性如何绑定。

参数图的标题格式如下:

par［模型要素类型］模型要素名［图名］

模型要素类型有约束块、块两种。如果模型要素类型是约束块,则参数图表达的是约束参数之间的绑定关系。如果模型要素类型是块,则参数图表达的是约束参数与块中的值特性之间的绑定关系。

在参数图中,约束块用圆角矩形表示,约束参数用小方框表示,值特性也用小方框表示,用字符串表达具体的值特性。约束参数与值特性的绑定用连接线表示。图 9-21 表示约束块 C1 有两个约束参数 x 和 y,x 和 y 分别与值特性 length 和 width 绑定。

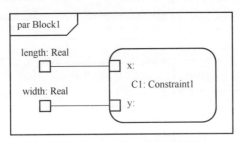

图 9-21　约束参数与值特性的绑定

约束块可以是多个其他约束块的复合。在图 9-22 中定义了三个约束块,其中"电力

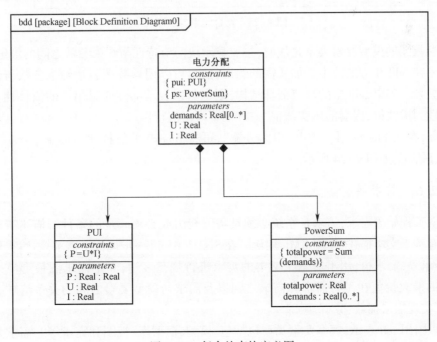

图 9-22　复合约束块定义图

分配"是一个复合约束,它包括两个约束 pui 和 ps,还有三个参数 demands、U 和 I。约束块"PUI"有一个约束表达式 P = U * I、三个参数 P、U、I。约束块"PowerSum"有一个约束表达式 totalpower = Sum(demands)、两个参数 totalpower、demands。

这三个约束块之间如何关联在 bdd 中没有表达,需要用参数图表示约束参数之间的关系。图 9-23 表示约束块"电力分配"内部的参数之间的绑定关系。约束 ps 的 2 个参数分别与约束块参数 demands 和约束 pui 的参数 Power 绑定;约束 pui 的 3 个参数分别与约束块参数 U、I 以及约束 ps 的参数 totalpower 绑定。

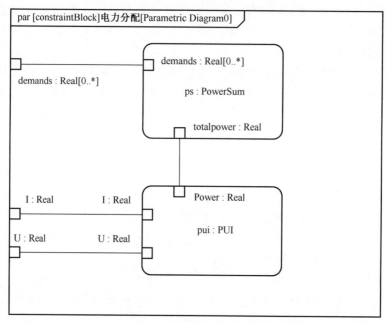

图 9-23　复合约束参数图

当参数图的模型要素类型是块时,主要显示块的值特性与约束参数之间的绑定关系。首先需要在 bdd 相应的块中添加所需的约束,然后可以用参数图表达约束参数与值特性之间的关系。如果 bdd 中的块有嵌套结构,则也可以表示部件或引用中的值特性。引用的值特性用虚线框,嵌套的用实线框,在方框中写出值特性。

例如,在块 Block2 引入约束"电力分配",可将 Block2 的值特性 voltage、power 与约束参数 U、I 绑定,如图 9-24 所示。

9.2.6　需求图

系统工程始于需求,需求是系统必须具备的能力或必须满足的条件。描述需求常见的方法有基于文本描述、使用 UML 用例。在 SysML 中,进一步规范了需求表达,提供了需求图、需求表、需求树,用于对基于文本的需求进行规范表达,其中需求图最形象、直观。需求图的最大价值在于将需求和需求之间以及需求与模型要素之间的关系清晰表达出来,易于实现需求捕获、分析、跟踪。

需求图用 req 表示,模型要素类型包括包、模型、模型库、视图和需求等。需求是基于 UML 的类,又满足一定条件的构造型。需求可以是原子的,也可以是复合的。在需求图

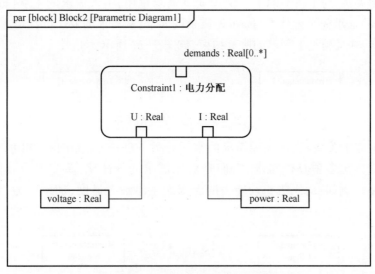

图 9-24　约束参数与值特性的绑定

中,需求用方框表示,它有 id 和 text 两个特性,二者都是字符串类型。根据工程需要可以在需求中引入自定义特性。一个需求示例如图 9-25 所示,对于一项需求,给定需求名,设定 id,给出文本描述。

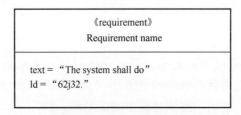

图 9-25　需求图中的需求

在需求图中,需求与需求之间或需求与模型元素之间的关系有 7 种,分别是包含(containment)、复制(copy)、派生需求(derive requirement)、满足(satisfy)、验证(verify)、精炼(refine)、跟踪(trace)。

(1) 包含关系:一项需求可以包含其他需求,由此构成需求之间的层级关系,如图 9-26 所示。用 UML 命名空间包含机制实现,在需求图中用十字准线表示,如图 9-26 所示,需求 Parent 包含需求 Child1 和 Child2。包含关系意味着父需求可以分解为多个子需求。

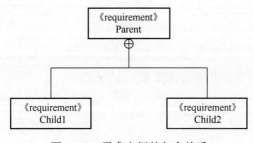

图 9-26　需求之间的包含关系

（2）复制关系：为了在不同上下文中实现需求重用，引入需求的主从（master/slave）关系，从（slave）需求完全遵从主（master）需求的要求，从需求的 text 特性是主需求 text 特性的只读副本，并且满足主需求的所有约束，如图 9-27 所示。

图 9-27　需求之间的复制关系

（3）派生需求关系：表示一项需求的来源是另一项需求，如图 9-28 所示。往往由一项源需求派生出多项具体需求，它们是对源需求的具体化，源需求与具体需求之间构成层级关系。例如，对飞机机动能力的需求派生出最大速度、加速能力、盘旋半径等需求。

图 9-28　派生需求关系

（4）满足关系：表示一项设计要素或模型要素满足某项需求，如图 9-29 所示。在模型要素和需求之间建立联系，表明需求与实现之间的关系。

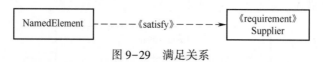

图 9-29　满足关系

（5）验证关系：表明测试用例或模型要素构成对某项需求的验证，如图 9-30 所示。在 SysML 中测试用例涵盖各种标准的验证方法，包括检查、分析、演示、试验等，也可以定义更为详细的测试方法。测试用例能够输出测试结果。

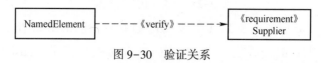

图 9-30　验证关系

（6）精炼关系：表明一个或一组模型元素进一步精炼某项需求，如图 9-31 所示。例如一个用例或活动图用于精炼一项用文本描述的功能需求，反过来也可能用基于文本的需求精炼模型要素。

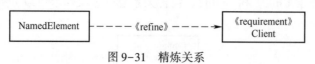

图 9-31　精炼关系

（7）追踪关系：表示一项需求和模型要素之间的通用关系，如图 9-32 所示。追踪关系的语义非常弱，因此不要和其他需求关系一起使用。

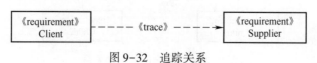

图 9-32　追踪关系

在需求图中,可以为需求或需求关系添加基本原理说明(rationale),进一步说明基本原理,增强对需求的理解。

图 9-33 给出了一个需求图实例。考虑设计新型车辆,对车辆性能的需求包含加速能力、油耗、安全性需求,动力需求派生出加速能力需求,动力子系统块是对加速需求的实现。加速能力用例是对加速能力需求的精炼,最大加速能力测试用例用于对加速需求进行验证。

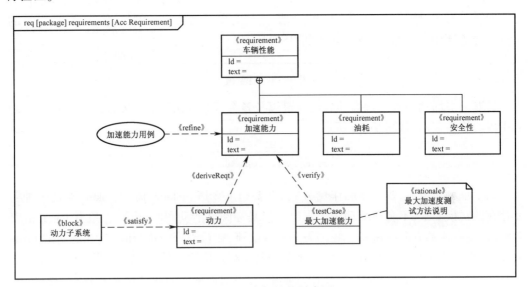

图 9-33　车辆性能需求图

9.2.7　活动图

SysML 的活动图(Activity Diagram)对 UML 活动图进行了扩展,能够描述复杂的系统行为。对 UML 的扩展包括:将控制作为数据,既能激活行为的执行,也能终止正在执行的行为。引入流率(rate)概念,能够对广义的连续系统建模。在活动中引入概率,可以按概率方式选择分支、输出数值。将活动看作块,澄清了活动之间、活动与对象节点之间的复合关联的语义。

活动图是一种行为图,它从动态观点考查系统,关注多项行为的执行逻辑。活动图与顺序图、状态机图都属于行为图,这三种行为图各有优劣,应根据具体需要选择使用。活动图特别适合作为系统分析工具,用于定义系统的行为,常用于对复杂用例进行详细的刻画。活动图的优势在于:能够表达复杂的控制逻辑,擅长表达活动之间对象(物质、能量、数据)的流动,以及随着行为的执行对象如何被存取和修改。

活动图 act 只能表达一类模型要素活动(Activity)。活动是一种行为,它一般在 bdd 中定义,活动也可以包含一组其他要素。

活动图的基本构成要素是行为(Action),活动图就是对行为之间的输入、输出,以及多个行为的执行顺序的描述。行为表示某种加工或转换,用圆角矩形表示。在矩形内部输入动词短语,表示所要执行的行为。行为矩形的边缘可以附有小矩形,称为管脚(pin),管脚中可以用箭线表明输入/输出方向。外部对象从输入管脚进入该行为模块,该行为模块产生的对象从输出管脚输出,如图9-34所示。

图9-34 活动图中的行为模块

在活动图中有多个行为,行为之间有对象流、控制流两类流动关系。对象流表示行为之间有某种对象(物质、能量、数据)的流动,流动对象是已经定义的块、值类型、信号等的实例。对象流用实线箭头表示,如图9-35所示。

图9-35 对象流

控制流对活动中各个行为的启动时刻以及各个行为的执行顺序发挥约束作用。控制流用虚线箭头表示,如图9-36所示。

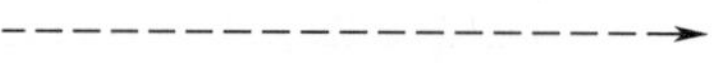

图9-36 控制流

为了理解对象流、控制流的作用方式,需要引入令牌(token)概念,token不是一种实际存在的建模要素,不会在活动图中画出。但是在阅读活动图时,可以想象有token沿着对象流、控制流的方向在流动。我们先来看对象流,在行为开始执行时,输入的对象token被吸纳,当行为执行完毕时,行为所产生的对象token从输出管脚输出。控制token与对象token类似,只不过它是对控制作用的抽象,没有对应的对象实体存在。只有当控制token到达行为的输入管脚时,行为才能执行,行为执行完毕后,控制token从输出管脚输出。

对某个行为而言,其输入管脚可以有多个,既可以输入控制流也可以输入对象流,每个管脚上的token又具有多重性,只有当所有输入管脚的token均已到达,且满足数量要求,行为才能启动。如图9-37所示,该行为模块有两个输入管脚,InputA必须有一个对象token到达,而InputB无论是否有控制token到达,Action可启动。

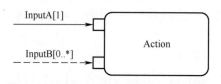

图9-37 对象token与控制token的作用

整个活动也可以指定参数,这些参数称为活动参数。活动参数用矩形表示,该矩形跨越活动图的边界。活动的输入参数、输出参数的位置在SysML规范中没有明确指定。为了清晰起见,有学者建议将输入参数放置在活动图的左侧/上侧,输出参数放置在右侧/下侧,如图9-38所示。

活动图中有四种特殊的、具体的行为类型,分别是调用活动、发信号、接收事件、等待,如图9-39所示。

调用活动行为调用另一个活动,通过调用构成活动之间的复合机制。被调用活动可以是交互、状态机或另一个活动。发信号和接收信号行为用于实现异步发送信号或者同

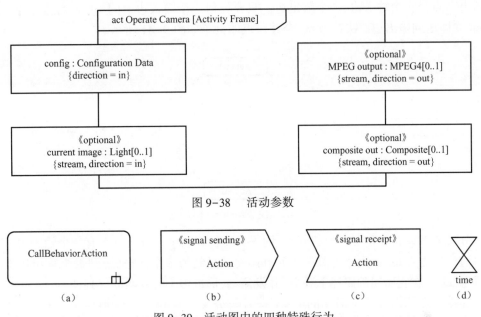

图 9-38　活动参数

CallBehaviorAction

《signal sending》
Action

《signal receipt》
Action

time

（a）　　　　　　　（b）　　　　　　　（c）　　　　　（d）

图 9-39　活动图中的四种特殊行为
（a）调用活动；（b）发信号；（c）接收信号；（d）等待。

步各个部件之间的行为。发信号行为产生并发送一个信号实例到目标。接收行为以异步方式等待某个信号实例的到达，信号到达后才能继续执行。发送、接收所使用的信号类型已在某处如 bdd 中定义。等待行为是指等待由时间表达式所指定的时间，时间消耗后才能继续执行。

为了表达复杂的控制逻辑，活动图中引入控制节点，控制节点用于表达复杂的 token 流动方式，有初始节点、活动终止节点、流终止节点、决策节点、合并（merge）节点、分叉（fork）节点、连接（join）节点 7 类控制节点。

初始节点标志着活动的起始点，控制 token 从这里开始流动，符号为"●"。活动图也可以没有初始节点，如果这样，则控制流从没有输入边的行为开始。

流终止节点和活动终止节点的符号如图 9-40 所示。

（a）　　　　　　（b）

图 9-40　流终止节点和活动终止节点
（a）流终止节点；（b）活动终止节点。

流终止节点标志着流的结束，到达该节点时控制 token 被销毁，该单一控制流终止。

活动终止节点标志着整个活动的结束，即所有流都终止。

决策节点表示分支选择行为，用菱形符号表示。决策节点有一个输入边，多个输出边，每个输出边指定布尔表达式（guard）。当 token 到达决策节点时，计算此时每个输出边的 guard 条件，将 token 输出到 guard 条件为真的边上。建模人员必须保证所有输出边的 guard 条件完备、互斥，任何时候只能有一个分支的 guard 条件为真。

合并节点标志着多个活动序列的结束，符号与决策节点相同。与决策节点的区别在于合并节点是多个输入边、一个输出边。只要任何一个输入边上的 token 到达合并节点，token 立即送到输出边。决策节点、合并节点的例子如图 9-41 所示。

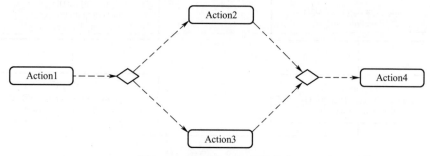

图 9-41　决策节点与合并节点

分叉节点标志着并发序列的开始，用一条短粗线表示。分叉节点有一个输入边、多个输出边。当输入 token 到达分叉节点时，token 被复制为多个，分别送到每个输出边上，然后每个 token 在它所属的路径上独立、并发流动，形成多个并发活动序列。

连接节点标志着并发活动的结束，符号与分叉节点相同。区别在于它有多个输入边、一个输出边。连接节点用做并发活动的同步点，当每个输入边上的 token 都到达连接节点时，在输出边上产生一个 token，并发活动结束。分叉节点、连接节点如图 9-42 所示。

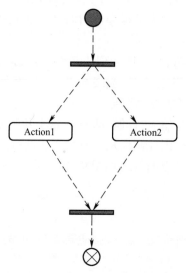

图 9-42　分叉节点与连接节点

活动图也可以分为多个分区，每个分区指定一个结构，结构可以是块、部件，它是所属分区活动的执行者，执行者的名称显示在分区的标题栏中。图 9-43 为卫星变轨活动图，分为三个分区，执行者是导航子系统、推进子系统、飞控计算机。导航子系统不断测量高度、计算轨道半径，发布轨道信息。飞控计算机接收到变轨指令后，向推进子系统发出变轨指令，命令推进子系统点火响应，与此同时飞控子系统接收导航子系统发布的轨道数据，当前轨道与指定轨道相同时，活动终止。

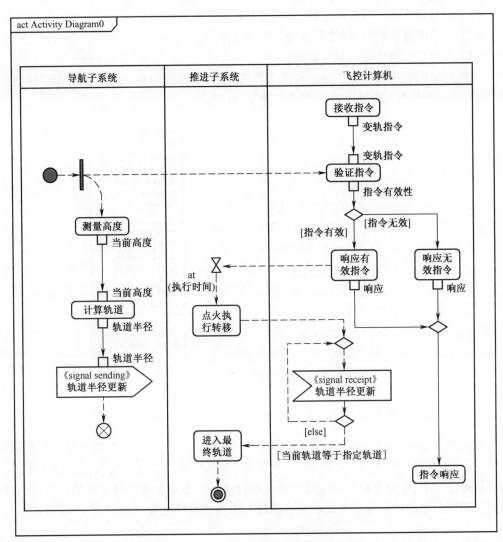

图 9-43　包含三个分区的卫星变轨活动图

9.3　面向对象的系统工程方法

9.3.1　面向对象的系统工程方法概述

面向对象的系统工程方法(OOSEM)是 INCOSE OOSEM 工作组提出的一种 MBSE 方法论。面向对象的系统工程方法综合了自顶向下的传统 SE 方法、面向对象概念以及其他建模技术,采用 SysML 作为系统建模标准语言,支持系统的规格说明、分析、设计和验证。面向对象的系统工程方法的动机是设计能够适应不断演化的技术和不断变化的需求,更灵活、可扩展的系统,也意图实现与面向对象的软件开发、硬件开发和验证的顺利集成[14]。

面向对象的系统工程方法的目标如下[15]:

（1）对复杂系统进行规格说明,捕获并分析需求和设计信息。

（2）与面向对象软件、硬件和其他工程方法集成。

（3）支持系统级重用和设计演进。

面向对象的系统工程方法是一种混合方法,融合了传统的系统工程方法、面向对象方法,也提出一些独有的方法。它的构成如图 9-44 所示。

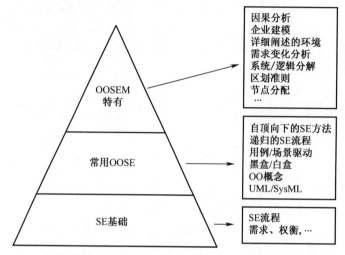

图 9-44　面向对象的系统工程方法基础

9.3.2　系统开发过程

面向对象的系统工程方法是更高层的系统开发过程的一部分。系统开发过程包括管理系统开发、系统规范和设计、下一层系统开发、集成验证。该过程递归地应用于系统结构层级的每一层,根据系统当前层级的规范和设计导出下一层级系统要素的规范,例如对体系进行规范和设计导致多个成员系统的规范说明。系统开发过程如图 9-45 所示。

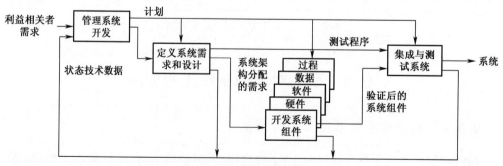

图 9-45　系统开发过程

系统开发过程中各个环节的主要工作内容如下:

（1）管理系统开发。进行项目规划、制定计划,按计划控制项目的执行。开发管理过程选定系统生命周期模型,如瀑布、增量、螺旋等生命周期模型。根据项目实际,对标准流程和活动进行剪裁。

（2）系统规范和设计过程。运用面向对象的系统工程方法进行,包括分析系统需求、定义系统架构、将需求分配到下一层级。下一层级的设计完成后,验证其是否满足需求,如有必要对需求进行重新分配。

(3) 硬件、软件、数据库、操作程序等开发过程。对系统组件进行分析、规格说明、设计、实现和验证。如果系统层级较多,递归地运用开发过程,将组件继续分解。对于硬件,完成构造、制造,对于软件实现编码。

(4) 集成与验证。将下一层的部件集成在一起,验证是否满足需求。所需的活动包括:开发验证计划、过程、方法,进行验证,分析结果,编写验证报告。

面向对象的系统工程方法的核心原则包括:采用 IPD 方式进行开发,改善沟通。在系统层级的每一层采用迭代 V 型开发过程。

9.3.3　面向对象的系统工程方法开发活动

面向对象的系统工程方法包括以下开发活动:

(1) 分析利益相关者的要求;

(2) 定义系统需求;

(3) 定义逻辑架构;

(4) 综合备选物理架构;

(5) 优化和评估备选架构;

(6) 验证和确认系统。

在进行这些活动时,需要专业化的管理活动,如风险管理、技术状态管理、规划、测量等。在活动进行中采用跨学科团队,注意对系统的全面认识,提高工作效率。

1. 分析利益相关者的要求

该活动的主要内容有两个方面:一是认识"当前"系统的现状,通过因果分析捕获当前系统的局限和不足,寻找潜在的改进区域;二是根据分析结果,导出使命任务需求,确定"未来"系统总目标。"未来"系统的模型、系统级用例、性能指标等用于规格化"未来"系统的使命任务需求。分析利益相关者的要求如图 9-46 所示。

2. 定义系统需求

该活动的目的是根据使命任务需求确定系统需求。在定义系统需求阶段,采用黑箱观点看待系统,只考虑系统的输入、输出,以及与外部系统的相互作用。从系统运行使用的角度,确定系统级用例。对每个用例创建系统场景,识别系统与用户、操作人员、外部系统的交互,提炼行为需求。系统场景用活动图建模,用泳道表示系统、用户、外部系统。根据每种用例的系统场景导出黑箱系统的功能、接口、数据和性能需求。系统与其他系统的交互关系用 ibd 建模,通过定义端口和流,明确系统与其他系统的界面、兼容性、互操作要求。通过工程分析,获得系统的设计约束,识别关键特性。需求数据库在该活动期间被更新,使得每个需求都能追溯到组织/任务层用例和任务需求中。

在定义系统需求时,要根据需求可能发生变化的概率对需求变动进行评估,变动发生概率与影响后果输入到风险管理,开发风险缓解策略。需求变动分析结果在系统分析、设计中要加以考虑,在设计系统时要考虑如何容纳需求变化,例如对变动较大的部件进行隔离等。典型的需求变化例子有系统接口可能发生变化、系统的性能需求可能会增加、系统用户数量增加等。

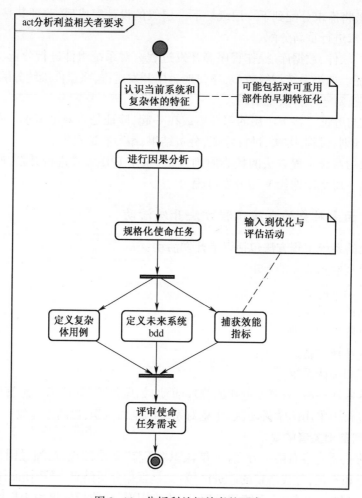

图 9-46　分析利益相关者的要求

定义系统需求如图 9-47 所示。

3. 定义逻辑架构

该活动对系统进行逻辑分解,得到系统的多个逻辑部件,这些部件相互作用,形成整体以满足系统需求。逻辑部件是对系统部件的抽象,此时只从功能角度考虑,不考虑物理实现约束。逻辑架构是对系统中等程度的抽象,位于系统需求和物理架构之间,以减少需求变动和技术变动对物理设计的影响。定义逻辑架构活动主要是对系统进行逻辑分解,针对每种运行场景,描述部件之间的交互,以及部件与外部实体之间的互动。逻辑部件还可能根据聚合、耦合、相关性、临近性等准则进行重组、划分。部件分解完成后,对每个部件进行规格说明,对具有复杂动态的部件,可以采用状态机刻画。

定义逻辑架构如图 9-48 所示。

4. 综合备选物理架构

逻辑架构定义后,接下来要根据逻辑架构定义系统的物理架构。物理架构定义物理部件和它们之间的关系,以及部件在系统节点上的分布。物理部件包括软件、硬件、数据、过程等,系统节点表示基于物理位置或空间分布对部件的划分,如果不是分布式系统,则

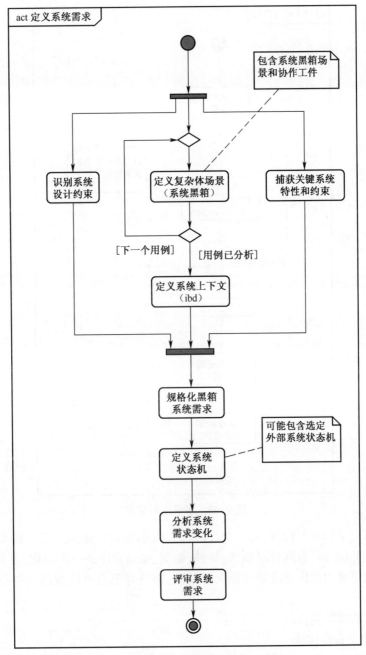

图 9-47　定义系统需求

只有一个系统节点。

　　定义物理架构首先是明确系统的划分准则,确定划分准则时要考虑性能、可靠性、安全性等多方面的问题;然后,根据划分准则对系统进行划分,明确所有节点。节点的逻辑架构确定逻辑部件以及它们的功能、数据、控制如何在系统节点上分布。节点的物理架构定义每个逻辑部件如何分配到物理部件上,这是因为物理部件可能包含多个硬件、软件、数据组件,还要定义操作者的操作过程。对于关键节点和部件需要重点研究,获得它们的

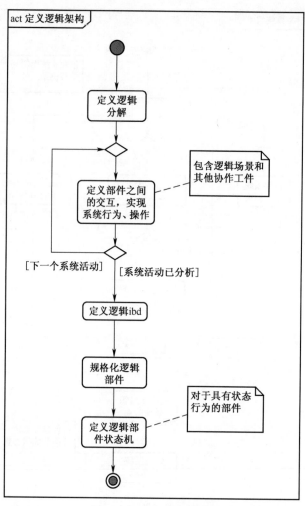

图 9-48　定义逻辑架构

主要特性。在定义物理架构时,将系统设计约束施加到物理架构。对于每个物理节点部件,进一步明确其性质,分别针对硬件、软件、数据、操作程序进一步细化,定义其架构。节点部件的架构定义为部件规范定义提供了基础,部件规范是系统规格化与设计阶段的主要输出。

综合备选物理架构如图 9-49 所示。

5. 优化评估备选架构

优化评估备选方案活动贯穿于整个面向对象的系统工程方法过程,当需要在多个候选方案(如概念、架构、技术方法等)中进行权衡研究和选择时,就调用优化评估过程。为比较、选择备选架构,需要建立性能、可靠性、可用性、寿命周期费用、人员及其他专业问题的参数模型,进行工程分析。在进行权衡研究时所采用的准则和加权系数可追溯到系统需求和效能指标。优化评估备选方案的活动包括识别需要进行的分析、定义分析环境、捕获约束、进行工程分析。首先识别分析目的,明确需要进行的分析;然后定义分析环境,可以用 bdd 定义所需使用的约束块,用参数图捕获约束之间的关系,顶层参数图帮助识别需要进行的其他工程分析;最后进行工程分析计算,为决策提供依据。

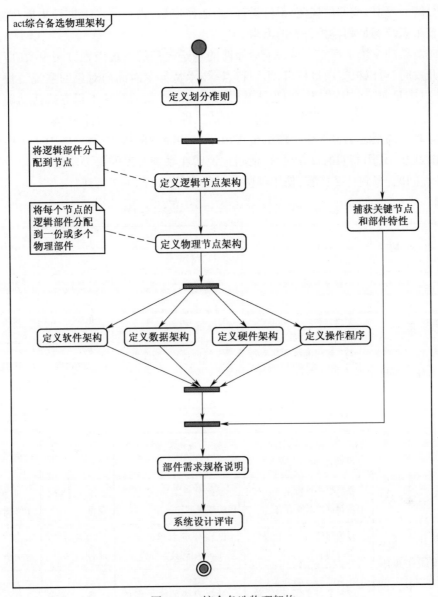

图9-49 综合备选物理架构

6. 验证和确认系统

该活动的目的是验证系统设计满足需求,以及确认需求能够满足利益相关者的期望。这需要开发验证计划、程序和方法(如检查、演示、分析、试验)。开发测试用例和验证过程的主要输入是系统级用例、场景和相关的需求。对验证系统建立模型所采用的方法与建立系统运行模型时的方法相同。在该活动期间,更新需求管理数据库,将系统需求和设计信息跟踪到系统验证方法、测试用例和测试结果。

9.3.4 面向对象的系统工程方法剪裁与简化

面向对象的系统工程方法综合了传统系统工程与面向对象技术,提供了自顶向下、场景驱动的系统分析、规范化、设计、验证的系统开发方法。从利益相关者的需要开始,将需求逐层分解,直到形成部件规范,部件设计、制造完成后,再自底向上进行集成与测试,最终使得整个系统满足利益相关者的需求。

面向对象的系统工程方法是一个指导性的基于模型的系统工程方法论,在应用于实际项目开发时,可以根据项目特点、组织特点、技术特征等对面向对象的系统工程方法进行剪裁,以满足实际应用需要。剪裁涉及对每项面向对象的系统工程方法活动确定所需的严格程度,选择活动及活动次序、明确生成的工件、确定模型详细程度等。

面向对象的系统工程方法工作组也提出了一些简化的版本,如 Abe Raher 提出了一种 SysML 故事书,用简明的日常语言,清晰地说明在系统开发的每个阶段,从什么视角观察,问什么问题,得到什么回答,使用哪些 SysML 图形,如表 9-3 所列。

表 9-3　系统开发过程中 SysML 的运用

视　角	阶段	问　题	答　案	图　名	图的类型
将系统视为黑箱,从外部观察	分析	系统需要做什么	系统需求	系统需求	需求图
		系统与哪些人、物有关	与系统有直接、间接交互的人和其他实体	顶层	块定义图
		与系统做的事情有关的人、物有哪些	系统做什么,每件事的参与实体	系统用例	用例图
		系统如何与外部系统、用户交互	系统做事的过程、活动序列	取决于用例名	与用例对应的活动图
		系统有哪些输入、输出,从哪输入,输出到哪	流入、流出系统的所有事物	系统上下文	内部块图
将系统作为逻辑实体,从内部观察	逻辑设计	系统哪些负责主要功能的逻辑部件必须存在	根据分析结果,必须出现的逻辑部件	Sys_XYZ逻辑	系统的块定义图
		系统部件如何交互以执行系统功能	已在分析中建模的交互,此时用到具体部件	取决于活动名	每个活动有一个活动图
		逻辑部件如何连接,流动的是什么	系统内部部件之间的流动	Sys_XYZ内部	内部块图(现实系统块中的子系统)
将系统看作物理和逻辑部件;基线化硬件软件;它们之间的映射	物理设计	逻辑部件如何映射到物理部件	系统的逻辑设计如何用物理部件实现	Sys_XYZ逻辑到物理	分配矩阵(实际上是块定义图)
		物理部件实际对应的硬件、软件是什么	为分配矩阵添加更多细节	Sys_XYZ分配基线	分配矩阵
在测试与建造环境中观察系统	集成与验证	系统与事先假设的一致吗	参数,测试用例结果,需求跟踪到部件	取决于实际内容	参数图,需求图,跟踪矩阵

总之,基于模型的系统工程是系统工程的一种新范式,正在发展和成熟。需要系统工程理论界、实际工程人员、企业界、国际组织共同推进,在基于模型的系统工程的基本理论、方法论、方法、工具、应用等诸多方面进行深入研究、实践。

参考文献

［1］ INCOSE. Systems Engineering Vision 2020［R］. 2007.

［2］ INCOSE. Systems Engineering Vision 2025［R］. 2014.

［3］ Holt J, Perry S. SysML for Systems Engineering：A Model-Based Approach［M］. London,U. K. , The Institation of Engineering and Technology,2013.

［4］ Mellor S J. MDA Distilled：Principles of Model-Driven Architecture［M］. Addison-Wesley, 2004.

［5］ Baker L, Clemente P, Cohen B,et al. Model driven system design working group：foundational concepts for Model Driven System Design.［A］. INCOSE International Symposium［C］. 1996. 1179-1185.

［6］ INCOSE. Survey of Model-Based Systems Engineering（MBSE）Methodologies［R］. INCOSE,2009.

［7］ Micouin P. Model-Based Systems Engineering［M］. USA：John Wiley &Sons, Inc. , 2014.

［8］ Hofumann H P. Model-Based Systems Engineering with Rational Harmony SE［M］. IBM Corp. , 2011.

［9］ Rational. Rational Unified Process for Systems Engineering［R］. Rational Corp. ,2002.

［10］ IBM. Model Driven Systems Development with Rational Products［R］.IBM Corp. ,2008.

［11］ OMG. Systems Modeling Language v1. 4［R］. Object Management Group 2015.

［12］ Delligatti L. SysML Distilled［M］. Addison-Wesley, 2013.

［13］ Weilkiens T. Systems Engineering with SysML/UML［M］. Morgan Kaufmann, 2008.

［14］ Sanford Friedenthal,Moore A, Steiner R. A Practical Guide to SysML：The Systems Modeling Language ［M］. Morgan Kaufmann OMG Press, 2009.

［15］ INCOSE. INCOSE Systems Engineering Handbook：A Guide for System Life Cycle Processes and Activities［M］. Wiley, 2015.